I0480093

СОДЕРЖАНИЕ

Часть 2

ИСПОЛНЕНИЕ ТЕСТИРОВАНИЯ

Часть 4

Десять лет спустя…

Привет, друзья! Это Рома Савин - автор этой книги.

Как же летит время! Прошло уже 10 лет (!!!) с момента выпуска "Тестирования дот ком"! Многое изменилось с тех пор, но надеюсь, что материал книги будет актуален еще долго.

Я благодарен вам за теплые слова в емейлах и на форумах, и за то, что рекомендуете книгу для начинающих тестировщиков. Спасибо и за критику.

Несмотря на то, что в Интернете есть PDF книги, многие хотят иметь официальную бумажную копию. Я услышал вас и перед вами текст оригинального издания.

***

Пользуясь случаем, хочу поделиться новостями.

Новость 1. На основе "Тестирования дот ком", я создал курс на английском языке "How to become a software tester". Вот сайт:

www.qatutor.com

Курс включает в себя лекции, тренировочное ПО, интерактивные задания, профессиональную сертификацию и прочие полезные вещи. Мои студенты получают работу по всему миру.

Новость 2. Я написал книгу о Синдроме Дефицита Внимания и Гиперактивности "СДВГ Лайф или Записки из непоседского дома". Вот сайт книги: sdvglife.org. Все бесплатно, но можно купить и бумажную копию. Мой гонорар = 0.

Новость 3. В ближайшее время я выпускаю сказку для взрослых "ДОТ Лав. Повесть о любви, стартапах и мосте "Золотые Ворота"". Отзывы варьируются от "ваще класс, офигенно, зачет" до "полная лажа". В общем, все, как всегда :)

***

Вот мой емейл: roman@qatutor.com

С уважением и верой в вас,
Роман Савин

Роман Савин

ВВЕДЕНИЕ

Основа бэкграунда тестировщика —
это логика, здравый смысл и жизненный опыт.
Народная мудрость

Дорогие друзья,

я написал эти лекции по практике тестирования, чтобы просто и задушевно рассказать вам основные вещи, которые понадобятся для **успешного старта и не менее успешной работы в интернет-компании в качестве тестировщика.**

Я также уверен, что тихие вечера, проведенные за чтением моего скромного труда, откроют много полезного **любому человеку, имеющему отношение к процессу создания программного обеспечения (ПО)**, так как качество, как тишина в кинозале, — дело общее.

Отдельной группой благодарных читателей, несомненно, выступят **профессиональные рекрутеры,** нанимающие народ для ударного труда в интернет-компаниях.

Кроме того, я надеюсь, что материал будет просто **интересен всем, кто пользуется Интернетом** и желает узнать, как работают интернет-компании.

Приведя десятки примеров, я попытался **максимально проиллюстрировать материал,** так, чтобы даже сугубо технические детали были понятны самому широкому кругу читателей.

Моя цель — не показать, что я знаю материал (как это делается при защите диплома), а ***помочь ВАМ узнать материал,*** *и иллюстрации (текстовые и графические) — это лучшее вспомогательное средство, для того чтобы*

- ***легче понять и усвоить*** *смысл сказанного и*
- *оставить в памяти* ***якорь ассоциации*** *между иллюстрацией и проиллюстрированной мыслью.*

Идем дальше.

Помимо просьб друзей, требований жены и намечающегося кризиса среднего возраста на подвиг меня толкнуло то, что в начале своей работы не раз и не два я пытался осилить классические сочинения по теории тестирования, но каждый раз осознание собственного бессилия в поисках **сиюминутного практического смысла** не давало мне дочитать очередной фолиант.

Пример

Безработная девушка Маша П. захотела стать бухгалтером. Она приходит на соответствующие курсы, но вместо прикладных, оплачиваемых знаний по назначению счетов и инструкций МНС ей преподают теорию макроэкономики и историю бухгалтерии. Маша думает, что она не сможет осилить бухгалтерию, и бросает курсы. В итоге Родина теряет потенциально блестящего бухгалтера и обретает реально радикального члена компартии.

Я преклоняюсь перед предметом "история". О пользе Теории (с большой буквы "Т") и говорить не приходится, но, как я убедился на своем многолетнем опыте работы и преподавания, **наиболее эффективный подход к тренингу тестировщиков заключается в том, чтобы дать им практический инструментарий, направить мозги в нужную сторону — и в бой,** а теоретические метания тридцатилетней давности можно почитать на досуге, после того как устроился на работу.

Кроме того, есть

- политические нюансы работы;
- распространенные ошибки менеджмента;
- продюсеры, программисты и релиз-инженеры, работу которых нужно понимать изнутри, —

в общем **легион того, о чем вам напрямую не напишут и не скажут,** но что может быть не менее важно для выживания в софтверной компании, чем профессиональные знания.

Будучи человеком честным и в некоторой степени благородным, признаюсь, что позаимствую классическое начало книг о тестировании, заключающееся в трусливом: *"Не используйте знания из этой книги, если речь идет о тестировании критического ПО"*.

Итак,

я свидетельствую, что все, о чем я расскажу, действительно работает, и работает именно так в крупнейших западных интернет-компаниях;
я также свидетельствую, что все, о чем я расскажу, в силу объективных причин не может на 100 процентов гарантировать ПО от наличия проблем.

Поэтому сразу предупреждаю: **эта книга не предназначена для тех, кто собирается тестировать критическое ПО, связанное, например, с мониторингом работы сердечной мышцы, или ПО для поражения точечных целей в странах с большими запасами нефти.**

Серьезно, **если речь идет о жизни людей, лучше скормите эту книгу своему попугаю-жако** (о попугаях позже).

Два важных момента:

1. В отличие от деятельности юридической **деятельность тестировочная (для коммерческих проектов) не регулируется нормативными актами или другими формальными источниками.** Поэтому нет обязательных для исполнения правил о том, как эффективно протестировать ПО, какие документы нужно создать и в какой форме они должны быть.

Никто не возьмет вас за горло из-за того, что ваш тест-план не соответствует букве некого закона, пролоббированного некой продажной шкурой из не менее продажной фракции в интересах всем хорошо известной финансово-промышленной группы N.

В цехе тестировщиков ничто не является догмой *(nothing is set in stone)* и построение добротной **системы поиска и превентирования ошибок в ПО** полностью отдается на откуп профессионализму, добросовестности и творчеству тех, кто работает в конкретной интернет-компании.

Поэтому

многие вещи, о которых пойдет речь (подходы, документы, процессы, даже названия),

- *с одной стороны, имеют огромное количество вариаций в существующих интернет-компаниях* и,
- *с другой — могут практически использоваться в предложенной форме или, еще лучше, быть подогнанными вами под ту компанию, в которой вы работаете или, несомненно, будете работать в ближайшем будущем.*

2. "То, что русскому хорошо, — для немца смерть". По аналогии:

- подходы к тестированию,
- степень формализации процессов и
- используемые документы,

которые эффективно работают в крупных устоявшихся интернет-компаниях, могут быть неприемлемы для интернет-стартапов *(startup* — молодая, амбициозная, многообещающая компания, живущая, как правило, короткую, но яркую жизнь), и наоборот.

Исходя из того что **подавляющее большинство интернет-компаний — это стартапы,** говорить будем о том, как эффективно провести тестирование и организовать процессы по улучшению качества именно в стартапах с прицелом на то, чтобы заложить фундамент департамента качества *(QA department)* для крупной устоявшейся интернет-компании, стать которой мечтает каждый стартап.

Идем дальше.

Вопрос дня: Что самое главное в нашем деле?
Ответ дня: РЕЗУЛЬТАТ!

Человек может быть прекрасным семьянином, увлекаться фотографией и превосходно петь арию *"Libiamo Amor"* из "Травиаты", но единственная и неповторимая прелесть его как тестировщика — это **РЕЗУЛЬТАТ.**

К вопросу о постановке мозгов и попугаях:

перед покупкой своего попугая-жако Василия я прочитал кучу литературы, но лишь одна мысль позволила мне осознать самое главное (в смысле домашних попугаев):

"У вас есть хобби, друзья и работа. У вашего попугая есть только вы".

Так вот по аналогии:

Вы можете быть наделены множеством самых прекрасных и вечных добродетелей. Но в вашей работе тестировщика есть единственный смысл — РЕЗУЛЬТАТ.

Каков же этот **РЕЗУЛЬТАТ** (пишу "РЕЗУЛЬТАТ" заглавными буквами в последний раз)?

Спрашиваете — отвечаем:

результатом работы тестировщика является счастье конечного пользователя (сказать "удовлетворение клиента" как-то язык не поворачивается). Причем "счастье" не в глобальном его значении, а та его часть, которая связана с качеством вашего продукта.

Например,

некто Виктор Буянов бродит по Интернету в поисках диска с московским концертом Билли Джоела. Вот он наконец находит то, что искал, заполняет все необходимые формы и нажимает кнопку "Купить".

Если

- *на следующей странице будет написано: "Дорогой Виктор, мы получили ваш заказ, ждите посылку" и*
- *через неделю почтальон принесет сам диск,*

то честь и хвала вам как тестировщикам.

***Если** же*

на следующей странице красуется "500 — Internal Server Error" (внутренняя ошибка сервера номер 500)... и тишина,

то пишите объяснительные.

Идем дальше.

Я дам вам знания, с которыми можно пройти интервью, получить интересную работу и начать новую жизнь, но кроме прикладных моментов следует твердо знать, что тестировщикам **бóльшую часть заработной платы платят за честность,** так как именно нашему брату оказано доверие сказать "Поехали". И даже абсолютно далекий от тестирования господин Буянов косвенно подтвердил своим выбором мои слова (дальше поются строчки из припева песни Билли Джоела "Честность" *("Honesty")):*

Honesty is hardly ever heard.
And mostly what I need from you.
(Честность — это 50% + 1 единица того, что я жду от тебя.)

Перевожу тему.

Будет дано множество примеров того, что мы работаем на некий онлайн-стартап ***www.testshop.rs*** *(rs* — это не глобальный домен, как *com* или *ru*, а мои инициалы).

Многие термины будут написаны по-английски с немедленным русским переводом и наоборот. Знание родной терминологии поможет работе в инофирме.

Пользуясь случаем, хочу поблагодарить (в алфавитном порядке):

Алекса Хатилова *(Yahoo!)* за превосходные лекции, многочасовые консультации по телефону и демонстрацию силы аналогий и примеров из жизни и
Никиту Тулинова *(Sun Microsystems),* который принял меня, как брата, и наставил на путь истинный.

Итак, в путь. Если что, пишите на **roman@qatutor.com**

ЧАСТЬ 1

- ЧТО ТАКОЕ БАГ
- ЦЕЛЬ ТЕСТИРОВАНИЯ DECODED
- ИСКУССТВО СОЗДАНИЯ ТЕСТ-КЕЙСОВ
- ЦИКЛ РАЗРАБОТКИ ПО

— Баг иль не баг?
Вот в чем вопрос.

ЧТО ТАКОЕ БАГ

- ОПРЕДЕЛЕНИЕ БАГА
- ТРИ УСЛОВИЯ ЖИЗНИ И ПРОЦВЕТАНИЯ БАГА
- ЧТО ТАКОЕ ТЕСТИРОВАНИЕ
- ИСТОЧНИКИ ОЖИДАЕМОГО РЕЗУЛЬТАТА
- ФУНКЦИОНАЛЬНЫЕ БАГИ И БАГИ СПЕКА

Логический закон исключенного третьего гласит, что **любая вещь — это либо *а*, либо не-*а*.** Третьего не дано, т.е. если у вас есть часы "Брегет" за номером 5, то любая вещь в этом мире будет либо вашими часами "Брегет" за номером 5, либо чем-то другим.

Представим себе конвейер, в конце которого стоим мы. Лента конвейера движется, и перед нами по очереди появляется по одному предмету. Задача проста — ожидать появления ваших часов "Брегет" за номером 5 и говорить "баг" при появлении **любого** предмета, отличного от них.

Нетрудно догадаться, что такие предметы, как

- пакет кефира;
- будильник "Слава";
- буклет с предвыборными обещаниями кандидата в президенты Н.,

будут для нас багами.

Далее. Рассмотрим, что объединяет следующие ситуации.

1. Девушка рекламирует себя как хорошую, на все руки хозяйку, а утром выясняется, что она даже яичницу пожарить не в состоянии.
2. Вы купили книгу по интернет-тестированию, а в ней рассказывается о приготовлении яичницы.
3. Девушка из пункта 1 прочитала книгу из пункта 2, но яичница пересолена.

Если возвыситься над яичницей, фигурирующей в каждом из трех пунктов, и абстрагироваться от женщин, карт и вина, то мы увидим, что общее — это **отклонение фактического от ожидаемого.**

Разбор ситуаций.

1. **Ожидаемый результат** — девушка умеет готовить.
   Фактический результат — утро без завтрака.
2. **Ожидаемый результат** — знания по тестированию.
   Фактический результат — знания по кулинарии.
3. **Ожидаемый результат** — яичница будет приготовлена.
   Фактический результат — еще одно утро без завтрака.

Определение бага

Итак,

баг *(bug)* **— это отклонение фактического результата** *(actual result)* **от ожидаемого результата** *(expected result).*

В соответствии с законом исключенного третьего у нас есть баг при наличии **любого** фактического результата, **отличного** от ожидаемого.

Три условия жизни и процветания бага

Конкретный баг живет и процветает лишь при **одновременном** выполнении всех трех условий:

1. **Известен** фактический результат;
2. **Известен** ожидаемый результат;
3. **Известно,** что результат из пункта 1 не равен результату из пункта 2.

Совет дня: каждый раз, когда возникает ситуация, в которой не совпадают фактическое и ожидаемое, — **мысленно штампуйте фактическое словом "баг"**. Постепенно это войдет в привычку и станет рефлексом. Для ментальной тренировки не имеет значения, насколько мелочны, низки и сиюминутны ваши ожидания, главное — приобретение автоматизма.

***Примеры** багов из жизни:*

1. *Бутерброд падает маслом вниз.*
2. *Подхалимы и говоруны имеют намного больше шансов на повышение, чем скромные честные труженики.*
3. *Несоответствие миловидной внешности и змеиной сущности.*
4. *Попугай воспроизводит на людях худшее из словарного запаса хозяина.*
5. *Автомобили российского производства.*
6. *Кот Бегемот в фильме В. Бортко "Мастер и Маргарита".*

Идем дальше.

Что такое тестирование

Любое тестирование — это поиск багов. Испытываем ли мы новую соковыжималку, наблюдаем ли за поведением подруги или занимаемся самокопанием — мы ищем баги. Баги находятся следующим образом:

1. Мы узнаем (или уже знаем) ожидаемый результат;
2. Мы узнаем (или уже знаем) фактический результат;
3. Мы **сравниваем** пункт 1 и пункт 2.

Как видно, каждый из нас **уже** является тестировщиком, так как разного рода осознанные и неосознанные проверки, осуществляемые нами и в отношении нас, являются неотъемлемой частью жизни, просто раньше мы непрофессионально качали головой и выдавали тирады о несправедливости мира, но зато теперь в случае несовпадения фактического и ожидаемого мы будем с улыбкой мудреца смотреть на дилетантов, хлюпающих носами на московском ветру, и тихо, но веско (как дон Карлеоне) говорить: "Та-а-к, еще один баг".

***Для иллюстрации** правильного подхода приведу в пример одного моего друга, который выстроил целую систему доказательств тезиса, что люди и компьютеры созданы по одному образцу. Основой его аргументации явился тот факт, что и те и другие имеют физическую оболочку (тело/железо) и неосязаемое составляющее, управляющее ею* *(душа/ПО). Соответственно болезни тела он называл багами в железе, а проблемы с головой — багами в ПО и очень сожалел, что ПО людей, управляющих этим миром, состоит в основном из багов...*

Теперь вспомним о том, что есть компьютерное ПО и что нам нужно научиться его тестировать.

С фактическим результатом здесь более или менее понятно: нужно заставить систему проявить себя и посмотреть, что произойдет.

Сложнее дело обстоит с ожидаемым результатом.

Источники ожидаемого результата

Основными источниками ожидаемого результата являются:

1. **Спецификация.**
2. **Спецификация.**
3. **Спецификация.**
4. **Спецификация.**
5. Жизненный опыт, здравый смысл, общение, устоявшиеся стандарты, статистические данные, авторитетное мнение и др.

Спецификация на первой—четвертой ролях — это не ошибка, а ударение на то, что спецификация для тестировщика — это:

- **мать родная,** а также
- **друг,**
- **товарищ** и
- **брат.**

Спецификация важна для программиста и тестировщика так же, как постановление пленума ЦК для коммуниста.

Спецификация — это инструмент, с помощью которого вы сможете выпустить качественный продукт и прикрыть свою спину (в оригинале звучит как *CYA* или *cover your ass*).

Итак, что же это за зверь?

Спецификация (или *spec* — читается "спек". Далее употребляется в мужском роде) — **это детальное описание того, как должно работать ПО.** Вот так, ни много ни мало.

В большинстве случаев баг — это отклонение от спецификации (я говорю о компаниях, в которых спеки в принципе существуют и ими пользуются).

Пример

Пункт 19.а спека #8724 "О регистрации нового пользователя" устанавливает:

«Поле "Имя" должно быть обязательным. Страница с ошибкой должна быть показана, если пользователь посылает регистрационную форму без заполнения указанного поля».

В общем все просто:

- *тестировщик идет на страничку с регистрационной формой;*
- *кликает линк "Регистрация";*
- *заполняет все обязательные поля, кроме поля "Имя";*
- *нажимает на кнопку "Зарегистрироваться".*

Если ошибка не показана и регистрация подтверждается, то это есть момент истины и нужно рапортовать баг (file a bug).

Если ошибка показана, то относительно пункта 19.а на некоторое время можно успокоиться. Мы поймем, почему можно успокоиться лишь ***на некоторое время*** *при разговоре о регрессивном тестировании...*

Функциональные баги и баги спека

Допустим, что ошибка не была показана и мы имеем классический случай **функционального бага** *(functional bug,* или баг обыкновенный), т.е. бага, вскормленного на **несоответствии фактической работы кода и функционального спека.**

Если вы внимательно читали пункт 19.а, то не могли не заметить (шутка), что непонятно, какое должно быть сообщение об ошибке *(error message)*, т.е. фактически решение отдано на откуп программисту и он может предусмотреть, что при соответствующей ситуации код выдаст:

- НЕинформативное сообщение "Ошибка" и оставит пользователя ломать голову над тем, что он сделал неправильно, либо
- информативное сообщение «Пожалуйста, введите ваше имя и нажмите кнопку "Регистрация"»

и в любом случае формально будет прав, так как спецификация не детализирует текста ошибки.

Кстати, *несколько лет назад был случай, когда программисты в специальном ПО, разработанном для американских тюрем, оставили "рабочее" название кнопки, причем тюремщикам идея так понравилась, что они просили ничего не исправлять. Надпись на кнопке была: "Освободить подонка".*

В общем сложилась ситуация, когда сама спецификация имеет проблему, так как мы **ожидаем** (или по крайней мере должны ожидать), что в спеке будут подробности о тексте ошибки, а в реальности их там нет. Так и запишем — **"баг в спецификации"** *(spec bug)*.

Кстати, *вот варианты развития ситуации с проблемным спеком:*

а. Скорее всего программист все же напишет информативное сообщение об ошибке. Ваше дело послать е-мейл продюсеру ***(продюсером в интернет-компании называют товарища, создающего спеки),*** *чтобы тот внес текст, уже написанный программистом, в пункт 19.a.*

б. Если программист написал нечто противоречащее здравому смыслу или стандарту, принятому в вашей компании, рапортуйте баг.

в. Может случиться так, что вы не заметили проблемы в спеке и не заметили, как программист написал сообщение об ошибке, противоречащее здравому смыслу или стандарту, принятому в вашей компании.

Кстати, *вот две релевантные политически важные вещи:*

1. *Как правило, работа в стартапе — это уникальный опыт, когда тяжелый труд сочетается с радостью созидания, расслабленной обстановкой (я, например, уже многие годы хожу на работу в шортах) и окружающими вас милыми, веселыми людьми. Но бывают нештатные ситуации (например, работа не сделана в срок или сделана некачественно), и, когда дело дойдет до выяснения "кто виноват" и "что с ним сделать", многие из ваших коллег перестанут быть милыми, веселыми людьми и активно начнут вешать собак друг на друга. Так вот, чтобы одну из этих собак не повесили на вас, посылайте е-мейлы, сохраняйте их и ответы на них и при случае пересылайте их заинтересованным сторонам. Пригодятся те е-мейлы в дальнейшем — хорошо, не пригодятся — еще лучше, тем более что каши они не просят, а сидят себе тихо и малодушно в своих фолдерах и ничего не ждут от этой жизни.*
2. *Каждый должен заниматься своим делом и отвечать за свой участок работы. В случае если спек сделан некачественно, то лучше поднять тревогу с рассылкой е-мейлов, чем делать допущения относительно того, как должно работать ваше ПО.*

Перед завершением темы об ожидаемом и фактическом результатах рассмотрим примеры других источников ожидаемого результата, кроме спеков.

1. ЖИЗНЕННЫЙ ОПЫТ

Как справедливо отметил Борис Слуцкий: "Не только пиво-раки мы ели и лакали". Мы также учились и работали, любили и ненавидели, верили политикам и не слушались родителей, в общем приобретали жизненный опыт (включая опыт работы). Так вот этот опыт настолько полезен в нашем черном деле, что для демонстрации уважения к идее о его полезности (вместе с логикой и здравым смыслом) я вынес ее в качестве эпиграфа во Введении. Дело в том, что **тестирование ПО — это то самое тестирование (которое мы делаем постоянно), но только в отношении ПО.** И моя задача заключается лишь в том, чтобы дать вам основные концепции и практический инструментарий по интернет-тестированию и помочь их интеграции с тем, что у вас **уже** есть, — с жизненным опытом.

2. ЗДРАВЫЙ СМЫСЛ (дитя жизненного опыта и соответственно внук "ошибок трудных")

Это один из наших главных союзников, порой даже и при наличии спека. Например, вы тестируете веб-сайт, где пользователь может загрузить *(upload)* свои цифровые фотографии. Спек говорит, что пользователь может загрузить лишь одну фотографию за раз. А что, если у него таких фотографий 200? Будет он счастлив? Что делаем? Правильно: пишем е-мейл к *producers@testshop.rs* с предложением о включении в спек функциональности, позволяющей пользователю загружать цифровые фотографии оптом. Кстати, баг такого рационализаторского плана лицемерно называется не багом, а *Feature Request* ("запрос об улучшении" — пока остановимся на таком переводе).

3. ОБЩЕНИЕ

Даже самый лучший спек может вызвать необходимость в уточнениях. А что, если спека нет вообще? Наш ответ: общение. Советуйтесь с коллегами. Уточняйте и обсуждайте. Одна голова хорошо, а две лучше.

4. УСТОЯВШИЕСЯ СТАНДАРТЫ

Как правило, после регистрации, пользователь должен получить е-мейл с подтверждением. Если спек не упоминает о таком е-мейле, вы можете потребовать дополнить его на основании сложившейся практики.

5. СТАТИСТИЧЕСКИЕ ДАННЫЕ

Было установлено, что средний пользователь теряет терпение, если *web page* (веб-страница) не загружается в течение 5 секунд. Эти данные можно использовать, проводя *performance testing* (тестирование скорости работы всей системы либо ее компонента). Как говорят американцы: *"Your user is just one click away from your competitor"* ("Ваш пользователь находится на расстоянии в один клик от вашего конкурента"). Успех вашего проекта — это счастливые пользователи. Превышение 5 секунд — это превращение веб-сайта в зал ожиданий, в котором вряд ли кто захочет находиться.

6. АВТОРИТЕТНОЕ МНЕНИЕ

Это может быть, например, мнение вашего начальника.

7. ДР.

Другие.

Отметим, что баг *(bug)* буквально переводится как "жук" или "букашка".

> *Теперь, как я и обещал, немного **истории.***
>
> *Согласно фольклору, баги вошли в лексикон компьютерщиков после случая, происшедшего в Гарвардском университете в 1947 г. После того как на реле прадедушки ПК Марка II присел отдохнуть мотылек, один из контактов слегка коротнуло и весь 15-тонный агрегат со скрежетом остановился. Инженеры проявили милосердие и извлекли мотылька, после чего аккуратно зафиксировали его скотчем в журнале испытаний с комментарием "Первый фактический случай найденного жука" ("First actual case of bug being found").*

Итак,

Краткое подведение итогов

1. Баг — это отклонение фактического результата от ожидаемого.
2. Главный источник ожидаемого результата в интернет-компании — это спецификация.
3. Спецификации сами не без греха, и в этом случае, как и в случае полного их отсутствия, у нас есть здравый смысл, устоявшиеся стандарты, опыт работы, статистика, авторитетное мнение и др.

Задания для самопроверки

1. Ищите баги в чем угодно, введите это слово в свой лексикон и расписывайте самые яркие из них на листе бумаги по схеме: Ожидаемый результат/Фактический результат.
2. Подумайте, какие еще источники ожидаемого результата могут быть в работе тестировщика.
3. Побродите по Интернету, порегистрируйтесь (*www.yahoo.com, www.hotmail.com* и т.д.) и составьте список обязательных полей (*required fields*) на регистрационных формах.

ЦЕЛЬ ТЕСТИРОВАНИЯ *DECODED*

- ЦЕЛЬ ТЕСТИРОВАНИЯ
- ЧЕРНАЯ МАГИЯ И ЕЕ НЕМЕДЛЕННОЕ РАЗОБЛАЧЕНИЕ
- ИДЕЯ О СТАТИСТИКЕ ДЛЯ ПОСТРЕЛИЗНЫХ БАГОВ
- ТЕСТИРОВАНИЕ И QA *(Quality Assurance)*

Без рассусоливаний и теоретизирования я прямо скажу, для чего все это нужно.

Цель тестирования

Цель тестирования — это нахождение багов до того, как их найдут пользователи.

Другими словами, **вклад тестировщика в счастье пользователя — это приоритет в нахождении багов.**

Пусть в мире, где история искажена, ценности поруганы, а истины ненадежны, слова, сказанные выше, будут скалой, в прочности которой вы будете постоянно убеждаться.

А теперь:

Черная магия и ее немедленное разоблачение

Есть две концепции, о которых необходимо знать, потому что они распространены и вредят как тестировщикам в частности, так и компании в целом.

— Правильно! Чем больше, тем лучше...

ПЕРВАЯ КОНЦЕПЦИЯ: цель тестирования — это 100%-я проверка ПО.

РАЗОБЛАЧЕНИЕ ПЕРВОЙ КОНЦЕПЦИИ

Вот вам код, написанный на языке программирования *Python* (здесь и далее номер является номером строки для удобства ссылок и не принадлежит к коду, за знаком # следует комментарий для данной строки):

1. *user_input = raw_input ("What is your totem animal?")* # "Введите название вашего тотемного животного".

2. *if user_input == "frog":* # ЕСЛИ пользователь ввел "лягушка",
3. *print "You probably like green color"* # вывести на экран "Вероятно, вам нравится зеленый цвет".

4. *elif user_input == "owl":* # ЕСЛИ пользователь ввел "сова",
5. *print "You probably like grey color"* # вывести на экран "Вероятно, вам нравится серый цвет".

6. *elif user_input == "bear":* # ЕСЛИ пользователь ввел "медведь",
7. *print "You probably like brown color"* # вывести на экран "Вероятно, вам нравится коричневый цвет".

8. *elif user_input == "":* # ЕСЛИ пользователь не ввел никаких данных,
9. *print "Probably, you don't know what is your totem animal"* # вывести на экран "Вероятно, вы не знаете свое тотемное животное".

Это маленькая, симпатичная и на первый взгляд никчемная программа послужит нам для того, чтобы мы увидели 4 условия *(conditions)*, одно из которых заработает, если мы ее запустим. Если условие верно, например, пользователь ввел *"frog"*, то, как за преступлением — наказание (в идеальном случае), наступает последствие — выполнение условия (конечно, если код работает) — вывод на экран текста *"You probably like green color"*. Ежу понятно, что для тестирования нам нужно проверить все 4 условия.

1. Ввести *"frog"*.
2. Ввести *"owl"*.
3. Ввести *"bear"*.
4. Ничего не вводить, а просто равнодушно нажать *Enter*.

Однако если ввести *"hedgehog"* ("еж"), то *Python* по-английски (т.е. без всякого сообщения) закончит выполнение программы. Итак, добавим к нашим четырем условиям игольчатое пятое:

5. Любой ввод, отличный от ввода 1—4 включительно.

Постановка мозгов

Везде, где есть ввод (input) данных, у нас есть два пути:

1. *Ввод* ***действительных*** *данных (valid input).*
2. *Ввод* ***недействительных*** *данных (invalid input).*

Пустой ввод *(Null input)* ***может принадлежать как к действительному, так и к недействительному вводу в зависимости от спецификации.***

Например, при регистрации в поле для Имени буквы (letters) или в сочетании буквы и пробелы (white space) — это действительный ввод, цифры (numbers), специальные знаки (special characters, например "&") и/или пустой ввод — это недействительный ввод. Если спек не делает уточнений, что есть действительный и недействительный ввод, посылайте е-мейл продюсеру, а если спека нет в принципе, то полагайтесь на пункт 5 источников из предыдущей лекции.

Итак, у нас есть **пять** условий, и нам вполне по силам проверить каждое из них.

Что, если условий у нас 1000?

Пример

```
for line in range(1000): # для каждого номера от 0 до 999
    print "My number is "+str(line) # напечатать значение номера.
```

Первым значением вывода будет *"My number is 0"*.

Последним значением вывода будет *"My number is 999"*.

Допустим, что мы должны протестировать каждое из 1000 конкретных значений вывода. Ожидаемым результатом первого витка цикла будет 0, второго — 1, энного — $(n - 1)$.

Если кому-то проверка 1000 ожидаемых результатов покажется терпимой задачей, то мы можем привести пример со встроенным циклом:

Пример *(do not try it at home — не пытайтесь запустить этот код на своем компьютере!)*

```
for line in range(1000): # для каждого номера от 0 до 999
    for item in range(1000): # для каждого номера от 0 до 999.
        amount =line +item # сложить два значения.
            print "Сумма равна "+amount # напечатать значение суммы.
```

В итоге получается миллион (1000 × 1000) ожидаемых результатов.

Добавим масла в огонь: в большинстве случаев с реальным ПО мы интегрируем одни части кода с другими и в итоге получаем столько вариантов конкретных значений ожидаемых результатов, что на 100%-ю проверку не хватит и пяти жизней. Шести жизней хватить должно, но они будут самыми печальными из всех историй о бессмысленном существовании.

Постановка мозгов

В мире с ограниченными ресурсами (например, время на тестирование) ***100%-е тестирование ПО — это фикция*** *(я говорю о реальном ПО, а не о программах из наших примеров) и единственное, что мы можем сделать как тестировщики, — это профессионально, творчески и добросовестно спланировать и провести наше тестирование.* ***Просочившиеся баги — это неизбежное зло, но свести его к минимуму — в наших руках.***

ВТОРАЯ КОНЦЕПЦИЯ: критерий эффективности тестирования — это количество багов, найденных до релиза.

РАЗОБЛАЧЕНИЕ ВТОРОЙ КОНЦЕПЦИИ

Допустим, открывается новый обувной магазин на Кузнецком, чтобы все развитые личности ходили в лаковых ботинках.

Скажите, имеет ли значение для развитой личности, сколько денег и сил было потрачено на покупку и ремонт помещения? Ответ отрицательный: единственное, что ее интересует, — это сходная цена и качество обуви. Так и в нашем интернет-магазинном деле: **пользователю все равно (и это правильно), сколько вы не спали ночей, сколько вы нашли багов и скольких девушек оставили без романтического ужина. Пользователю нужно, чтобы наш онлайн-магазин работал качественно.** Точка.

Идем дальше.

Идея о статистике для пострелизных багов

Итогом разработки ПО является передача этого ПО пользователю, называемая “релиз” *(release)*.

Допустим, что перед первым релизом нашли 50 багов, а перед вторым — 200. Казалось бы, во втором случае тестирование прошло более успешно. Но в реальности вполне может быть, что после первого релиза пользователи найдут 2 бага, а после второго —

22 бага. Тестирование какого релиза было более эффективным? Очевидно, что первого, так как первый релиз дал возможность пользователям познакомиться только с двумя багами в отличие от второго релиза — с 22 багами.

Кроме того, **результаты тех же самых усилий, но приложенных для тестирования разных функциональностей могут серьезно различаться.** Это происходит потому, что предмет тестирования, т.е. некая часть нашего ПО, подвергнутая тестированию, каждый раз уникален. Уникален качеством кода, сложностью и трудоемкостью тестирования и прочими вещами.

Кстати,

один из критериев качества кода — это количество багов на 1000 строк кода.

Почему же так популярно представление количества багов **ДО** релиза в качестве цели и критерия эффективности тестирования?

Поставьте себя на место менеджера отдела тестирования. Ему нужны просто количественные данные, чтобы показать своим менеджерам, что в коде данного релиза под его чутким руководством тестировщики нашли столько-то багов.

Еще одной причиной любви к количеству багов, найденных до релиза, может быть элементарное незнание основ тестирования (в которые мы, кстати, незаметно, но верно вгрызаемся).

Итак,

количество багов, найденных до релиза, ничего не говорит об эффективности тестирования.

Баги, найденные после релиза, — вот что нас угнетает и преследует в бессонные лунные ночи.

Кстати, если уж мы заговорили о статистике и цифрах, давайте скажем пару слов о том, как мы используем данные о таких вот пострелизных багах.

Сначала определимся с тем, что баги бывают разных ***приоритетов,*** *которые отражают важность бага. Скажем, если у машины на дороге отваливается колесо, это П1 (баг высшего приоритета). Таких приоритетов обычно 4. Соответственно к П4 относятся самые незначительные баги (как небольшая царапина на боку автомобиля).*

Итак, **после каждого релиза данные о багах, *найденных после релиза,* классифицируются по заданным критериям и анализируются на предмет нахождения слабого звена в процессе разработки ПО.**

Критериями могут быть приоритет, функциональность, имя тестировщика и др.

Пример

После очередного релиза мы совместили статистику по критериям

- *функциональность и*
- *приоритет.*

Функциональность / Приоритет	Регистрация	Поиск	Корзина	Оплата
П1	1	0	0	7
П2	0	1	0	2
П3	2	0	0	0
П4	3	2	4	0

При попытке найти "рекордсменов" можно увидеть, что совсем грустная картина сложилась с оплатой (7 П1).

Еще один пример, чтобы показать, какова польза от сопоставления статистики от релиза к релизу и что нужно делать с теми, кто эту статистику портит.

Пример

Допустим, что у нас постоянно возникают проблемы с "Оплатой". После каждого из релизов в ней находят по несколько П1 и П2, т.е. появился устойчивый паттерн (pattern — шаблон, тенденция) проблемы. Все спеки по оплате составлены продюсером, весь проблемный код написан программистом и проверен тестировщиком. Первое, что приходит в голову, — во всем виноват тестировщик. Но если проявить человеколюбие и талант руководителя, то может всплыть:

- *продюсер пишет совершенно мерзопакостные спеки;*
- *тестировщик в свое время женился на невесте программиста, всячески избегает его;*
- *оба они ненавидят продюсера, так как тот является зятем президента компании.*

Дальнейшее расследование показывает, что

- *продюсер не имеет ни бэкграунда, ни документации, чтобы понять все нюансы "Оплаты", связанные с электронными платежами;*
- *программист и тестировщик зарекомендовали себя как блестящие профессионалы на всех проектах, когда их пути не пересекались.*

А вы говорите "Элементарно, Ватсон"! Вот оно, истинное расследование! А то обидели бы бедного тестировщика, а в следующий раз все повторилось бы.

Заметьте, что ко всему этому мы пришли, начав с анализа статистики, а это уже не тестирование, а *QA (Quality Assurance* — буквально "обеспечение качества", произносится "кью-э́й").

Тестирование и *QA (Quality Assurance)*

Рассмотрим базовую концепцию *QA* и то, как оно соотносится с тестированием.

Пример

Лежит дома на диване некий член правления некого крупного банка. Весь такой благообразный, вальяжный и циничный, как будто он всегда был и будет членом правления. Тишину разрывает звонок телефона, холеные пальцы снимают трубку, и в сознание проникает голос бывшей жены, которую он бросил 11 лет назад, сразу после своей первой сделки с продажей вагона ворованных противогазов. Бывшая жена говорит, мол, твой сын прогуливает уроки математики и рисования, целуется в подъезде с соседской Дашкой, которая на два года старше него, перестал гулять с собакой и начал курить. В общем, дела плохие. Так вот,

QA-подход — *это изначально остаться с женой и воспитывать сына.*

Тестирование — *это когда после звонка оставленной жены эксхузбенд запирает сынишку в своей загородной резиденции, ограничивает его духовную и половую жизнь полным собранием произведений Ги Де Мопассана, выписывает из Англии учителей, устраивает педсовет и говорит, что у них есть 3 года, чтобы неуч, тунеядец, курильщик и сексоман стал образованным, трудолюбивым и здоровым членом цивилизованного общества.*

Таким образом,

QA **— это забота о качестве в виде превентирования появления багов, тестирование — это забота о качестве в виде обнаружения багов до того, как их найдут пользователи.**

Общее в *QA* и тестировании заключается в том, что они призваны улучшить ПО, различие между ними — в том, что

- *QA* призвано улучшить ПО через **улучшение процесса разработки** ПО;
- тестирование — через **обнаружение багов.**

Несмотря на то что бо́льшая часть книги посвящена тестированию, многие вещи будут рассмотрены именно с точки зрения *Quality Assurance.*

В реальных компаниях инженер, который занимается улучшением процесса разработки ПО, должен иметь очень серьезную поддержку в менеджменте компании, чтобы быть в состоянии провести свои идеи качества в жизнь. Без такой поддержки никакого прока от инженера по качеству не будет, каким бы гениальным специалистом он ни был.

Кстати, *западные компании часто нанимают аудиторов для проверки внутренних процессов. Если ваша компания решит нанять аудитора, который стоит больших денег, то постарайтесь не заключать договор с крупной аудиторской компанией, которая элементарно может вам подсунуть ничего не понимающего в деле товарища с кожаным портфелем, а лучше заключите контракт с конкретным специалистом по качеству, проведя ряд интервью и найдя того, кто действительно разбирается в своем деле. Запомните, что аудитом кормятся много паразитов, которые напишут вам бессмысленные, но солидно презентованные заключения и рекомендации, которые вам никогда не пригодятся, и впоследствии вы будете долго ломать голову, пытаясь понять, ЗА ЧТО же вы все-таки заплатили.*

Кстати, *хотя инженер по качеству (QA Engineer) и тестировщик (Test Engineer) — это разные профессии, тестировщиков часто называют инженерами по качеству.*

Пара мыслей вдогонку к сказанному.

Пример с батькой и сынкой позволяет нам понять и ощутить со всей болью русской интеллигенции, что **тестировщики имеют дело с ПО, переданным им программистами уже в кривом и порочном состоянии.** С этим соприкасается правильная, сладкая и полезная идея, что за качество не могут быть ответственны только тестировщики.

Качество (как и его отсутствие) — это результат

- **деяний всех участников процесса разработки ПО,** а также
- **отлаженности и настроек самого процесса.**

Краткое подведение итогов

1. Цель тестирования — это нахождение багов до того, как их найдут пользователи.
2. Нехватка ресурсов не позволит стопроцентно протестировать сколько-нибудь сложное ПО.
3. Не имеет никакого значения, сколько багов было найдено до релиза.
4. Статистика багов, найденных после релиза, и ее последующий анализ могут помочь идентифицировать проблемные участки процесса разработки ПО. Сопоставление статистики от релиза к релизу дает, как правило, устойчивый паттерн проблемы, если таковая существует.
5. *QA* направлено на превентирование багов, тестирование — на поиск багов.
6. Тестировщики одни не могут обеспечить качество ПО. Обеспечение качества — это задача всех участников процесса разработки ПО. Важными факторами, влияющими на качество, являются отлаженность и настройки самого процесса разработки ПО.

Вопросы и задания для самопроверки

1. У вас есть 5 функциональностей, и отведенного времени не хватит, чтобы тщательно протестировать их все. На основании чего вы расставите приоритеты в тестировании? *Подсказка:* помните о счастье пользователя.
2. Петров нашел 50 багов до релиза, но пропустил 5 багов, которые были найдены пользователем. Сидоров нашел 12 багов до релиза, не пропустив ни одного. Кому дать премию?
3. Как должен поступить менеджер, чтобы решить вопрос с проблемой оплаты?
4. Придумайте аналогию, демонстрирующую разницу между *QA* и тестированием.

ИСКУССТВО СОЗДАНИЯ ТЕСТ-КЕЙСОВ

- ЧТО ТАКОЕ ТЕСТ-КЕЙС
- СТРУКТУРА ТЕСТ-КЕЙСА
- ИСХОД ИСПОЛНЕНИЯ ТЕСТ-КЕЙСА
- ПОЛЕЗНЫЕ АТРИБУТЫ ТЕСТ-КЕЙСА
- ТЕСТ-КЕЙСЫ, УПРАВЛЯЕМЫЕ ДАННЫМИ
- ПОДДЕРЖИВАЕМОСТЬ ТЕСТ-КЕЙСА
- СКОЛЬКО ОЖИДАЕМЫХ РЕЗУЛЬТАТОВ МОЖЕТ БЫТЬ В ОДНОМ ТЕСТ-КЕЙСЕ?
- ПРОБЛЕМНЫЕ ТЕСТ-КЕЙСЫ
- ТЕСТ-КОМПЛЕКТЫ
- СОСТОЯНИЯ ТЕСТ-КЕЙСА
- А НАПОСЛЕДОК Я СКАЖУ

Мы исполняем тестирование, т.е. непосредственно "рвем на куски" ПО, руководствуясь нашей **профессиональной документацией — тест-кейсами** *(test case)*. Поговорим о формальной стороне эффективного тест-кейса и коснемся объединений тест-кейсов — **тест-комплектов** *(test suite)*.

Что такое тест-кейс

Допустим, что перед сборами на рыбалку мы составили следующий список:

1. Удочка.
2. Коробка с запасными поплавками и леской.
3. Банка с червями.

— А зачем нам черви?
1. Стакан
2. Бутылка
3. Огурец
4. Черви

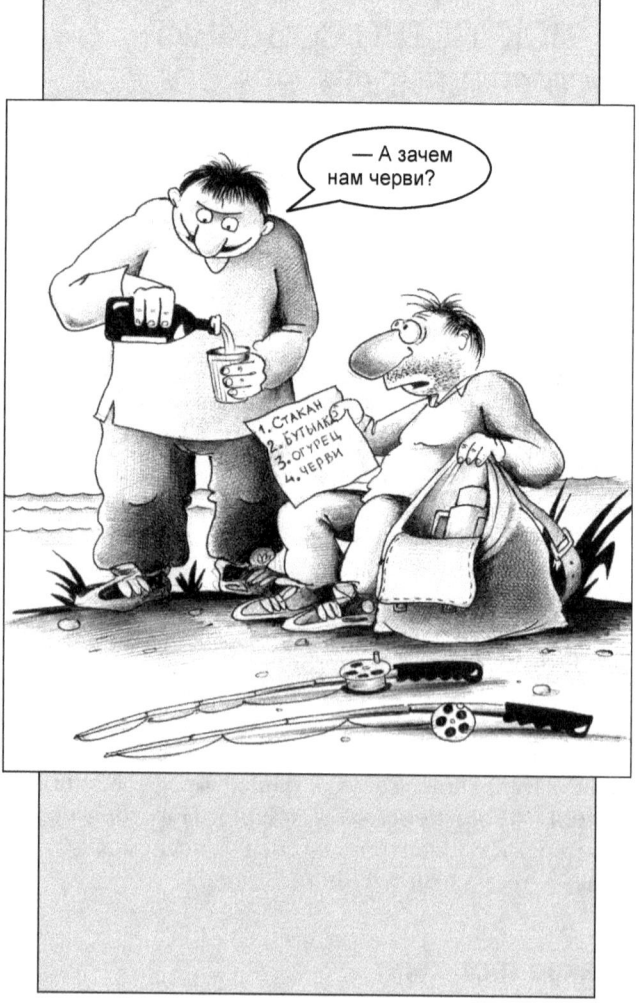

4. Стакан граненый.
5. Бутылка “Абсолюта”.
6. Огурец соленый.

Затем при деятельном участии жен, детей и котов мы наконец собрались в дорогу и перед выходом взяли список и проверили рюкзак на наличие каждого из 6 предметов.

Так вот.

Каждая из 6 строк списка — это и есть тест-кейс *(test case)*.

Сам список является тест-комплектом *(test suite)*.

Процесс придумывания и написания каждой строки списка называется созданием тест-кейса *(test case generation)*.

Процесс проверки рюкзака на наличие определенного предмета — исполнением тест-кейса *(test case execution)*.

Test case можно перевести как **“тестируемая ситуация”** и как **“оболочка для теста”**, оба перевода легитимны и представляют собой идеальный союз для понимания места и значения тест-кейсов в этом жестоком мире.

Главная и неотъемлемая часть тест-кейса — это ожидаемый результат, например “огурец соленый”, т.е. **тест-кейс может полностью состоять только из ожидаемого результата.**

Структура тест-кейса

Проблема в том, что для нахождения бага (что является смыслом любого тестирования) кроме ожидаемого нам нужен и фактический результат. В случае с огурцом мы просто заглядываем в рюкзак и смотрим, на месте ли этот “фрукт”. В случае же тестирования ПО, как правило, необходима инструкция, как **прийти** к фактическому результату.

Пример

Допустим, тестировщику А. Боброву, который только что начал работать в нашем стартапе www.testshop.rs, дали для исполнения следующий тест-кейс:

“Оплата может быть произведена картой VISA”.

Сразу же возникает по крайней мере две проблемы:

- для исполнения тест-кейса нужна тестировочная карта *VISA*, которой у него нет;
- он не знает, как проверить, был ли действительно осуществлен платеж, даже если бы у него была карта.

Единственное, что более или менее понятно, — это процесс покупки в интернет-магазине (найти товар, добавить в корзину и т.д.), что в данной ситуации помогает немного. Естественно, что никакого тестирования не будет, так как пробиться к фактическому результату так же трудно, как доказать инспектору ГАИ, что брать взятки аморально.

Пример

Допустим, тестировщику А. Боброву, который только что начал работать в нашем стартапе www.testshop.rs, дали для исполнения следующий тест-кейс:

Шаги:

1. *Открой www.main.testshop.rs*
2. *Введи в поле "Имя пользователя": "testuser1"*
3. *Введи в поле "Пароль": "pa$$w0rd"*
4. *Нажми кнопку "Войти"*
5. *Введи в поле "Поиск": "book117"*
6. *Нажми кнопку "Найти"*
7. *Кликни линк "Добавить в корзину"*
8. *Кликни линк "Корзина"*
9. *Кликни линк "Оплатить"*
10. *Выбери из меню "Вид карты": "VISA"*
11. *Введи в поле "Номер карты": "9999-5148-2222-1277"*
12. *Введи в поле "Действительна до": "12/07"*
13. *Введи в поле "CVV2": "778"*
14. *Нажми кнопку "Завершить заказ"*
15. *Запиши номер заказа ________*
16. *Запроси базу данных:*
    select result from cc_transaction where id =<номер заказа>;

Ожидаемый результат: "10"

Очевидно, что тест-кейс из последнего примера вполне может быть исполнен любым, кто знает, как напечатать "pa$$w0rd".

В последнем примере (который мы назовем тест-кейс с картой) к **ожидаемому результату (ОР)** добавились **шаги** *(steps)*, которые должны привести нас к **фактическому результату (ФР)**, необходимому, чтобы узнать, есть баг или нет. Совокупность шагов называется **процедурой** *(procedure)*.

Если провести аналогию, то

- **шаги** — это ступеньки лестницы;

- **ожидаемый результат** — это некий предмет, который мы **должны найти,** если поднимемся по этим ступенькам;
- **фактический результат** — это то, что мы **реально нашли** после того, как поднялись по этим ступенькам.

Постановка мозгов

Исходя из основной компьютерной концепции ввод/вывод (на языке оригинала — input/output):

- *шаги — это инструкция по вводу;*
- *исполнение шагов — это ввод;*
- *ожидаемый результат — это ожидаемый вывод;*
- *фактический результат — это фактический вывод.*

Исполнение тест-кейса завершается сравнением вывода фактического и вывода ожидаемого.

Исход исполнения тест-кейса *(test case result)*

Каждый тест-кейс, исполнение которого завершено, дает нам одно из двух:

1. **Положительный исход** *(PASS)*, если ФР равен ОР,

либо

2. **Отрицательный исход** *(FAIL)*, если ФР не равен ОР: **найден баг!**

Иногда возникает ситуация, когда мы заблокированы *(test case execution is blocked)*, так как не можем пройти ВСЕ шаги тест-кейса. Например, мы не можем продвинуться дальше, если кнопки "Завершить заказ" из шага 14 не существует на соответствующей веб-странице. В таком случае мы рапортуем баг (в данном случае баг об отсутствии кнопки "Завершить заказ") и откладываем исполнение тест-кейса до устранения бага.

Полезные атрибуты тест-кейса

УНИКАЛЬНЫЙ *ID* *(Unique ID)*

Это необходимая вещь. Тест-кейс без *ID* — это то же самое, что квартира без адреса или швейцарские часы без номера. *ID* должен быть уникальным в пределах не только документа, содержащего тест-кейс (об этом документе позже), но и всего департамента качества. Рациональное обоснование: со временем появится необходимость вести статистику по тест-кейсам, обновлять, удалять или переносить в другой документ некоторые из них, прикрывать спину и т.д.

ПРИОРИТЕТ ТЕСТ-КЕЙСА *(Test Case Priority)*

Это важность тест-кейса. Важность отражается по шкале от 1 до n, где 1 — это высший приоритет, а n — это низший приоритет. Думаю, что рационально делать $n = 4$.

Допустим, тест-кейс, проверяющий, работает ли кнопка "Купить", будет 1-го приоритета, а тест-кейс, проверяющий цвет шрифта линка "Гостевая книга", будет 4-го приоритета. Концептуально, думаю, понятно.

Зачем это делается? Допустим, у нас есть два тест-кейса: один 1-го приоритета и другой — 3-го приоритета, оба тестируют некую функциональность A, и есть время для исполнения только одного из них. Естественно, что мы выберем тест-кейс 1-го приоритета. Приоритезация тест-кейсов особо полезна при регрессивном тестировании, о котором мы не раз будем говорить.

Вопрос: Как присваиваются приоритеты?
Ответ: Конечно, все зависит от компании, но, как правило, автор тест-кейса просто решает, насколько жизненно важна, определяюща и критична вещь, проверяемая данным тест-кейсом.

ИДЕЯ *(IDEA)*

Это **описание** конкретной вещи, проверяемой тест-кейсом (в дальнейшем эту конкретную вещь мы также будем называть "идея тест-кейса").

Пример

В тест-кейсе с картой ожидаемым результатом является значение "10" в колонке result строки с нашей транзакцией. Поймет ли, ЧТО мы тестируем, человек, который не знает, что программисты www.testshop.rs обозначают первую цифру результата транзакции индексом кредитной карты (где "1" — это VISA, "2" — MasterCard, "3" — Switch), а вторую — флагом успеха (где "0" — это успех, а "1" — ошибка) и соответственно "10" означает, что транзакция с картой VISA была успешной?

Дело в том, что "непосвященным" может стать даже автор тест-кейса, скажем, через месяц после написания, так как все в мире тленно и забываемо (кроме, конечно, первой школьной любви

Ани В.). Поэтому **в начале** тест-кейса следует написать на человеческом языке: “Оплата может быть произведена картой *VISA*”, чтобы любой, кто возьмет этот тест-кейс в руки, не ломал голову, а сразу понял, чтó проверяется этим тест-кейсом.

ПОДГОТОВИТЕЛЬНАЯ ЧАСТЬ *(SETUP and ADDITIONAL INFO)*

Кулинарный рецепт, как правило, включает две части:

1. Список ингредиентов и количество/вес каждого из них;
2. Инструкция по тому, как жарить, парить и варить несчастных из пункта 1.

Первая часть рецепта нужна для того, чтобы повар мог **знать заранее, видеть в одном месте** все необходимые составляющие блюда и иметь их под рукой, когда “настанет день и час”. В общем выделение подготовительной части удобно, логично и практично.

В подготовительную часть тест-кейса могут включаться:

- данные о существующем эккаунте пользователя *(legacy user account)* или инструкции по созданию нового эккаунта *(new user account)*;
- другие данные, используемые в тест-кейсе, например атрибуты используемой кредитной карты;
- запросы к базе данных *(SQL queries)*, используемые в тест-кейсе;
- комментарии в помощь тестировщику, например о нюансах, которые могут встретиться при исполнении тест-кейса;
- другие вещи, облегчающие **исполнение** и **поддержку** тест-кейса (о поддержке мы еще поговорим).

ИСТОРИЯ РЕДАКТИРОВАНИЯ *(Revision History)*

Очень полезная вещь.

Пример

Допустим, у Макса Крылова живет попугай-жако Вася. Макс учит его хорошим фразам:

— “Вася хороший”;
— “Amicus Plato, sed magis amica veritas” (“Платон мне друг, но истина дороже”);
— “Beatles forever” («ВИА “Битлз” будет вечно жить в наших сердцах»).

Приходит друг Леха и, пока Макс на правах радушного хозяина несется к ларькам станции метро "Юго-Западная" и обратно, учит альтернативной мудрости честно впитывающего знания Васю:

— "Все козлы";
— "Simia quantum similis turpissima bestia nobis!" ("Как похожа на нас мерзейшая тварь — обезьяна!");
— "Move bitch, get out the way" ("Уйди с дороги, противная").

В итоге после возвращения домой Макса встречает не добрый, милый попугайчик, а негативно настроенная машина, и вечером ему (Максу) придется доказывать своей жене, что это не он, а подлец Леха изменил лексикон бедолаги Василия.

Для того чтобы иметь сведения о рождении и истории развития каждого тест-кейса, мы ведем лаконичный журнал изменений, где отражаем: **Кто? Что? Зачем? Когда? Почему?**

Атрибуты истории редактирования:

- ***Created on*** *<date>* ***by*** *<name>* — Тест-кейс создан <дата> <кем>;
- ***Modified on*** *<date>* ***by*** *<name>* — Тест-кейс изменен <дата> <кем>;
- ***Change*** — Что, зачем и почему было изменено. В наших примерах мы не печатаем само слово "*change*", а просто заполняем значение этого атрибута в поле справа от "*Created on...*" или "*Modified on...*".

Давайте создадим тест-кейс с картой, используя только что полученные знания по полезным атрибутам тест-кейса:

<table>
<tr><td>TC ID/Priority</td><td>CCPG0001</td><td>1</td></tr>
<tr><td colspan="3">IDEA: Оплата может быть произведена картой <u>VISA</u>
SETUP and ADDITIONAL INFO:
Эккаунт: testuser1/pa$$w0rd
Наименование товара: book117
Данные карты:
Номер: <u>9999-5148-2222-1277</u>
Окончание действия: <u>12/07</u>
CVV2: <u>778</u>
SQL1: select result from cc_transaction where id = <номер заказа>;</td></tr>
<tr><td colspan="3">Revision History</td></tr>
<tr><td colspan="2">Created on: 11/17/2003 by О.Тарасов</td><td>Новый тест-кейс</td></tr>
</table>

Execution part	
PROCEDURE	**EXPECTED RESULT**
1. Открой www.main.testshop.rs 2. Введи имя пользователя. 3. Введи пароль. 4. Нажми кнопку "Войти". 5. Введи наименование товара в поле поиска. 6. Нажми кнопку "Найти". 7. Кликни линк "Добавить в корзину". 8. Кликни линк "Корзина". 9. Кликни линк "Оплатить". 10. Выбери вид карты. 11. Введи номер карты. 12. Введи срок окончания действия. 13. Введи CVV2. 14. Нажми кнопку "Завершить заказ". 15. Запиши номер заказа _________. 16. Запроси базу данных с SQL1 и запиши результат ___________.	➢ "<u>10</u>"

Идем дальше.

Тест-кейсы, управляемые данными

Основной плюс нового тест-кейса с картой заключается в том, что

нам не нужно вносить изменения в ШАГИ, чтобы протестировать по тому же сценарию другие карты. Единственное, что нам нужно, — это модифицировать исходные ДАННЫЕ.

Таким образом, если кроме *VISA* нам нужно протестировать по тому же сценарию еще две карты, то мы

- делаем *copy* один раз;
- *paste* два раза;
- в каждом из новых тест-кейсов переписываем только пять подчеркнутых значений, проживающих в шапке тест-кейса и секции ожидаемого результата (меняем и *ID* тест-кейса — *TC ID*, который, как мы помним, должен быть всегда уникальным):

  <u>VISA</u>
  <u>9999-5148-2222-1277</u>
  <u>12/07</u>
  <u>778</u>
  <u>10</u>

Такой вид тест-кейса называется ***data-driven*** (буквально “управляемый данными”), т.е. **когда данные и инструкции по их применению не смешаны, а разделены и слинкованы.**

Поддерживаемость тест-кейса

Новый тест-кейс с картой хорош. Все при нем — и *data-driven*, и удобочитаемый формат, и полезные атрибуты. Проблема в том, что веб-сайт, а особенно его часть, именующаяся интерфейсом пользователя (*User Interface* или просто *UI* — “ю-ай”), очень часто меняется.

Пример

Кнопка “Войти” из шага 4 легко может быть переименована во “Вход”. Следовательно, если у нас есть 3 тест-кейса, то нужно внести 3 изменения. А что, если у нас 500 тест-кейсов, где упоминается кнопка “Войти”, и эти тест-кейсы разбросаны по разным документам, как мои одноклассники по свету? Вносить 500 изменений? Скажете: “Ерунда, можно догадаться”. Но таких маленьких изменений будут десятки!!! И постепенно ваши тест-кейсы будут либо хиреть без поддержки, либо потреблять на поддержку уйму времени.

Пример

А что, если не имя кнопки, а сам путь, по которому вы добираетесь до фактического результата, претерпел изменения? Например, шаги 7 и 9 станет разделять не линк “Корзина”, а еще несколько дополнительных линков и кнопок, появившихся в новой версии www.testshop.rs.

В общем проблема понятна. И имя ее — ***maintainability* (поддерживаемость), т.е. насколько легко и просто можно изменить тест-кейс при изменениях в ПО.** Не думать о поддерживаемости тест-кейсов — значит не думать о завтрашнем дне, что, несмотря на полезность для духовной жизни, все-таки плохо для бизнеса.

Если мы разобьем шаги нашего нового тест-кейса с картой на логические модули, получим:

1. *Вход в систему* (логин — *log in*).
2. *Поиск товара.*
3. *Добавление товара в корзину.*
4. *Оплата.*
5. *Фиксация номера заказа.*
6. *Запрос базы данных.*

Почему бы нам не выбросить из тест-кейса детали по следующим позициям?

1. Вход в систему

В общем-то можно догадаться, куда ввести имя пользователя, куда пароль и на какую кнопку нажать, тем более что в данном случае мы не тестируем процесс логина, это было или будет сделано при исполнении соответствующего тест-кейса, сейчас мы просто грубо и бесцеремонно используем логин, легкомысленно надеясь, подобно покупателю российского автопрома, что все будет чики-пики.

2. Поиск товара

Все из предыдущего пункта применимо и здесь. Кроме того, допустим, что *book117* была удалена из нашей базы данных подлыми завистниками и подхалимами. Что же нам — в отчаянии рвать на себе волосы и кричать, что мы заблокированы? Нет, мы просто превентируем такую ситуацию тем, что не будем давать имени конкретного товара. Что найдется, то найдется (так как то, что найдется, **в данном случае значения не имеет**).

3. Добавление товара в корзину

Концепция из “1. Вход в систему” применима и здесь.

4. Оплата

Концепция из “1. Вход в систему” применима и здесь.

О’к, с оплатой я, пожалуй, немного переборщил — не факт, что будет абсолютно очевидно, как провести ее, и шаги все же потребуются.

Здесь появляется другая загвоздка: если мы производим оплату в сотнях тест-кейсов, т.е. сотни раз включаем в тест-кейс те же семь шагов (8—14 включительно), то при изменении даже в одном из этих шагов нам придется переписывать эти сотни тест-кейсов...

Не проще ли вынести шаги, повторяющиеся от тест-кейса к тест-кейсу, во внешний документ и вместо них включить в тест-кейс лишь один шаг-ссылку «Произведи ОПЛАТУ КАРТОЙ из секции *“SETUP and ADDITIONAL INFO”*»? Поступив таким образом, мы сэкономим громадное количество часов рабочего времени, так как при необходимости менять шаги нужно будет только в одном месте!

Кстати, *"оплата картой" — это линк к страничке в локальной сети с соответствующей инструкцией, называемой, например, "Как произвести оплату кредитной картой".*

Кстати, *хорошей идеей является создание в локальной сети вашей компании мини-веб-сайта департамента качества, где наряду с веб-страничками с*

- *контактной информацией работников департамента,*
- *линками к файлам с тест-комплектами,*
- *другой полезной информацией*

расположится и внутреннее ***Пособие для тестировщиков*** *(QA Knowledge Base), где кроме прочего будут задокументированы повторяющиеся сценарии.*

Теперь обобщим уже известные нам мероприятия по улучшению поддерживаемости тест-кейса:

1. Сделать тест-кейс *data-driven*.
2. Не описывать шаги по явно очевидным сценариям (например, логин).
3. Не давать конкретных деталей, если они не играют роли при исполнении тест-кейса (например, имя товара).
4. Вынести во внешний документ повторяющиеся сценарии (например, семь шагов оплаты).

Ну, за поддерживаемость!

<table>
<tr><td>TC ID/Priority</td><td>CCPG0001</td><td>1</td></tr>
<tr><td colspan="3">IDEA: Оплата может быть произведена картой VISA
SETUP and ADDITIONAL INFO:
Эккаунт: testuser1/pa$$w0rd
Данные карты:
Номер: 9999-5148-2222-1277
Окончание действия: 12/07
CVV2: 778
SQL1: select result from cc_transaction where id = <номер заказа>;</td></tr>
<tr><td colspan="3">Revision History</td></tr>
<tr><td>Created on: 11/17/2003 by О.Тарасов</td><td colspan="2">Новый тест-кейс</td></tr>
<tr><td>Modified on: 11/26/2003 by И. Новикова</td><td colspan="2">Шаги были упрощены, чтобы сделать тест-кейс более удобным для поддержки</td></tr>
</table>

Execution part	
PROCEDURE	**EXPECTED RESULT**
1. Открой www.main.testshop.rs 2. Войди в систему. 3. Найди любой товар. 4. Добавь товар в корзину. 5. Произведи *оплату картой* из секции SETUP and ADDITIONAL INFO 6. Запиши номер заказа _________. 7. Запроси базу данных с SQL1 и запиши результат __________.	➢ "10"

Идем дальше.

Сколько ожидаемых результатов может быть в одном тест-кейсе?

Тест-кейсом проверятся только одна конкретная вещь, и в идеальном варианте для проверки этой вещи достаточно предусмотреть в тест-кейсе только один *ОР*, и если бы я был теоретиком, а не практиком тестирования, то сказал бы, что ни в коем случае нельзя включать в тест-кейс более одного *ОР*.

Вот вам ***случай из практики***

Допустим, что в соответствии с пунктом 12.б документа "Дизайн кода для спека #6522" признаком того, что оплата была успешно проведена картой VISA, будет ***одновременное*** *наличие не одного, а двух условий:*

1. *Значение "10" в соответствующей колонке соответствующей строки в базе данных.*
2. *Уменьшение баланса на счете с картой VISA на сумму, равную сумме оплаты.*

То есть получается, что для тестирования одной вещи ("Оплата может быть произведена картой *VISA*") нужно проверить соответствие жизненной реальности двум ожидаемым результатам.

У нас есть два пути:

1. Разложить идею тест-кейса на две идеи и создать два тест-кейса.
2. Оставить идею тест-кейса неприкосновенной и включить в один тест-кейс два *ОР*, т.е. у нас складывается ситуация,

когда исполнение тест-кейса будет иметь положительный исход, только если ОБА фактических результата совпадут с соответствующими им ожидаемыми результатами.

Вот как будет выглядеть визуально путь 2:

<table>
<tr><td>TC ID/Priority</td><td>CCPG0001</td><td>1</td></tr>
<tr><td colspan="3">IDEA: Оплата может быть произведена картой VISA
SETUP and ADDITIONAL INFO:
Эккаунт: testuser1/pa$$w0rd
Данные карты:
Номер: 9999-5148-2222-1277
Окончание действия: 12/07
CVV2: 778
SQL1: select result from cc_transaction where id = <номер заказа>;
Баланс счета карты можно посмотреть здесь:
www.main.testshop.rs/1277/balance.htm</td></tr>
<tr><td colspan="3">Revision History</td></tr>
<tr><td>Created on: 11/17/2003 by О.Тарасов</td><td colspan="2">Новый тест-кейс</td></tr>
<tr><td>Modified on: 11/26/2003 by И. Новикова</td><td colspan="2">Шаги были упрощены, чтобы сделать тест-кейс более удобным для поддержки</td></tr>
<tr><td>Modified on: 01/17/2003 by И. Новикова</td><td colspan="2">Изменение шагов и второй ожидаемый результат с целью удостоверения в снятии денег со счета</td></tr>
<tr><td colspan="3">Execution part</td></tr>
<tr><td>PROCEDURE</td><td colspan="2">EXPECTED RESULT</td></tr>
<tr><td>1. Запиши баланс счета карты _______.
2. Открой www.main.testshop.rs
3. Войди в систему.
4. Найди любой товар.
5. Добавь товар в корзину.
6. Произведи оплату картой из секции SETUP and ADDITIONAL INFO (!!! запиши полную сумму заказа: ____________________).
7. Запиши номер заказа ___________.
8. Запроси базу данных с SQL1.</td><td colspan="2">➢ “10”</td></tr>
<tr><td>9. Запиши баланс счета карты _______.</td><td colspan="2">➢ Шаг 1 – Шаг 6</td></tr>
</table>

Как будет проходить исполнение этого тест-кейса?

**Прошли восемь шагов. Остановились. Проверили.
Затем прошли девятый шаг. Остановились. Проверили.**

Исход исполнения этого тест-кейса будет считаться положительным только при одновременной истинности двух условий:

1. ФР после исполнения шага 8 = “10” и
2. ФР после исполнения шага 9 = Шаг 1 – Шаг 6 (т.е. значение из Шага 1 минус значение из Шага 6).

В теории лучше было бы разбить нашу идею тест-кейса на две части и создать два отдельных тест-кейса:

1. *IDEA:* “Правильное значение вставляется в базу данных при использовании *VISA*”.
2. *IDEA:* “Верная сумма списывается с баланса карты”.

И если есть возможность, то ЛУЧШЕ сделать именно два тест-кейса, НО на практике во многих случаях имеет смысл включить в тест-кейс 2 или больше ОР, так как:

- у вас может просто не быть времени на написание, исполнение и поддержку двух тест-кейсов*;
- сэкономленное время можно потратить на написание, исполнение и поддержку тест-кейса, которым мы бы проверили другую вещь**.

* *Если у нас есть один случай, когда можно совместить два ОР, то написание, исполнение и поддержка двух тест-кейсов не представляет труда. А что, если у нас появляются сотни дополнительных тест-кейсов?..*

** *В результате такой экономии мы с течением времени создаем десятки новых тест-кейсов, которые помогают нам провести более тщательное тестирование.*

Я работал с тест-кейсами, включающими более одного ОР, в течение многих лет, проводя тестирование сложнейшего ПО, связанного с финансовыми транзакциями, и могу сказать, что 2 или больше ОР в одном тест-кейсе — это нормальная практика.

Идем дальше.

Во многих случаях, когда несколько ожидаемых результатов просятся в один тест-кейс, нужно проверить

- значение(-я) на веб-странице и
- значение(-я) в базе данных,

т.е. нужна проверка **снаружи и изнутри** или на ***front end*** и ***back end.***

Постановка мозгов

Front end (читается как “фронт-энд”) — это непосредственный интерфейс пользователя, т.е. текст, картинки, кнопки, линки и прочие вещи, которые пользователь видит в окне веб-браузера или е-мейл клиента.

Back end (читается как “бэк-энд”) — это ПО и данные, находящиеся за фасадом фронт-энда: HTML-код веб-страницы, веб-сервер, код приложения, база данных и т.д.

В последнем примере мы непосредственно “разговаривали”

- с фронт-эндом — в шаге 5, когда добавляли товар в корзину;
- с бэк-эндом — в шаге 8, когда запрашивали базу данных.

Проблемные тест-кейсы

Теперь посмотрим, какие недостатки вы должны выжигать из своих тест-кейсов каленым железом.

1. Зависимость тест-кейсов друг от друга.
2. Нечеткая формулировка шагов.
3. Нечеткая формулировка идеи и/или ожидаемого результата.

1. ЗАВИСИМОСТЬ ТЕСТ-КЕЙСОВ ДРУГ ОТ ДРУГА

Зависимость — это антоним независимости. Независимость тест-кейса выражается в том, что он не связан с другими тест-кейсами.

Пример

Тест-кейс 1:

Шаги:

1. *Зайти в комнату.*
2. *Подойти к стулу.*
3. *Открыть **правый** внешний карман рюкзака.*
4. *Засунуть руку в **правый** внешний карман рюкзака.*

Ожидаемый результат: Граненый стакан.

Тест-кейс 2:

Шаги:

1. *Зайти в комнату.*
2. *Подойти к стулу.*
3. *Открыть **левый** внешний карман рюкзака.*
4. *Засунуть руку в **левый** внешний карман рюкзака.*

Ожидаемый результат: Огурец.

Как видно, шаги 1 и 2 сейчас одинаковы и всегда будет искушение улучшить то, что и так хорошо.

Пример

Тест-кейс 1:

Шаги:

1. *Зайти в комнату.*
2. *Подойти к стулу.*
3. *Открыть **правый** внешний карман рюкзака.*
4. *Засунуть руку в **правый** внешний карман рюкзака.*

Ожидаемый результат: Граненый стакан.

Тест-кейс 2:

Шаги:

1. ***Смотри шаги 1 и 2 из тест-кейса 1.***
2. *Открыть **левый** внешний карман рюкзака.*
3. *Засунуть руку в **левый** внешний карман рюкзака.*

Ожидаемый результат: Огурец.

Так вот, таких вещей (имеется в виду шаг 1 тест-кейса 2) нужно избегать, так как:

- тест-кейс 1 может быть удален из-за ненадобности или
- шаги по тестированию наличия стакана (в тест-кейсе 1) могут быть изменены (например, стакан лежит в другом рюкзаке, который находится на кухне).

В обоих случаях будет непонятно, как исполнить тест-кейс 2, так как

- у нас или нет шагов 1 и 2 из тест-кейса 1, или
- они стали неправильными (с субъективной точки зрения тест-кейса 2).

Другим распространенным случаем является допущение, что ПО или база данных уже приведены к нужному состоянию, так как были исполнены предыдущие тест-кейсы.

Пример

*В тест-кейсе X мы создаем транзакцию покупки книги. В тест-кейсе Y мы, **допуская,** что тест-кейс X был **успешно** исполнен, проверяем атрибут успешности транзакции покупки книги, не создавая саму транзакцию ("Зачем напрягаться, когда она уже создана?"). В итоге может произойти ситуация, когда транзакция покупки книги не создана, так как*

- *тест-кейс X был удален;*
- *тест-кейс X был модифицирован так, что он создает транзакцию другого типа;*
- *тест-кейс X не создал транзакции по объективной причине (например, не работал соответствующий код).*

Как результат, во всех трех случаях мы не можем исполнить тест-кейс *Y*, так как данных, на которые он опирается, просто не существует.

Таким образом, **хороший тест-кейс характеризуют:**

- **отсутствие ссылок на другие тест-кейсы;**
- **независимость от "следов", оставленных другими тест-кейсами в нашем ПО или базе данных.**

Следовательно, если у нас в документе *A* есть 10 тест-кейсов: тест-кейс 1, тест-кейс 2, ..., тест-кейс 10, то доказательством независимости каждого из тест-кейсов будет тот факт, что их без ущерба для тестирования можно **всегда исполнять в любом порядке,** например, тест-кейс 10, затем тест-кейс 2, затем тест-кейс 6 и т.д. Принцип, думаю, понятен.

Согласен, что повторение шагов или подготовительной части тест-кейса кажется порой тупым занятием, но все-таки преимущества независимого тест-кейса перекрывают напряг операции скопировал—вставил.

2. НЕЧЕТКАЯ ФОРМУЛИРОВКА ШАГОВ

Пример

"Пойди туда, не знаю куда".

На шаги тест-кейса можно смотреть, как на инструкцию "Как пройти" (или "Как проехать").

Пример

Если американцу, который в Москве первый раз, сказать (с видом москвича в пятом колене), что Красная площадь находится "за ГУМом", то он бессмысленно потратит много времени в поисках "загума" в путеводителе. Если же черкнуть ему е-мейльчик с инструкцией:

1. *Выйди из "Националя".*
2. *На улице поверни направо.*
3. *Не поднимая глаз, пройди мимо первой стайки барышень.*
4. *Не поднимая глаз, пройди мимо второй стайки барышень.*
5. *Спустись налево в подземный переход.*
6. *Следуй указателям на стенах с надписью "Красная площадь",*

то он не только найдет Красную площадь и купит там прапорскую ушанку с гнутой кокардой, но и избежит обвинений в сексуальном харрасменте, которые на его родине вещь очень даже серьезная.

Кстати,

- *шаги 1—5 включительно — это точные инструкции, а*
- *шаг 6 — это отсылка к инструкциям, хранящимся в другом месте (помните, мы говорили о внутреннем Пособии для тестировщиков с шагами для повторяющихся сценариев?).*

Итак, **перечисляющиеся в тест-кейсе шаги должны быть объективно четкими и ясными.**

Нужно помнить,

- **то, что очевидно для вас сейчас, может стать совершенно непонятным через пару месяцев.**
  Так, сокращенные шаги с нерасшифрованными аббревиатурами и прочими веселыми прибамбасами, понятными вам сейчас, могут впоследствии стать китайской грамотой для вас самих, так что проще будет написать тест-кейс заново, чем пробираться через дебри неосмотрительно сделанных описаний;
- **тест-кейс, который не может быть исполнен никем, кроме его автора, должен быть публично сожжен, растерт в порошок и развеян по ветру.**
  Обоснование простое: что, если автор тест-кейса заболеет, уйдет в отпуск, уйдет из компании или уйдет, извините, вообще? Любой **тест-кейс должен создаваться с мыслью о коллеге, который однажды возьмет его в руки.**

Нужно избегать и другой крайности — когда шаги тест-кейса настолько детализируются, как будто он пишется для ученой обезьяны. Излишняя детализация ведет к усложнению поддерживаемости тест-кейса, что было нами убедительно доказано минуту назад.

В общем ищите золотую середину.

3. НЕЧЕТКАЯ ФОРМУЛИРОВКА ИДЕИ ТЕСТ-КЕЙСА И/ИЛИ ОЖИДАЕМОГО РЕЗУЛЬТАТА

Оба тезиса, о которых мы только что говорили:

- о том, что можно забыть то, что сейчас понятно, и
- писать тест-кейсы нужно не для себя, а для того парня —

применимы и к идее и к ожидаемому результату. Нюансы для идеи тест-кейса и ожидаемого результата:

а. **Не рекомендуется отсылка к внешнему документу.** Когда мы говорили о выносе части шагов в Пособие для тестировщиков, то делали это в случаях многократно повторяющихся сценариев, встречающихся в разных тест-комплектах, с целью сделать наш тест-кейс более поддерживаемым. С идеей же тест-кейса и ожидаемым результатом — совсем другая история.

Пример

Подумайте, удобно ли будет исполнять тест-кейс, если в секции IDEA напечатано:

«В этом тест-кейсе мы проверяем пункт 21.б спека номер 34 "Сценарий добавления кредитной карточки к счету пользователя"»

или в секции Expected Result:

"Проверь, что значение последнего шага равно значению пересечения значения шага 5 по оси X и значению шага 23 по оси Y из таблицы 17.0 спека из секции IDEA"?

б. **Нужно помнить, что суть секции *IDEA* — это ОБЪЯСНЕНИЕ идеи тест-кейса.**

Пример

Если секция IDEA пуста или же в ней скромно напечатано "10", то каждый исполняющий этот тест-кейс каждый раз будет тратить несколько минут своего времени и/или времени своего коллеги на выяснение того, что же проверяется этим тест-кейсом.

в. **Нужно помнить, что ожидаемый результат — это информация, на основании которой (вкупе с фактическим результатом) мы принимаем решение об исходе тест-кейса. Следовательно, точность и четкость в формулировке ожидаемого результата играют наиважнейшую роль.**

Пример

Ожидаемый результат гласит: "Проверь, что показана страница с ошибкой", и страница с ошибкой действительно показывается. Дело в том, что если показывается не та ошибка, которая положена по спецификации, то будет пропущен баг. Почему он будет пропущен? Правильно: из-за неточной формулировки ожидаемого результата.

Еще один ***пример*** *плохого ожидаемого результата:*

"Все работает".

Идем дальше.

Тест-комплекты

С помощью каждого отдельно взятого тест-кейса проверяется какая-то одна вещь (развернуто сформулированная в секции *IDEA*). Каждый спек — это источник для множества идей тестирования, и, таким образом, для проверки кода, написанного в соответствии со спеком, нам нужно множество тест-кейсов.

Совокупность тест-кейсов (находящихся, как правило, в одном документе), **которые проверяют**

- **какую-то определенную часть нашего интернет-проекта** (например, "Оплату") и/или
- **определенный спек** (например, спек номер 1455 "Рассылка пользователям е-мейлов на основании истории заказов"),

называют тест-комплектом *(test case suite)*.

Что происходит в жизни?

- получаем новый спек;
- создаем **новый файл,** в котором создаем новые тест-кейсы для этого нового спека;
- исполняем новые тест-кейсы с их одновременной модификацией (об этом через 45 секунд);
- **если имеет смысл,** то переносим тест-кейсы в основной тест-комплект, где хранятся тест-кейсы, проверяющие ту же функциональную часть вашего интернет-проекта.

Создание нового файла с новым тест-комплектом обусловлено тем, что **новые тест-кейсы всегда исполняются в первую очередь** и нам просто удобно хранить их отдельно от старых. Как говорится, "мухи отдельно, котлеты отдельно" (конечно, до тех пор, пока нам это удобно).

Пример

На www.testshop.rs можно производить оплату картами VISA и MasterCard. У нас есть тест-комплект, который мы исполняем из релиза в релиз (это регрессивное тестирование, о котором мы еще будем много говорить), называемый "Покупка с использованием кредитных карт".

Этот тест-комплект был написан на основании спека #1211 и содержит тест-кейсы для проверки функциональностей оплаты с использованием VISA и MasterCard.

Для нового релиза написан спек #1422, согласно которому будет написан код для поддержки новой карты — британской Switch.

Сначала создаем новый тест-комплект "Покупка с использованием Switch", затем исполняем и одновременно модифицируем его. Учитывая, что

- *после исполнения содержимое тест-комплекта будет стабилизировано и*
- *в нем проверяется та же функциональная часть веб-сайта ("Оплата"),*

в ***данном случае*** *будет логичным сделать его частью тест-комплекта "Покупка с использованием кредитных карт".*

Постановка мозгов

Никто не ожидает, что тест-кейсы будут на 100% "работать" сразу после написания. Дело в том, что они создаются на основании спека (или, как это часто бывает, на основании устного пожелания начальника), и так как мы физически не видим функциональностей этого спека (код еще не написан), то многие вещи нужно в буквальном смысле представить себе. Кроме того, как мы уже видели, сами спеки имеют баги и спек может быть изменен без ведома тестировщика... (об этом позже).

В общем вариантов множество, и все ведут к тому, что ***в первый раз тест-кейсы должны исполняться их автором,*** *задача которого*

- *если необходимо,* ***добавить*** *новые тест-кейсы;*
- *если необходимо,* ***внести изменения*** *по существу, например в случае, если при создании тест-кейса тестировщик неправильно понял спек;*
- *если возможно,* ***удалить*** *лишние тест-кейсы, например, если два тест-кейса проверяют одну и ту же идею, дублируя друг друга;*
- ***сделать*** *тест-кейсы* ***более удобными*** *для поддержки;*
- ***отшлифовать*** *их, что означает сделать формулировки кристально-сверкающе-искристо ясными и точными.*

Вот "шапка", которую можно нацепить поверх тест-кейсов.

Author:	**Spec ID:**	**Priority:**	**Producer:**	**Developer:**
OVERVIEW:				
GLOBAL SETUP and ADDITIONAL INFO:				

Author — автор тест-кейсов.

Spec ID — номер (или иной уникальный *ID*) спека. Сам *ID* должен быть линком к спеку в локальной сети (об этом мы еще поговорим).

Priority — приоритет тест-комплекта (например, от 1 до 4), обычно соответствующий приоритету спека.

Producer — продюсер, написавший спек.

Developer — программист, пишущий код в соответствии со спеком.

В секции *Overview* вкратце рассказывается, чему посвящен этот тест-комплект.

Предназначение секции *GLOBAL SETUP* and *ADDITIONAL INFO* аналогично секции тест-кейса *SETUP* and *ADDITIONAL INFO*, только здесь мы говорим о повторяющихся вещах, которые будем использовать в более чем одном тест-кейсе, и вообще о любой другой полезной информации для **всего** тест-комплекта.

Вот содержимое файла ***credit_card_payments.doc,*** включающего тест-комплект "Покупка с использованием кредитных карт":

Покупка
с использованием кредитных карт (TS7122)*

Author: О. Тарасов	**Spec ID:** 1211	**Priority** 1	**Producer:** П. Хрипунов	**Developer:** Н. Назаров
OVERVIEW: Данный тест-комплект проверяет оплату картами VISA и MasterCard				
GLOBAL SETUP and ADDITIONAL INFO: 1. SQL1: select result from cc_transaction where id = <номер заказа>; 2. Баланс счета карты можно посмотреть здесь: www.main.testshop.rs/<*четыре_последних_цифры_карты*>/balance.htm				

TC ID/Priority	**CCPG0001**	**1**
IDEA: Оплата может быть произведена картой **VISA** **SETUP and ADDITIONAL INFO:** Эккаунт: testuser1/pa$$w0rd Данные карты: Номер: **9999-5148-2222-1277** Окончание действия: **12/07** CVV2: **778**		
Revision History		
Created on: 11/17/2003 **by** О.Тарасов	Новый тест-кейс	
Modified on: 11/26/2003 **by** И. Новикова	Шаги были упрощены, чтобы сделать тест-кейс более удобным для поддержки	
Modified on: 01/17/2003 **by** И. Новикова	Изменение шагов и второй ожидаемый результат с целью удостоверения в снятии денег со счета	

Execution part	
PROCEDURE	**EXPECTED RESULT**
1. Запиши баланс счета карты _______. 2. Открой www.main.testshop.rs 3. Войди в систему. 4. Найди любой товар. 5. Добавь товар в корзину. 6. Произведи *оплату картой* из секции SETUP and ADDITIONAL INFO (!!! запиши полную сумму заказа: ____________________). 7. Запиши номер заказа ___________. 8. Запроси базу данных с SQL1.	➢ **"10"**
9. Запиши баланс счета карты _______.	➢ Шаг 1 – Шаг 6

TC ID/Priority	**CCPG0002**	**1**
IDEA: Оплата может быть произведена картой **MasterCard** **SETUP and ADDITIONAL INFO:** Эккаунт: testuser1/pa$$w0rd Данные карты: Номер: **3333-7112-4444-7844** Окончание действия: **12/08** CVV2: **676**		

Revision History	
Created on: 11/17/2003 **by** О.Тарасов	Новый тест-кейс
Modified on: 11/26/2003 **by** И. Новикова	Шаги были упрощены, чтобы сделать тест-кейс более удобным для поддержки
Modified on: 01/17/2003 **by** И. Новикова	Изменение шагов и второй ожидаемый результат с целью удостоверения в снятии денег со счета

Execution part	
PROCEDURE	**EXPECTED RESULT**
1. Запиши баланс счета карты _______. 2. Открой www.main.testshop.rs 3. Войди в систему. 4. Найди любой товар. 5. Добавь товар в корзину. 6. Произведи *оплату картой* из секции SETUP and ADDITIONAL INFO (!!! запиши полную сумму заказа: ____________________). 7. Запиши номер заказа ___________. 8. Запроси базу данных с SQL1.	➢ **"20"**
9. Запиши баланс счета карты _______.	➢ Шаг 1 – Шаг 6

*(TS7122) — каждый тест-комплект должен иметь свой уникальный ID.

Прошу **обратить внимание** на следующее:

1. Вещи, которые у нас повторяются в разных тест-кейсах, вынесены в секцию *GLOBAL SETUP and ADDITIONAL INFO* тест-комплекта:
   1. *SQL1: select result from cc_transaction where id* = <номер заказа>;
   2. Баланс счета карты можно посмотреть здесь: *www.main.testshop.rs/*<четыре_последних_цифры_карты>*/balance.htm.*
2. Данные, различающиеся между тест-кейсами *CCPG0001* и *CCPG0002*, выделены жирным с подчеркиванием. В предложенном тест-комплекте это сделано, чтобы приковать внимание исполнителя к различиям в похожих тест-кейсах.

В общем случае хорошая практика — пользоваться ВОЗ*можн***остя**ми текстового редактора, чтобы выделить то, на что стоит обратить внимание.

Продолжаем.

Наш менеджер дает нам для проработки и создания тест-кейсов новый спек продюсера М. Чучикова: *#1422* "Покупка с использованием *Switch*". Мы создаем новый файл: ***switch_payments.doc.*** И после того как мы его исполнили и причесали наши новые тест-кейсы (в данном случае один тест-кейс), получаем:

Покупка с использованием Switch (TS7131)

Author: И. Новикова	**Spec ID:** <u>1422</u>	**Priority** 1	**Producer:** М. Чучиков	**Developer:** Н. Назаров
OVERVIEW: Данный тест-комплект проверяет оплату картой Switch				
GLOBAL SETUP and ADDITIONAL INFO: 1. SQL1: select result from cc_transaction where id = <номер заказа>; 2. Баланс счета карты можно посмотреть здесь: www.main.testshop.rs/<*четыре_последних_цифры_карты*>/balance.htm				

TC ID/Priority	**SWPL0001**	**1**
IDEA: Оплата может быть произведена картой **<u>Switch</u>** **SETUP and ADDITIONAL INFO:** Эккаунт: testuser1/pa$$w0rd Данные карты: Номер: **<u>3333-1988-4444-5699</u>** Окончание действия: **<u>12/05</u>** CVV2: **<u>451</u>**		

Revision History	
Created on: 01/21/2003 **by** И. Новикова	Новый тест-кейс
Execution part	
PROCEDURE	**EXPECTED RESULT**
1. Запиши баланс счета карты _______. 2. Открой www.main.testshop.rs 3. Войди в систему. 4. Найди любой товар. 5. Добавь товар в корзину. 6. Произведи *оплату картой* из секции SETUP and ADDITIONAL INFO (!!! запиши полную сумму заказа: ____________________). 7. Запиши номер заказа ___________. 8. Запроси базу данных с SQL1.	➢ **"30"**
9. Запиши баланс счета карты _______.	➢ Шаг 1 – Шаг 6

Теперь нам остается просто объединить оба файла. Таким образом, у нас получился *all new* ***credit_card_payments.doc.*** Откроем его:

Покупка с использованием кредитных карт

Часть 1: тестирование с *VISA* и *MasterCard*
Часть 2: тестирование со *Switch*
Часть 1
<Шапка, CCPG0001 и CCPG0002 из старого файла credit_card_payments.doc без изменений>
Часть 2
<Шапка и SWPL0001 из файла switch_payments.doc без изменений>

Прошу обратить внимание на следующее:

мы не меняли

- ни содержимое *файла* ***switch_payments.doc,*** которое вставили в основной тест-комплект ***credit_card_payments.doc,***
- ни содержимое *старого файла* ***credit_card_payments.doc.***

Можно, например, было сделать для них одну общую "шапку" или заменить *SWPL0001* на *CCPG0003* (чтобы иметь единую систему нумерации в одном тест-комплекте), но ни этого, ни других объединительных мероприятий не было (и не будет) проведено, так как:

- **это два независимых модуля и каждый из них прекрасно исполняем по отдельности** (пусть даже они и объединены в одном файле (и одном тест-комплекте) из-за того, что они покрывают ту же функциональную часть нашего проекта);

- **уникальный *ID* тест-кейса дается последнему один раз и никогда не меняется.** Это как номер налогоплательщика — нас ведь нужно учитывать, где бы мы ни были, а то располземся, как тараканы, легкомысленно забыв о том, что у патрициев тоже есть семьи, которые мы, будучи не патрициями, должны содержать, платя налоги.

Кстати, *генерировать уникальный ID тест-кейса можно*

- *автоматически (для этого может быть написана простая программка) или же*
- *вручную, для чего должна быть заключена конвенция внутри департамента качества.*

Пример

Мы договариваемся, что ID состоит из двух частей:

- *первая часть — это буквенное обозначение (например, четыре латинские буквы), а*
- *вторая часть — это цифровое обозначение (от 0001 до 9999).*

ID присваивается автором тест-комплекта, и в случае если новые тест-кейсы (без ID) добавляются в тест-комплект, то буквенный ID берется из предшествующих тест-кейсов, а цифровое обозначение = максимальное цифровое обозначение + 1. Так если мы решим добавить тест-кейс для тестирования оплаты картой Switch, то как мы его назовем? Правильно! SWPL0002. А картой VISA или MasterCard? Правильно! CCPG0003.

Кстати, *CCPG — это "Credit Cards Payments Global" ("общее по платежам с кредитными картами"), а SWPL — "SWitch Payments Local" ("локальное по платежам с картой Switch"). Почему я выбрал ТАКИЕ буквенные обозначения? Потому что мне так захотелось. Никакого правила здесь нет, как нравится, так и называйте, но постарайтесь, чтобы не было двух тест-кейсов с одним ID.*

Пример

Процесс присвоения ID идет следующим образом:

1. *Пишем тест-кейсы. ID не присваиваем.*
2. *"Обкатываем" их при первом исполнении с удалением тех из них, которые недостойны быть частью нашего тест-комплекта, и добавлением тех, которые пришли на ум по мере исполнения.*
3. *Присваиваем оставшимся тест-кейсам по ID.*

Мы продолжим разговор о тест-комплектах на одном из следующих чаепитий.

Состояния тест-кейса

У них все, как у людей. Рождаются, изменяются и умирают...

Рождение:

состояние — "Новый" *(New).*
Это первая редакция тест-кейса: ***"Created on:*** *11/17/2003* ***by*** О. Тарасов".

Изменение:

состояние — "Измененный" *(Modified).*
Модификации, как правило, связаны с изменением спека, затрагивающего этот тест-кейс, или с улучшением тест-кейса, например, для удобства в поддержке: ***"Modified on:*** *11/26/2003* ***by*** И. Новикова".

Смерть тест-кейса наступает

- вместе со смертью тестируемой вещи (определенной функциональности, элемента интерфейса пользователя и др.), например *www.testshop.rs* перестал принимать кредитные карты либо
- в других случаях, например когда один тест-кейс дублирует другой, т.е. имеем

состояние — "Более недействителен" *(Retired).*

Рекомендую не удалять тест-кейсы насовсем, так как

во-первых, всегда возможна ошибка в суждении и нам нужно предусмотреть обратимость удаления,
во-вторых, тест-кейс, который, по нашему субъективно-несовершенному мнению, перестал быть актуальным, может еще пригодиться, хотя бы как память о годах жизни, проведенных не за штурвалом пиратского брига "Черная жемчужина", а за монитором "Хундаи" с неотдирающимся стикером "Моя компания — мой дом".

В общем:

1. Создаем специальную директорию в том же месте, где храним файлы с тест-комплектами, и называем ее *retired_testcases.*
2. Создаем в этой директории файл с тем же именем, что и файл тест-комплекта, из которого удаляем тест-кейс.

3. Переносим тест-кейс *(cut/paste)* из файла, больше не нуждающегося в этих услугах, в одноименный файл директории *retired_testcases*.

В жизни все выглядит проще, так как обычно пускается в расход не отдельный тест-кейс, а весь тест-комплект.

Иногда возникает дилемма — что лучше:

- изменить тест-кейс или
- удалить его и придумать новый.

Все ситуации уникальны, но, как показывает жизнь, легче возвести здание на пустом месте, чем делать генеральную реставрацию старого особняка. Кстати, судя по Москве, этой концепции придерживаюсь не я один.

Вот такие дела...

А напоследок я скажу...

Важный момент перед подведением итогов.

Все то, о чем мы говорили в этой беседе, является хорошей практикой при создании тест-кейсов и тест-комплектов, эта практика имеет место в реальных и успешных интернет-компаниях Силиконовой Долины, и все, включая формат, можно использовать, как оно было рассказано и показано. Я же хочу, чтобы вы всегда помнили главное:

тестирование — это процесс творческий и, следовательно, подразумевает поиск. Ищите, пока не найдете то, что эффективно работает именно в вашей компании и в конкретной ситуации.

Для иллюстрации творческого подхода те же тест-кейсы, но в другом виде.

Таблица 1

Test Case ID	Priority	Card	Card Number	Card Expiration date	Card CVV2	Expected Result1
CCPG0001	1	VISA	9999-5148-2222-1277	12/07	778	10
CCPG0001	1	MasterCard	3333-7112-4444-7844	12/08	676	20
SWPL0001	1	Switch	3333-1988-4444-5699	12/05	451	30

IDEA: Оплата может быть произведена картами из Таблицы 1.

Для каждого тест-кейса из Таблицы 1:

1. Запиши баланс счета карты __________:
   www.main.testshop.rs/<*четыре_последних_цифры_карты*>/balance.htm
2. Открой www.main.testshop.rs.
3. Войди в систему как testuser1/pa$$w0rd.
4. Найди любой товар.
5. Добавь товар в корзину.
6. Произведи *оплату картой* (!!!запиши полную сумму заказа: __________).
7. Запиши номер заказа __________ .
8. Запроси базу данных:
   select result from cc_transaction where id = <номер заказа>;
   Сравни с Expected result1.

---

9. Запиши баланс счета карты __________ .
   Шаг 1 – Шаг 6

Прошу считать творческий подход проиллюстрированным.

Краткое подведение итогов

1. Тест-кейс — это инструмент тестировщика, предназначенный для **документирования и проверки** одного или более ожидаемых результатов.
2. Шаги *(procedure)* — это часть тест-кейса, ведущая исполнителя тест-кейса к фактическому результату (выводу). Излишняя детализация может осложнить поддержку, а излишнее абстрагирование привести к непониманию того, как исполнить тест-кейс.
3. Шаги для повторяющихся сценариев можно вынести в отдельный документ в локальной сети, и в тест-кейсе мы даем лишь ссылку на этот документ.
4. Исполнение тест-кейса завершается либо положительным *(pass)*, либо отрицательным *(fail* или баг!!!) результатом. Причем именно отрицательный результат является желанным, так как мы нашли баг.
5. Исполнение тест-кейса не является завершенным, если исполнитель не смог “пройти” все шаги.
6. Тест-кейс должен быть независим от других тест-кейсов из того же или любого другого тест-комплекта.
7. Наиполезнейшими вещами являются следующие атрибуты тест-кейса:

   - **уникальный *ID*,** который уникален в пределах всех существующих в компании тест-кейсов;

- **приоритет,** чтобы все знали, кто здесь главный;
- **идея,** которая на простом языке объясняет предназначение тест-кейса;
- **подготовительная часть,** которая... ну, в общем, подготавливает нас к исполнению тест-кейса;
- **история редактирования,** которая помогает указать на друзей, испортивших наши идеальные тест-кейсы и наших легковерных попугаев.

8. Поддерживаемость тест-кейса — это легкость и удобство, с которыми он может быть изменен. Поддерживаемость тест-кейса — одна из основных формальных вещей при создании или модификации тест-кейса.
9. Тест-кейс "проверяет" не более одной идеи. При этом два и более ожидаемых результата легитимны, если истинность идеи вытекает из одновременной истинности этих ожидаемых результатов.
10. К плохому стилю относятся:
    а) зависимость тест-кейсов друг от друга;
    б) нечеткая формулировка шагов;
    в) нечеткая формулировка идеи тест-кейса и/или ожидаемого результата.
11. Тест-кейсы объединяются в тест-комплекты (как правило, один тест-комплект — это один файл).
12. Как правило, тест-комплект включает тест-кейсы, родственные друг другу тем, что они проверяют определенный участок нашего интернет-проекта или вещи, описанные в определенном спеке.
13. Хорошим стилем является создание нового тест-комплекта для новых тест-кейсов.
14. Тест-кейсы, написанные после проработки спека (до того, как представилась возможность "пощупать" написанное по нему ПО), являются сырыми, и никто не посмеет бросить в тестировщика камень осуждения, если он впоследствии изменит тест-кейсы по мере их исполнения.
15. Создавая или модифицируя тест-кейсы, мы всегда должны помнить о том парне, который будет их исполнять после нас.
16. Состояние тест-кейса: "У них все, как у людей. Рождаются, изменяются и умирают..." — "Новый", "Измененный", "Более недействителен". Хорошая практика — не удалять *(remove)* отжившие свой век тест-кейсы (или целые тест-комплекты), а переносить их *(move)* в отдельную директорию, специально созданную для таких пенсионеров.
17. Важно понять, что в сегодняшнем разговоре речь шла о форме, а не о содержании тест-кейсов. **Содержание конкретного тест-кейса – это отражение методологии нахождения багов применительно к конкретной ситуации,** и этой методологии будут посвящены отдельные беседы.

Вопросы и задания для самопроверки

1. Без какой части тест-кейс никак не может обойтись?
2. Для чего в тест-кейсе нужны шаги?
3. Два вида исхода исполнения тест-кейса. К какому исходу мы, как тестировщики, стремимся?
4. Что происходит, если состояние ПО не позволяет исполнить все шаги тест-кейса? Каковы наши действия?
5. Обоснуйте, почему у тест-кейса должна быть лишь одна тестируемая идея?
6. Перечислите полезные атрибуты тест-кейса и причину полезности каждого из них.
7. Изменяется ли *ID* тест-кейса при изменении самого тест-кейса или переносе его в другой документ?
8. Придумайте свой способ индексации тест-кейсов, например, частью *ID* может быть номер спека.
9. Что такое *data-driven* тест-кейс? В чем заключается удобство поддержания такого тест-кейса?
10. Как легкость в поддерживаемости тест-кейса позволяет сэкономить время?
11. Формальные недостатки, не позволяющие тест-кейсам быть белыми и пушистыми.
12. В чем удобство написания новых тест-кейсов в отдельный тест-комплект?
13. Ожидается ли, что тестировщик изменит тест-кейс, написанный лишь на основании спека, без знакомства с реально написанным ПО?
14. В чем проявляется родственность тест-кейсов, являющихся частью одного тест-комплекта?
15. Приведите атрибуты шапки тест-комплекта.
16. Состояния тест-кейса.
17. Почему не рекомендуется удалять тест-кейсы?
18. Есть ли стандартная форма тест-кейса, за несоблюдение которой лишают премий и не приглашают на празднование Нового года?
19. Разница между идеей тест-кейса и ожидаемым результатом.
20. Напишите тест-кейс с тестируемой идеей “Я могу убедить свою жену в чем угодно” и ожидаемым результатом “Дорогой, поезжайте с Алексеем на рыбалку. Вы так редко с ним видитесь”.
21. Напишите тест-кейс с одной идеей и двумя ожидаемыми результатами. Используйте пример из жизни.

ЦИКЛ РАЗРАБОТКИ ПО

- ИДЕЯ
- РАЗРАБОТКА ДИЗАЙНА ПРОДУКТА И СОЗДАНИЕ СПЕКА
- КОДИРОВАНИЕ
- ИСПОЛНЕНИЕ ТЕСТИРОВАНИЯ И РЕМОНТ БАГОВ
- РЕЛИЗ
- БОЛЬШАЯ КАРТИНА ЦИКЛА РАЗРАБОТКИ ПО

Цикл (процесс) разработки ПО *(software development life cycle)* **— это путь от идеи до поддержки готового продукта.** Чем более отлажены каждая из стадий цикла и координация между ними, тем эффективнее работает интернет-компания, тем выше качество и тем счастливее пользователи.

Сегодня мы поговорим о модели цикла разработки ПО, называемой *“Waterfall”* (“Водопад”), которая используется в подавляющем большинстве интернет-стартапов.

Наша цель — понять логику взаимосвязи между стадиями цикла и основные моменты каждой из стадий.

Большая картина цикла будет представлена в конце разговора, когда будет понятно, что уже ничего не понятно.

Постараюсь свести к минимуму вещи типа: “в одних компаниях это называется так, а в других — этак”, нельзя объять необъятное, но если будет схвачен принцип, то, несмотря на разницу

— Помните, дети, что мы произошли не от Бага-Прародителя, а от халатного отношения к качеству ПО.
1А

в названиях и нюансах, вы мгновенно свяжете то, о чем я вам рассказал, с тем, что есть (будет) в компании, где вы работаете (несомненно, будете работать).

Итак, поприветствуем участниц и участников нашего шоу. Ими сегодня будут:

1. **Идея.**
2. **Разработка дизайна продукта и создание документации.**
3. **Кодирование** *(в смысле создание кода).*
4. **Исполнение тестирования и ремонт багов.**
5. **Релиз.**

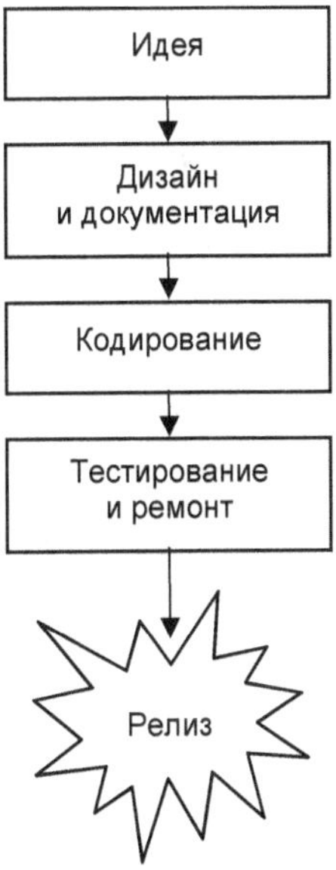

Идея

Для начала расскажу вам, как образовывались стартапы в США в конце 90-х гг. прошлого века. И не подумайте, что я утрирую.

Калифорнийская история

Сидят два бывших одноклассника в спорт-баре даунтауна Сан-Франциско и думают, как заработать денег: кругом интернет-бум, некоторые друзья стали миллионерами и ездят на сверкающих "Феррари" между офисами-аквариумами интернет-компаний и своими домами на холмах Лос-Алтоса.

Один из них неожиданно поднимает над барной стойкой голову, переводит озаренный взгляд на другого, вытягивает вверх указательный палец и говорит: "О!"

Это "О!" означает рождение идеи, например, о создании веб-сайта по продаже туалетной бумаги.

На следующий день раздается звонок в офисе венчурного капиталиста и назначается встреча для обсуждения "проекта века".

Кстати,

венчурные капиталисты — это такие непростые товарищи, бизнесом которых является спонсирование новых компаний.

Встреча проходит в теплой и дружественной обстановке, и под проект "Туалетная бумага Дот Ком" дается 50 млн долл.

Сказавший "О!" становится CEO (Chief Executive Officer), а его друган — соответственно COO (Chief Operating Officer).

Снимается помещение, покупаются ораклы и линуксы, начинается набор народа на рядовые и руководящие должности, день и ночь кипит работа, пепперони-пицца становится ежедневной едой даже вегетарианцев, жены программистов изменяют со страховыми агентами, в общем все "счастливы, влюблены, раздавлены".

Процесс пошел!!!

Слушая эту историю, которая вполне могла быть правдивой, можно заметить, что все началось с **"О!"**, т.е. с **ИДЕИ**.

Вопрос: Кто генерирует идеи в действующей интернет-компании?
Ответ: Как правило, это отдел маркетинга. Нередко идеи инициируются службой поддержки пользователей или новым контрактом, например, с компанией по процессингу кредитных карт *(credit card processor)*.

В общем вариантов множество.

При разговоре о большой картине сводному персонажу, генерирующему идеи, будет присвоено имя Маркетолог.

Как правило, идеи компонуются в *MRD* ("эм-ар-ди" — *Marketing Requirements Document* — документ о требованиях маркетинга, суть которого: "хотелось бы это иметь").

Затем

- менеджмент проворачивает *MRD*шки через жернова анализа, утверждения и приоритезации, а
- выжившие идеи передаются продюсерам, которые их полоскают, высушивают и гладят, чтобы получилась спецификация.

Разработка дизайна продукта и создание спека

На основании идеи, утвержденной менеджментом, разрабатывается и документируется ее воплощение, которое называется дизайном продукта *(product design)* или, простыми словами, то, как та или иная часть нашего веб-сайта должна выглядеть и/или работать.

Концептуальная разница между **идеей** (продукта) и **дизайном** (продукта) заключается в том, что

- **идея — это описание ЦЕЛИ, а**
- **дизайн — это описание ПУТИ к достижению этой цели.**

Профессионально весь этот джаз осуществляется менеджерами продукта *(PMs — Product Managers)*, которые также могут называться продюсерами *(Producers)* или дизайнерами продукта *(Product Designer)*.

Результатом продюсерских усилий являются **спеки,** называемые также *PRD (Product Requirements Document* — документ о требованиях для продукта) или просто *requirements* (требования).

Самые эффективные продюсеры в интернет-компаниях — это профессионалы, имеющие бэкграунд в предмете, на котором они специализируются, и ненавязчивую техническую подготовку.

Первое необходимо, чтобы детально разбираться в том, что найдет отражение в спеках (например, это могут быть правила торгов НАУФОР).

Второе полезно, чтобы говорить на языке программистов и тестировщиков.

Спеки должны иметь уникальное название и уникальный *ID* и внутри разбиваются на логические составляющие (части, пункты), имеющие индексацию для удобства ссылок.

Каждый спек имеет также **обозначение своей важности (приоритета).** Обычно это цифра по 4-балльной шкале. Так, спек приоритета 1 (П1) — это самый приоритетный спек.

Практическая ценность придания спекам приоритетности состоит в следующем:

- если речь идет об исключении каких-либо функциональностей из релиза, так как не хватает ресурсов (например, времени у программиста), то жертвуют функциональностью из спека с меньшим приоритетом. Так, при наличии

  одного спека с П1 и
  другого спека с П2,

  равноценных по трудоемкости для программиста и тестировщика, отбрасывается П2;
- программист и тестировщик всегда должны начинать (программирование, подготовку к тестированию и исполнение тестирования) со спека с большим приоритетом;
- так как мы знаем, что невозможно протестировать все, **приоритет спека для тестировщика — знак, указывающий, чему нужно дать больше любви и заботы.**

Как правило, приоритет присваивается спекам менеджером продюсеров.

Идем дальше.

Хороший спек, как и хороший закон, отличают следующие вещи:

1. **Акцент на деталях и их четкое определение.**
2. **Забота о недопущении неверного толкования.**
3. **Непротиворечивость внутри спека и с другими спеками.**
4. **Логическая взаимосвязь компонентов.**
5. **Полнота охвата предмета.**
6. **Соответствие нормативным актам.**
7. **Соответствие деловой практике.**

Ошибки в спеке появляются в случае отклонения содержания спека от пунктов 1—7.

1. АКЦЕНТ НА ДЕТАЛЯХ И ИХ ЧЕТКОЕ ОПРЕДЕЛЕНИЕ

Пример ошибки

"1.5. При регистрации система должна проверить е-мейл на наличие:

"@";

"." перед именем глобального домена (например, "ru" или "com")".

В этом спеке пропущено множество вещей. Например:

а. Не указано, что е-мейла с двумя "@" быть не может.

б. Не указаны другие неприемлемые знаки (illegal characters) е-мейл-адреса.

в. Не приведен список существующих глобальных доменов.

Пример последствий ошибки

Стандартная практика регистрации нового пользователя состоит из трех этапов:

а. Пользователь заполняет регистрационную форму и нажимает кнопку “Зарегистрироваться”.

б. От веб-сайта приходит е-мейл с линком для подтверждения регистрации.

в. Пользователь кликает линк, и регистрация автоматически подтверждается.

Если пользователь случайно введет неправильный е-мейл (например, с двумя “@”) и сообщение об ошибке сгенерировано не будет, то регистрация не будет завершена, так как е-мейл с линком для подтверждения регистрации не придет. Пользователь будет бесполезно ждать этого е-мейла, а не дождавшись, скорее всего введет в адресной строке веб-браузера URL конкурента.

Кстати, *URL (“ю-ар-эл” — Uniform Resource Locator) — это просто адрес файла в сети, например “http://www.testshop.rs”. URL можно вводить в адресную строку веб-браузера без “http://” (ее добавляет сам браузер при запросе к веб-серверу). Имя файла может даваться напрямую: www.main.testshop.rs/1277/**balance.htm**, либо веб-сервер сам найдет для нас нужный файл в соответствии со своими настройками, например, в случае с нашим проектом набор в адресной строке браузера “www.main.testshop.rs” или “www.main.testshop.rs/index.htm” даст нам тот же самый файл index.htm.*

2. ЗАБОТА О НЕДОПУЩЕНИИ НЕВЕРНОГО ТОЛКОВАНИЯ

Пример ошибки

Игорь Саруханов. Песня “Скрип колеса”.
Произнесите вслух название этой песни. Я, например, многие годы думал, что песня называется “Скрипка лиса”, а моя жена была уверена, что “Скрипка. Леса...”.

Пример последствий ошибки

Если для вашей профессиональной деятельности не имеет никакого значения, как называлась эта песня, то адекватность понимания спека — это вещь наиважнейшая. Опасность заключается в том, что

программист и/или
тестировщик,

выбрав неправильный смысловой вариант, может быть уверен, что все понял правильно, и в итоге напортачит

с кодом и/или
с тест-кейсами.

У нас будет отдельное рассмотрение того, как превентировать возможность неверного толкования спека.

3. НЕПРОТИВОРЕЧИВОСТЬ ВНУТРИ СПЕКА И С ДРУГИМИ СПЕКАМИ

Пример ошибки

“7.3. В целях безопасности доставка может быть осуществлена на адрес пользователя, по которому зарегистрирована кредитная карта”

и на следующей странице или в другом спеке:

“8.1.1. Для доставки пользователь может ввести любой адрес в пределах континентальной части США”.

Пример последствий ошибки

Один программист может запретить доставку на любой адрес, кроме адреса регистрации кредитной карты, а другой программист независимо от первого напишет код, позволяющий пользователю ввести любой адрес, который тот пожелает.

Вследствие этого вполне возможна ситуация, когда пользователь, завершив заказ, будет ждать посылку, которая никогда к нему не придет, так как система

- *позволит сделать заказ (код второго программиста), НО*
- *не даст команду кладовщику, чтобы тот послал заказ по почте (код первого программиста).*

4. ЛОГИЧЕСКАЯ ВЗАИМОСВЯЗЬ КОМПОНЕНТОВ

Пример ошибки

“1.1. Мои мама и папа, я живу хорошо, просто замечательно. У меня все есть. Есть свой дом. Он теплый. В нем одна комната и кухня. Я без вас очень скучаю, особенно по вечерам.

1.2. А здоровье мое не очень. То лапы ломит, то хвост отваливается.

1.3. А на днях я линять начал: старая шерсть с меня сыплется, хоть в дом не заходи, зато новая растет — чистая, шелковистая. Так что лохматость у меня повысилась.

До свидания. Ваш сын, дядя Шарик”.

Спасибо Эдуарду Успенскому за иллюстрацию “логической” взаимосвязанности компонентов.

Пример последствий ошибки

Вспомните реакцию мамы, а затем папы дяди Федора после прочтения письмеца. Примерно то же самое может быть с пользователем, когда он столкнется с функциональностью, написанной и протестированной согласно подобному спеку.

5. ПОЛНОТА ОХВАТА ПРЕДМЕТА

Пример ошибки

В условиях массового интернет-мошенничества с кредитными картами дополнительной степенью защиты является CVV2 (Card Verification Value 2) — трех- (для всех карт, кроме Amex) или четырехзначный (только для Amex) номер, идущий за номером карты на обратной ее стороне (на полоске с подписью). Продюсер по незнанию или по халатности может не предусмотреть в спеке, что пользователь должен ввести CVV2 при регистрации карты, что в итоге приведет к большему числу мошеннических транзакций.

Пример последствий ошибки

Многие интернет-компании, включая платежные системы, закончили существование из-за огромного количества транзакций с краденными картами. Даже если дело не дойдет до закрытия компании, службе поддержки клиентов, финансовому и правовому департаментам предстоит испытать много чу́дных мгновений, которых могло не быть, не забудь продюсер о CVV2.

6. СООТВЕТСТВИЕ НОРМАТИВНЫМ АКТАМ

Пример ошибки

Здесь, как правило, речь идет о продаже специальных предметов (например, рецептурных лекарств). В этом случае спек (например, в онлайн-аптеке) должен предусматривать, что такие предметы не могут продаваться.

Еще одним примером являются вещи, связанные с авторским правом, например распространение аудиофайлов.

Пример последствий ошибки

Возможно судебное преследование. Вспомните историю компании Napster.

7. СООТВЕТСТВИЕ ДЕЛОВОЙ ПРАКТИКЕ

Пример ошибки

Если денежный перевод обычно занимает 3—6 бизнес-дней включительно, то пользователю не должно сообщаться меньшее или "точное" количество дней. Нужно так и указать на соответствующей странице сайта: "Денежный перевод обычно занимает 3—6 дней включительно".

Пример последствий ошибки

Пользователь будет уверен, что в конкретный день на его счете будет определенная сумма. Представьте себе ситуацию, что пользователь, рассчитывая на эти деньги, поехал в Лондон на аукцион русской живо-

писи, выиграл там картину Айвазовского за 200 тыс. фунтов, расплачивается своей дебетовой картой, а ему говорят, что на карте нет денег. Останется ли он клиентом нашей компании?

Идем дальше.

Некоторые продюсеры убеждены, что спеки должны давать программистам указания по сугубо техническим аспектам кодирования, как, например, об установлении связей между таблицами в базе данных или о названиях функций в коде. Если они не понимают всех проблем, вытекающих из этого порочного подхода, и слушать никого не хотят, предложите им самим написать весь код. Скорее всего, они откажутся...

Пример

Где-нибудь в городе N в стенах прихватизированного авиационного завода открывается фирма по отливке золотых унитазов для новых русских. Жена одного такого приезжает на завод и говорит: "Хочу, чтобы мой унитаз:

с 00:00 до 5:59:59 проигрывал в стерео сочинения Сибелиуса в исполнении оркестра английской Королевской оперы;
с 6:00 до 11:59:59 голосом Марчелло Мастроянни читал пелевинскую "Жизнь насекомых";
с 12:00 до 17:59:59 философски молчал;
с 18:00 до 23:59:59 транслировал "Народное радио",
а для формы подойдет модель 5 из вашего каталога".

Очень даже приличная спецификация. И на этом неплохо было бы остановиться, но если эта дама с многокаратными каменьями начнет давать ценные указания о температуре нагревания презренного металла перед литьем, изоляции контактов или моменте вступления кларнета в Седьмой симфонии, то будет совсем худо. Давайте уж так: каждый должен заниматься своим делом.

Итак, после проведения водораздела между работой продюсера и работой программиста продолжим о спеках.

Спеки имеют следующую очередность статусов:

1. **Во время написания** они имеют статус **Черновик** *(Draft)*. Продюсер пишет спек.
2. **После написания и до утверждения — Ожидание утверждения** *(Approval Pending)*.
   Спек написан, и назначается совещание *(meeting)* с программистами и тестировщиками по его обсуждению или же просто им посылается е-мейл с приложением.

3. **После утверждения — Утверждено** *(Approved или Final)*. Если на митинге все закричали “Ура!” или получены положительные отзывы от всех реципиентов, утвержденный спек немедленно выкладывается на один из серверов в локальной сети, чтобы быть доступным любому лицу внутри компании, которому положено его видеть. Если же спек не принят, то все начинается с пункта 1.

Постановка мозгов

Факт утверждения спека не означает, что тестировщик и программист объявили спек идеальным. Факт утверждения спека означает, что в результате ***первоначального*** *ознакомления со спеком последний был признан годным для дальнейшей работы. Политический момент: спек – это ответственность продюсера, и продюсер остается ответственным за качество спека даже в том случае, если программист и тестировщик утвердили спек, в котором позднее были найдены проблемы.*

Идем дальше.

Спасский после игры с Фишером неделями ходит и думает: “А вот здесь нужно было бы его конем пришкварить”, но, к сожалению, исправить ему уже ничего нельзя, “можно только забыть”.

Продюсер же может проснуться утром с идеей улучшения спека или вспомнить какую-нибудь важную вещь, упущенную при создании спека, и, придя на работу, подредактировать спек и заменить файл со старой редакцией файлом с новой редакцией на упомянутом внутреннем сервере... И так пять раз.

Далее.

Обычно спек распечатывается непосредственно перед началом работы по нему. Учитывая, что время начала работы по спеку у каждого индивидуально (я говорю о минутах), если спек будет по-тихому изменяться между распечатываниями, наступит ситуация, когда

программисты и тестировщики хотя и работают над одним проектом, но руководствуются разными редакциями спека.

Причем даже если у программистов и тестировщиков будут распечатки одной и той же версии спека, то в случае тихого изменения их работа в той или иной части все равно не будет иметь смысла, так как они руководствовались устаревшей редакцией.

Пример

11 ноября. Спек утвержден Ножовым, Ложкиным и Тарелкиным. Продюсер Буханкин.
12 ноября. Спек распечатывает тестировщик Ножов. Работа по спеку началась.
14 ноября. У Буханкина новая идея. Спек ***по-тихому*** *изменен.*
15 ноября. Спек распечатывает для себя программист Ложкин. Работа по спеку началась.
16 ноября. У Буханкина новая идея. Спек по-тихому изменен.
17 ноября. Спек распечатывает для себя программист Тарелкин. Работа по спеку началась.
18 ноября. У Буханкина новая идея. Спек ***по-тихому*** *изменен.*
19 ноября. Спек распечатывает для себя программист Салфетка, работающий над кодом по интеграции функциональности кода из этого и своего спека. Работа по спеку началась.
25 декабря. Все выясняется.
30 декабря.

17:00 — начало празднования Нового года в офисе компании.
17:30 — начало избиения Буханкина руками Ножова, Ложкина и Тарелкина.
18:00 — начало избиения Буханкина ногами Ножова, Ложкина и Тарелкина.
18:30 — в офис влетает Салфетка, вернувшийся после разговора с менеджером, разбрасывает в стороны подуставших Ножова, Ложкина и Тарелкина и добивает Буханкина контрольным ударом клавой по голове.

Надо отметить, что во многих случаях спек меняется не по воле продюсера, а по приказу сверху.

Ситуация

25 марта.

Менеджер присылает продюсеру е-мейл, что необходимо срочно изменить спек #8337.

За день до этого, т.е. ***24 марта.***

Представьте себя на месте продюсера:
продюсер уже вовсю работает над новым спеком и надеется, что релиз функциональностей согласно спеку #8337 пройдет без сучка без задоринки.

Представьте себя на месте программиста:
код для спека #8337 написан, влегкую протестирован самим программистом, частично позабыт и уже кажется частью безвозвратно потерянной юности.

Представьте себя на месте тестировщика:
документация для тестирования спека #8337 написана. Новые проекты бьют в паруса, и настоящее наконец-то стало залечивать раны прошлого.

На следующий день, т.е. ***26 марта.***

Спек #8337, а также код и тест-кейсы к нему должны быть изменены, т.е. минимум трое работников должны

- *бросить текущие проекты,*
- *вспомнить спек #8337, понять изменения к нему и*
- *потратить время на воплощение изменений.*

Эта ситуация является идеальной питательной средой для возникновения багов, так как это будет работа (включая продюсера) на скорую руку, как правило, без возможности погрузиться в этот прошлый проект и понять риск внесения изменений. Мало того, новые проекты также могут

а) пострадать или
б) даже быть отложенными

из-за того, что

а) на них будет потрачено меньше времени или
б) времени может физически не хватить.

Что же нам делать, чтобы избежать кордебалета с изменяющимися спеками?

Если менеджер говорит, что нужно изменить спек, или продюсер "вспомнил" о реально важной вещи для спека и эти "НУЖНО" или "ВСПОМНИЛ" приходятся на самое наинеподходящее время, то никуда не денешься, но все же две очень нехорошие ситуации, связанные с изменением спека, можно превентировать.

Две нехорошие ситуации:

1. Спек может быть изменен по-тихому.
2. Изменения к спеку не утверждены программистом и тестировщиком.

Вопрос: Как конкретно мы превентируем две нехорошие ситуации?
Ответ: Мы заморозим спек.

В любой интернет-компании существует программа контроля за версиями. Во многих случаях это старая добрая *CVS* ("си-ви-эс" — *Concurrent Version System* — система по согласованным версиям).

CVS — вещь многофункциональная, и мы о ней еще поговорим, но сейчас она нам будет полезна для следующего:

1. С помощью *CVS* продюсер может сохранять версии спека и всегда вернуться к старым редакциям.
2. С помощью *CVS* можно "закрыть" директорию так, чтобы документы из этой директории могли читаться, но не могли редактироваться.

Процессуально все можно сделать так:

1. К определенной дате все спеки должны быть утверждены. Неутвержденный спек не кодируется, и точка.
2. Директория со всеми утвержденными спеками закрывается, и никто ничего не может изменить в этой директории...

   ...если только не будет следовать **процедуре изменения спека.**

Кстати,

техническую сторону, связанную с заморозкой спеков (spec freeze), обеспечивают инженеры по релизу.

Процедура включает:

1. Утверждение всех изменений составом лиц, утвердившим предыдущую редакцию.
2. Посылку е-мейла с перечислением изменений и именами утвердивших всем департаментам, непосредственно связанным с разработкой ПО (продюсеры, программисты, тестировщики и инженеры по релизу). Одно из хороших качеств такого е-мейла — это то, что люди, не участвовавшие в пункте 1 и имеющие старую версию спека, тоже узнают об изменениях.
3. Открытие *CVS*-директории для закладки файла и ее закрытие.

Конечно, без изменений в спеках не обойтись, но путем

1) замораживания спеков;
2) введения процедуры изменения спека;
3) тщательного рассмотрения **необходимости каждого изменения спека** с участием менеджмента

можно превентировать ряд серьезных проблем с качеством.

Идем дальше.

Одна из частых причин, по которым в ПО появляются баги кода, — это **неверное толкование спека** *(misinterpretation)* — ситуация, когда программисты и/или тестировщики, работающие со спеком, понимают ***по-своему*** то, что пытался донести до них продюсер, и при этом

- на 100% уверены, что на 100% понимают то, что имел в виду продюсер, и,
- имея уверенность, не уточняют, так как не будешь же бегать за уточнениями того, что тебе и так ясно.

Причина неверного толкования спека может быть связана

- *с одной стороны,* с возможностью множественного толкования некой части спека и,
- *с другой* — с тем фактом, что многие вещи в этой жизни, для того чтобы быть адекватно понятыми **разными людьми,** нуждаются в **многоплановой презентации.**

Кстати, *именно поэтому на чертеже физического объекта (например, двигателя мотоцикла) последний обычно изображается с трех сторон: вид спереди, вид сверху и вид слева.*

Тезис

Тестировщики должны настаивать, чтобы спеки по максимуму иллюстрировались:

- макетами *(mock-up)*,
- блок-схемами *(flow chart)*,
- примерами *(example)*.

Аргументация

С **примерами** все понятно: написал что-то — придумай пример для иллюстрации, заодно и сам лучше поймешь, о чем пишешь.

Народная мудрость гласит: “Лучше один раз увидеть, чем сто раз услышать”. Отличной идеей является разработка продюсером **макетов** интерфейса пользователя *(User Interface* или просто *UI* — “ю-ай”). Делается это так:

во время (или после) написания спека продюсер берет генератор веб-страниц типа *Microsoft FrontPage* и путем нехитрых манипуляций создает веб-страницу с кнопками, полями, картинками и прочими милыми деталями интерфейса.

Затем эта страничка “подшивается” к спеку и помогает всем заинтересованным лицам увидеть, ЧТО, по замыслу продюсера, должен будет увидеть пользователь.

Кстати, *если спецификация предусматривает, что пользователь будет проходить через несколько веб-страниц для совершения какого-либо действия (например, покупки книги), то макеты этих веб-страниц могут не только являться частью спека, но и служить в качестве обоев, если их развесить на стенах офиса в том порядке, в котором их будет видеть пользователь.*

Пример

Вольное изложение спека #1023 "Регистрация нового пользователя": Регистрация пользователя состоит из трех страниц, идущих в следующем порядке:

- ***первая страница (1)*** *— поле для индекса места жительства пользователя и кнопка "Продолжить регистрацию";*
- ***вторая страница (2)*** *— поля для имени, фамилии, е-мейла и пароля/подтверждения пароля пользователя, кнопка "Зарегистрироваться";*
- ***третья страница (3)*** *— текст с подтверждением регистрации.*

Все поля обязательны для заполнения, и если на странице (1) или (2) вводится недействительное либо пустое значение любого поля, то пользователю показывается та же страница, но с сообщением об ошибке (error message). (В данном случае мы не будем говорить о том, какой ввод действителен (легитимен) для каждого из полей, так как это сейчас неважно.)

Продюсер разрабатывает три страницы, распечатывает их в двух комплектах, один из которых подшивает к спеку, а другой развешивает на стене в порядке появления перед пользователем: страница (1), страница (2), страница (3).

Оговорка 1: Макеты могут быть разной степени детализации, и вполне допустимо, когда элементы интерфейса, **не имеющие отношения** к иллюстрируемому спеку, не включаются в макет, например, в случае с макетами для регистрации нас не интересуют картинки на веб-странице.

Оговорка 2: Понятно, что макеты интерфейса пользователя не создаются, если спек полностью посвящен бэк-энду веб-сайта (например, спек "Автоматизация отчетов по продажам"), так как детали интерфейса пользователя, т.е. фронт-энд, в таком спеке просто не упоминаются.

Проблема макетов (даже развешанных правильно) заключается в том, что они позволяют увидеть в первую очередь **интерфейс пользователя,** а не логику работы кода позади интерфейса, называемую **алгоритмом программы.**

Интерфейс — это то, ЧТО видит пользователь, а алгоритм — это то, ПОЧЕМУ пользователь видит то, что он видит.

Для *графической презентации* алгоритмов используются **блок-схемы,** так горячо любимые всеми выпускниками математического класса выпуска 1990 г. люберецкой школы № 12.

Пример

Представим предыдущую ситуацию с регистрацией, но в форме блок-схемы (такая блок-схема называется process flow chart, так как устроена по схеме ввод->процесс->вывод).

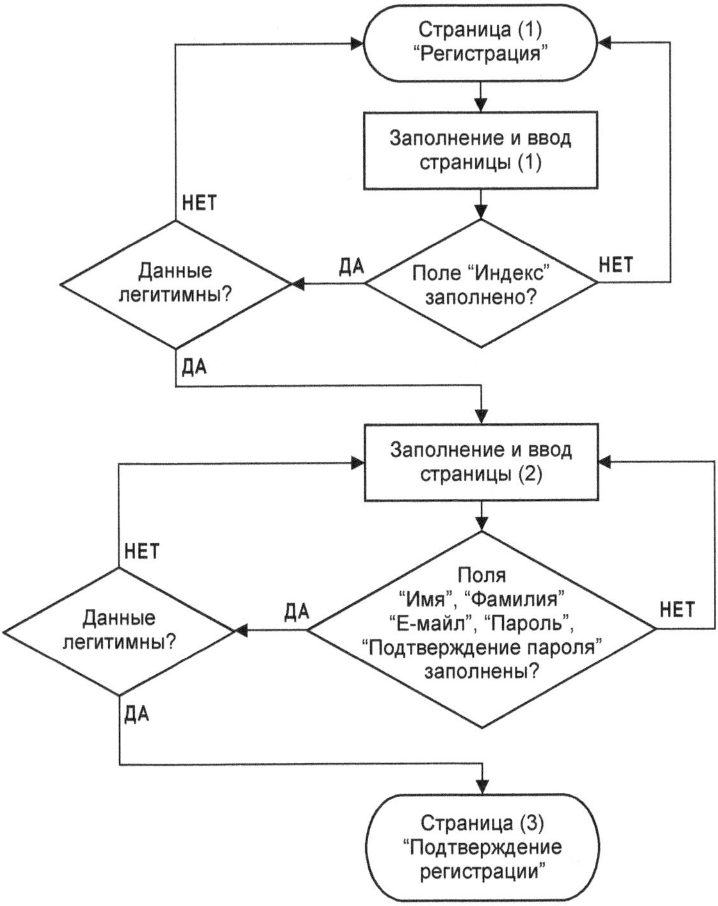

Кстати, **блок-схемы могут создаваться как продюсером, так и тестировщиком,** но независимо от составителя, как правило, прекрасной идеей является включение блок-схемы в секцию тест-комплекта *GLOBAL SETUP and ADDITIONAL INFO*.

Блок-схемы, макеты и примеры (вместе именуемые БМП) помогают **превентировать появление багов или найти баги на уровне спека** следующими путями:

- БМП — это описание предмета с **разных сторон,** что ведет к его адекватному толкованию **разными людьми;**
- создание БМП — это процесс **переосмысления** написанного, что ведет к нахождению багов в написанном, т.е. в спеке;
- макеты и блок-схемы наглядны и во многих случаях позволяют в буквальном смысле **увидеть баги** в отличие от ситуации, когда есть только текст.

Еще раз: **тестировщики должны настаивать, чтобы спеки по максимуму иллюстрировались макетами** *(mock-up)*, **блок-схемами** *(flow chart)* и **примерами** *(example)*.

Теперь, после того как вы услышали про макеты и пошли дальше, не увидев их (что было сделано намеренно — с целью дать вам прочувствовать контраст между работой без макетов и с ними), позвольте представить вам **макеты "Регистрации"**:

Макет страницы (1)

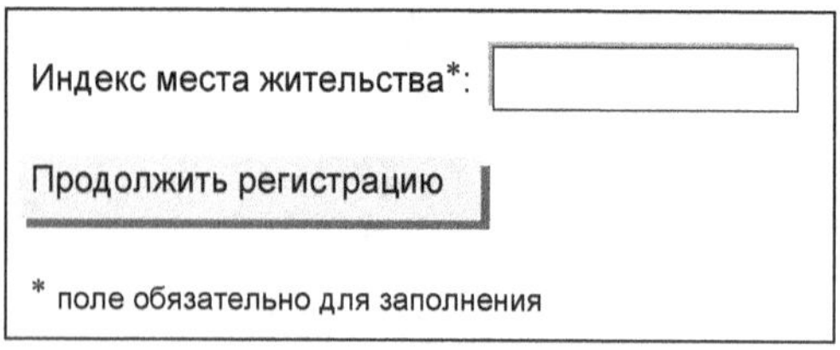

Макет страницы (2)

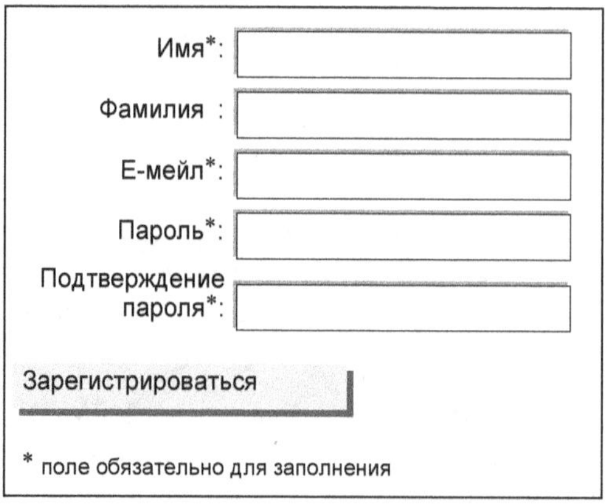

Макет страницы (3)

Регистрация завершена. Нажмите сюда для логина

Бонус: Макет страницы (2) в случае ошибки пользователя при заполнении поля "Е-мейл"

Ошибка

1. Проверьте правильность заполнения поля:

   Е-мейл

2. Заново введите пароль

Имя*:	Иван
Фамилия :	Петров
Е-мейл*:	ipetrov@@someplace.com
Пароль*:	
Подтверждение пароля*:	

Зарегистрироваться

* поле обязательно для заполнения

Кстати, *макет страницы (2) и бонус-макет страницы (2) противоречат спеку: по спеку поле "Фамилия" является обязательным для заполнения, но на макетах оно не выделено звездочкой. Противоречие внутри спека — это баг, так как любая инструкция теряет смысл, если ее указания не стыкуются друг с другом.*

Постановка мозгов

При обнаружении противоречий внутри спека (а БМП — это части спека!) нужно сделать рапорт о баге против продюсера, чтобы тот настроил в унисон несогласующиеся части. В нашем случае продюсер должен изменить либо текстовую часть спека ("все поля являются обязательными, ***кроме*** *поля "Фамилия"), либо соответствующие макеты (добавить звездочку к полю "Фамилия").*

Идем дальше.

В заключение краткого экскурса о спеках дам еще одну полезную идею.

Каждая более или менее уважающая себя компания имеет свой сайт в локальной сети *(intranet)*, который недоступен внешним пользователям. На этом сайте можно прочитать тезисы о корпоративной морали, узнать имя любимого лемура президента компании, посмотреть фотографии тех, кто по-тихому правит утвержденные спеки, и найти много другой полезной информации. Так вот, **все когда-либо утвержденные спеки** должны быть выложены на этот сайт. При этом они группируются по номеру релиза и доступны для просмотра, поиска по директориям (название директории — номер релиза), *ID*, ключевым словам в названии и имени продюсера. Если спек ссылается на внешний документ (например, на правила расчетов Центрального банка), то спек должен содержать гиперлинк на адрес такого документа в локальной сети.

Постановка мозгов

Не стесняйтесь рапортовать баги, которые вы будете находить в спеках. *Если продюсеры не понимают, то объясните им без переводчика, что баги, посеянные в спеке, могут, как зараза, перенестись в код и тест-кейсы и баг, найденный раньше, стоит компании дешевле (об этом чуть позже), а посему учет таких багов является не правом, а обязанностью тестировщиков.*

Следующий этап цикла разработки ПО — это кодирование, осуществляемое программистами **(в то время как тестировщики планируют проверку пишущегося кода)**.

Кодирование

Работа программиста заключается в том, чтобы перевести вещи, отраженные в спецификации (или словах босса), на язык программирования.

Перевод осуществляется

- напрямую, т.е. программист берет спек и напрямую кодирует его предписания (плохая, недальновидная и опасная идея),
- или после создания **внутреннего дизайна кода,** т.е. сугубо технической документации, **планирующей,** как требования спека будут воплощены в коде (хорошая, дальновидная и благодарная идея).

К документам о внутреннем дизайне кода относятся, например,

- документ о дизайне/архитектуре системы *(System/Architecture Design Document)*;
- документ о дизайне кода *(Code Design Document)*.

Развитие культуры создания и поддержания документации о внутреннем дизайне кода — это один из признаков, что стартап из шарашкиной конторы (пусть даже и с миллионным финансированием) превращается в серьезную софтверную компанию.

Идем дальше.

В идеальном случае каждый программист имеет личную версию сайта (или *playground* — игровую площадку), в которую входят:

- веб-сервер *(web server);*
- сервер с приложением *(application server);*
- база данных *(database)*.

Коротко остановимся на каждом из этих компонентов.

Пример

1. *Пользователь набирает в браузере: www.testshop.rs. Через Интернет запрос идет на веб-сервер, и в ответ на жесткий диск пользователя сыпятся:*

   - *файл index.htm, содержащий HTML (Hyper Text Markup Language)-код с инкорпорированным в нем JavaScript (читается как "джаваскрипт")-кодом;*
   - *файлы-картинки (images), на которые ссылается веб-страница index.htm. Эти картинки пользователь должен увидеть в веб-браузере на веб-странице index.htm.*

Кстати, *первая страница веб-сайта, которую мы по умолчанию видим в веб-браузере после набора URL веб-сайта (например, www.google.com), называется homepage.*

Кстати, *коммуникация между веб-браузером и веб-сервером осуществляется путем обмена сообщениями, основанными на протоколе, т.е. своде правил, называемом HTTP (Hyper Text Transfer Protocol). Потоки таких сообщений, передающихся по компьютерной сети, называемой Интернетом, являются HTTP-трафиком (HTTP traffic).*

2. *Пользователь кликает линк "Регистрация" (веб-сервер присылает в ответ файл register.htm и слинкованные с ним картинки).*
3. *На странице register.htm пользователь вводит имя, е-мейл и прочие данные и отправляет форму, нажав кнопку "Зарегистрироваться".*

4. *Через веб-сервер эта форма, т.е. запрос о регистрации, поступает на сервер с приложением, которое*
   - *обрабатывает этот запрос;*
   - *запрашивает базу данных, есть ли уже эккаунт с таким е-мейлом;*
   - *обрабатывает ответ от базы данных;*
   - *если е-мейл не найден, посылает запрос к базе данных о создании записи для нового пользователя;*
   - *формирует ответ для пользователя;*
   - *в виде веб-страницы с подтверждением регистрации или веб-страницы с ошибкой посылает пользователю ответ через веб-сервер.*

Так вот, **программисты разрабатывают код вышеупомянутого приложения,** который впоследствии отдается на растерзание тестировщикам, в злорадном предвкушении потирающим ручонки и знающим, что **причинами возникновения багов в коде являются** как возможность программиста полдня бродить по Интернету, так и другие объективные вещи:

а. Некачественные и/или изменяющиеся спецификации

Об этом мы уже говорили.

б. Личностные качества программиста

Такие, как халатность, невнимательность и лень.

в. Отсутствие опыта

Программист может просто не знать, как нужно сделать правильно.

г. Пренебрежение стандартами кодирования

О стандартах чуть позже.

д. Сложность системы

Современные интернет-проекты отличаются такой сложностью, что мозг простого смертного порой просто не в состоянии проанализировать все последствия создания/изменения/удаления кода и предугадать появление проблемы.

е. Баги в ПО третьих лиц, т.е. баги

- в операционных системах;
- в компайлерах *(compiler* — ПО для переведения (например, C++) кода в машинный язык и создания исполняемых файлов);
- в веб-серверах;
- в базах данных и др.

ж. Отсутствие юнит-тестирования,

т.е. тестирования кода самим программистом: “И вообще, почему я должен искать баги в своем коде, когда есть тестировщики?” (Поговорим о юнит-тестировании через минуту.)

з. Нереально короткие сроки для разработки

Об этом мы тоже скоро поговорим.

Возможности **оздоровления кода и превентирования багов до передачи кода тестировщикам** (иллюстрации последуют немедленно) включают:

1. **Наличие требований к содержанию спеков и следование правилам их изменения;**
2. **Возможность прямой, быстрой и эффективной коммуникации между программистами и программистами и продюсерами;**
3. **Инспекции кода;**
4. **Стандарты программирования;**
5. **Реальные сроки;**
6. **Доступность документации;**
7. **Требования к проведению юнит-тестирования** (о котором мы поговорим уже через 30 секунд);
8. **Реальные финансовые рычаги стимуляции написания эффективного и “чистого” кода;**
9. **Наличие понятий “качество” и “счастье пользователя” как основных составляющих корпоративной философии.**

Подробности.

1. НАЛИЧИЕ ТРЕБОВАНИЙ К СОДЕРЖАНИЮ СПЕКОВ И СЛЕДОВАНИЕ ПРАВИЛАМ ИХ ИЗМЕНЕНИЯ

О спеках мы уже говорили.

2. ВОЗМОЖНОСТЬ ПРЯМОЙ, БЫСТРОЙ И ЭФФЕКТИВНОЙ КОММУНИКАЦИИ МЕЖДУ ПРОГРАММИСТАМИ И ПРОГРАММИСТАМИ И ПРОДЮСЕРАМИ

Здесь есть следующие аспекты:

а. Психологические аспекты

Очень важно привить в культуру компании следующее правило:

“Если к тебе обратились — помоги”.

Пример

Программист приходит к продюсеру с просьбой объяснить некую часть спека. Продюсер говорит, что он сейчас слишком занят. "Давай завтра, добро?"

Очень часто после пары "давай завтра" программист что делает? Правильно! Он пишет код так, как его понимает, — без всякой гарантии, что сей код отразит требуемое.

Следующий аспект:

программист (как и все остальные участники цикла) никогда не должен стесняться спрашивать (хоть двести раз!) и подтверждать свое понимание е-мейлами типа: "Просто хотел уточнить, что я правильно понял, что пункт 12.2 такого-то спека говорит..." Если же программисту не отвечают, когда он подходит, прекрасно — нужно послать е-мейл и сохранить этот е-мейл, как и е-мейлы "Я хотел уточнить". Если снова не отвечают, программист должен идти к своему менеджеру и просить его принять меры. И это не стукачество, а деловая практика — *business is business.*

Следующий аспект:

Менеджмент должен регулярно устраивать так называемые *Team Building Activities* (мероприятия по сплочению коллектива) с той простой целью, чтобы между членами команды кроме профессиональных налаживались и человеческие контакты. Причем, как показывает опыт, совместный выезд для игры в пейнтбол раз в месяц гораздо эффективнее для сплочения коллектива, чем совместная проспиртовка мозгов во время пятничных застолий.

б. Технический аспект

Каждый из участников цикла разработки ПО должен быть доступен для контакта: желательно, чтобы все они работали в одном здании; в локальной сети должны быть доступны служебные, мобильные и домашние телефоны; необходимо согласовать часы (хотя бы 4 часа в день), когда все (и тот, кто ушел в 6 часов вечера и в 3 утра) находятся в офисе.

3. ИНСПЕКЦИИ КОДА

У некоторых программистов есть такая концепция: "Если я пишу код, который могу понять только я, то меня не уволят".

Ну, *во-первых*, при желании можно уволить даже президента "ЮКОСа", *во-вторых*, такой подход к работе априори неправилен: в интернет-компаниях никто никого силком не держит, и если ты согласился работать на определенных условиях, то будь добр работать профессионально и добросовестно.

Если же компания не выполняет взятых на себя обязательств (например, по оплате), то мы просто ищем другую компанию — ведь никто никому не давал клятву верности.

Постановка мозгов

Компания держит каждого из нас до тех пор, пока мы ей нужны, и если какая-то конкретная позиция перестает быть необходимой для бизнеса, то человеку просто говорят: "Гуд бай" независимо от того, сколько у него

> *детей плачет по лавкам;*
> *котов мяукает по печкам.*

Как поет Тимур Шаов: "Это бизнес, господа..."

Вместе с тем, если вы находите компанию с лучшими для себя условиями и, ***работая на старом месте,*** *прошли интервью и получили письменное предложение о работе, то вы просто идете к своему менеджеру и говорите, что собрались уходить, но можете подумать о том, чтобы остаться, только если компания сделает для вас то-то и то-то, например повысит заработную плату.*

Несмотря на то что бизнес есть бизнес, нужно оставаться профессионалом, даже если предложение о новой работе удивительно выгодно и искушение все бросить велико. ***Никогда не уходите из компании, не передав дела и не закончив старые проекты. Ведите себя профессионально!***

После небольшого отступления продолжаем основную тему.

В-третьих, чтобы избежать подобных проблем, чреватых багами и трудностью их фиксирования (*fix* — починка, ремонт), **в компании должны проходить инспекции кода** *(code inspection)*.

Это может быть еженедельное совещание, например, следующего формата: менеджер программистов распечатывает код любого из программистов, и последний в присутствии коллег рассказывает, что, как и почему. Будет ли программист писать код, понятный только ему, если на совещании его обязательно спросят: "Товарищ, а что это вы здесь написали?"

4. СТАНДАРТЫ ПРОГРАММИРОВАНИЯ

С пунктом 3 перекликается идея создания стандартов программирования.

Пример

Вспомним Вавилонскую башню, а вернее, тот момент строительства, когда все вдруг стали говорить на разных языках (множественность стандартов). Последствия печальны: проект был начисто заброшен, название кинокомедии "Some like it hot" перевели как "В джазе только девушки" и японские фанатки "Тату" убеждены, что "Мальчигей" — это название места для романтических свиданий нетрадиционных девушек на Красной площади.

Такая же катавасия творится в компании, когда программисты вроде бы и используют тот же язык, например C++, но при написании кода каждый руководствуется своими привычками.

Пример

Допустим, что отсутствуют стандарты названия новых классов C++. В этом случае, если

Саня любит называть свои классы в формате "CREDIT_CARD" (все заглавные и нижнее подчеркивание), а
Леха — "CreditCard" (заглавные только первые буквы каждого слова и слитное написание),

то, например, Леха, не зная о привычках Сани, но верный своим привычкам, помня лишь "Кредиткард" и желая обратиться к функции из CREDIT_CARD, в своем коде так и запишет: "CreditCard".

В итоге код не будет работать, так как C++, ничего не знающий ни о Лехе, ни о Сане, ни о кредитных картах, думает о CREDIT_CARD и CreditCard как об абсолютно разных классах.

Стандарты могут включать:

- правила о комментариях;
- правила об именах таблиц в базе данных, классов, функций и различных видов переменных;
- правила о максимальной длине строки;
- прочее.

Документ со стандартами должен быть доступен на интранете.

Стандарты программирования — это неотъемлемая часть процесса, когда в компании работают два программиста и больше. Они по определению должны быть обязательны для всех.

5. РЕАЛЬНЫЕ СРОКИ

В стартапе изначально и по определению сроки на разработку нереальны, и приходится балансировать между

- "поспешишь — людей насмешишь" и
- необходимостью закончить кодирование в срок.

Несмотря на то что стопроцентно действующих рецептов нет, вот хорошая идея для облегчения нелегкой жизни программистов:

после ознакомления со спеками программисты должны предоставить менеджменту примерные оценки (сметы) сроков для разработки кода, и исходя из этих смет менеджмент может, если нужно

- *перераспределить нагрузку и*
- *посмотреть, имеет ли смысл убирать что-то из менее приоритетных функциональностей ради того, чтобы чисто и тщательно написать остальной код.*

Единственное утешение состоит в том, что, когда стартап как бизнес становится более зрелым, сроки и рабочие часы стабилизируются во многом потому, что менеджмент понимает, что лучше дать реальный срок (например, перенеся некоторые из спеков в следующие релизы), чем поступиться качеством.

6. ДОСТУПНОСТЬ ДОКУМЕНТАЦИИ

ВСЕ документы, относящиеся к разработке ПО, включая спеки, процедуру изменения спека, стандарты программирования, тест-комплекты, и документы, о которых мы будем говорить в дальнейшем, должны быть доступны в локальной сети, и их расположение должно быть максимально оптимизировано для удобства и быстроты поиска. Все должно быть сделано для того, чтобы заинтересованный сотрудник быстро нашел нужный документ, а не тратил свое время и время своих коллег на долгие поиски.

Несмотря на кажущуюся очевидность и легковесность этого момента, несоблюдение правила о доступности ВСЕХ документов на практике может принести много проблем.

7. ТРЕБОВАНИЯ К ПРОВЕДЕНИЮ ЮНИТ-ТЕСТИРОВАНИЯ

Юнит-тестирование *(unit testing)* — это тестирование, производимое самим программистом. Здесь нужно подчеркнуть, что **неправильный подход к введению юнит-тестирования вызовет справедливое раздражение программистов, так как за тестирование платят тестировщикам, а отсутствие требований к юнит-тестированию вообще увеличит стоимость багов.**

Постановка мозгов

Стоимость бага — это

- ***расходы компании, чтобы найти баг и исправить его до передачи кода пользователю.*** *Расходы компании поддаются приблизительной оценке;*
- ***убытки, которые несет компания, потому что баг не был найден до передачи кода пользователю.*** *Объективная оценка убытков в большинстве случаев невозможна.*

Подробности:

Стоимость бага в первом случае:

Если баг был допущен на уровне спека и найден во время тестирования кода, его стоимость вычисляется как

стоимость оплаты продюсера в час, помноженная на количество часов, потраченных на разработку "неправильной" части спека (стоимость спека), плюс
+ стоимость программирования "неправильной" части спека плюс
+ стоимость тестирования "неправильной" части спека плюс
+ стоимость фиксирования бага и проблем, из него вытекающих.

Как видно, слагаемые поддаются приблизительной оценке.

Стоимость бага во втором случае:

Если баг был допущен на уровне спека, но не придушен до релиза и найден пользователем, то к стоимости, вычисляемой по формуле предыдущего случая, могут прибавиться десятки других убытков (включая упущенную выгоду), например:

- *время службы поддержки;*
- *компенсации пользователю потерянных денег;*
- *иски против компании;*
- *навсегда утраченная потенциальная оплата услуг компании ушедшими пользователями и пользователями, которые по рекомендации ушедших никогда не заглянут на ваш веб-сайт,*

а также множество других плохих и неприятных вещей.

Наиболее важное в концепции стоимости бага — это то, что чем раньше будет найден баг, тем он будет дешевле для компании.

Таким образом, ***баг*** *(а это, как мы знаем, может быть и отклонение от здравого смысла),* ***найденный на уровне идеи, — это самый дешевый баг****, соответственно* ***баг, найденный после релиза, — это самый дорогой баг.*** *Причем убытки от последнего, как правило, не поддаются объективной оценке.*

Как видим, ***QA и тестирование — это не только обеспечение счастья пользователей, но и путь САМОСОХРАНЕНИЯ любой интернет-компании.***

Вернемся к юнит-тестированию. Вот две рекомендации:

1. **Юнит-тесты должны планироваться в письменной форме ДО написания кода.**

В таком случае программист после получения спека не бежит сломя голову писать код, а садится за документацию о дизайне кода с параллельным созданием юнит-тестов.

Полезность такого подхода заключается в том, что,

во-первых, программист абстрагируется от непосредственного кодирования и, видя “большую картину”, может предугадать принципиальные ошибки в алгоритмах и,
во-вторых, он сможет заранее представить, КАК он будет тестировать код, это “КАК” занозой засядет у него в голове и при написании кода будет работать по принципу “предупрежден — значит вооружен”.

2. **Требования к юнит-тестам должны быть формализованы в стандартах о юнит-тестировании.**

Например, каждая функция должна иметь по крайней мере один тест-кейс с одним конкретным вводом и одним конкретным выводом (ожидаемым результатом).

Принципиально, думаю, понятно. А так как написание и исполнение юнит-тестов — это дело программистов, то мы закончим рассуждения о нем и пойдем дальше, у нас, тестировщиков, своих дел по горло.

8. РЕАЛЬНЫЕ ФИНАНСОВЫЕ РЫЧАГИ СТИМУЛЯЦИИ НАПИСАНИЯ ЭФФЕКТИВНОГО И “ЧИСТОГО” КОДА

Здесь все элементарно — менеджмент не должен жмотиться, если люди горбатятся на проект день и ночь, а в итоге не узнают своих подросших детей и называют своих жен Ленами (по имени коллеги, сидящей за соседним компьютером и ставшей почти родной).

- Хорошая заработная плата с возможностью увеличения;
- билеты в “Ленком”;
- премии за хорошую работу;
- неограниченные чипсы и диет-кола;
- оплата абонемента в бассейн и гимнастический зал;
- месячные проездные;
- выезды для игры в пейнтбол;
- беспроцентный кредит на машину;
- помощь при первоначальном взносе на квартиру —

чем больше заботы проявит компания о сотрудниках (и не только программистах), тем добросовестнее они будут работать, тем меньше будут получать втыков от жен — любительниц *Louis Vuitton* и тем больше будут радеть за свое место и качество кода, включая разработку дополнительных (от себя) юнит-тестов.

В общем **нужно сделать так, чтобы профессионал не думал о том, как свести концы с концами, а работал, зная, что его труд будет достойно оценен, и видел, что компания заботится о нем.**

9. НАЛИЧИЕ ПОНЯТИЙ "КАЧЕСТВО" И "СЧАСТЬЕ ПОЛЬЗОВАТЕЛЯ" КАК ОСНОВНЫХ СОСТАВЛЯЮЩИХ КОРПОРАТИВНОЙ ФИЛОСОФИИ

Менеджмент должен сделать так, чтобы персонал понимал, что "качество" и "счастье пользователя" — это не фикция, а путь к финансовому успеху компании и соответственно лучшей жизни каждого, кто работает над проектом. **Если менеджеры посмеиваются над мерами по улучшению качества и отпускают шутки о пользователях (даже в курилке!), то это тлетворно действует на всех сотрудников компании и в конечном счете негативно скажется на пользователях, а следовательно, по принципу бумеранга и на самой компании, включая "юмористов".**

Пользователи знают, уважают их или нет, уже после одного сообщения об ошибке, одного е-мейла от компании или одного звонка в службу поддержки, и если философия компании — это "тупые юзеры", то, поверьте, она проявится, на радость конкурентам, во многих вещах.

Теперь поговорим о трех основных занятиях программиста:

1. **Написание кода** для данного релиза происходит во время стадии "Кодирование".
2. **Интеграция кода** для данного релиза происходит по завершении стадии "Кодирование".
3. **Ремонт багов** для данного релиза происходит во время стадии "Кодирование" следующего витка цикла разработки ПО (соответственно в пункте 1 программист ремонтировал баги для предыдущего релиза).

Техническая версия

1. НАПИСАНИЕ КОДА

Один программист написал: *parent_**value*** = 1. Другой программист написал: *child_value* = *parent_**valu*** + 3.

2. ИНТЕГРАЦИЯ КОДА

а. Пытаемся два куска кода соединить в один:
*parent_**value*** = 1,
child_value = *parent_**valu*** + 3.

б. Код не компилируется (компайлер выдает ошибку о неопределенной переменной), так как второй программист написал *parent_**valu*** вместо *parent_**value.***

в. Код второго программиста фиксируется:
child_value = *parent_value* + 3.

г. Пытаемся два куска кода соединить в один:
parent_value = 1,
child_value = *parent_value* + 3.

д. Код компилируется, но первый программист выполняет юнит-тест, по которому *parent_value* должно быть равно 7.

е. Код первого программиста фиксируется:
parent_value = 7.

ж. Пытаемся два куска кода соединить в один:
parent_value = 7,
child_value = *parent_value* + 3.

з. Вроде все в порядке, передаем тестировщикам — пусть они тра... маются.

3. РЕМОНТ БАГОВ

Согласно спецификации должно быть:

child_value = *parent_value* × 3.

Тестировщик рапортует баг, и на основании этого бага программист меняет код.

Лирическая версия

1. НАПИСАНИЕ КОДА

О написании кода мы уже говорили. Один момент:

Качество работы программиста не должно оцениваться по количеству багов, которые он взрастил, так как помимо таких субъективных вещей, как профессионализм и добросовестность, на наличие багов влияет множество других объективных факторов, о которых мы упоминали (нехватка времени, плохие спеки и т.д.).

2. ИНТЕГРАЦИЯ КОДА

Вариант 1. **Неблагодарный**

После того как код написан на игровой площадке каждого из программистов, происходит интеграция кода, когда тысячи строк кода разных авторов компилируются на одном компьютере, наезжают друг на друга, спотыкаются, огрызаются и дарят релиз-инженерам, производящим интеграцию, сомнения в принципиальном наличии вселенской гармонии.

Пример

Собрали четырех отличных художников, причем каждый должен выполнить заказ на куске прозрачной пленки 50 × 50 см:

- *задание первому: нарисовать удрученного, стоящего на коленях молодого человека;*
- *задание второму: нарисовать милостиво склонившегося старика;*
- *задание третьему: нарисовать фон, вызывающий сострадание;*
- *задание четвертому: нарисовать группу печальных людей.*

"В общем, парни, генеральная идея... эта... типа как у этого... О! У РембраНа: возвращение загулявшего сына".
Неудивительно, что мы прочувствуем всю боль релиз-инженеров, когда соединим четыре рисунка вместе и увидим

- *удрученного великана, стоящего на коленях над*
- *стариком,*
- *гладящим промокшую болонку*
- *в окружении заспанных курсантов-суворовцев.*

Остается только редактировать картинки каждого из художников и грустить, что их не совмещали по мере написания, используя...

Вариант 2. **Благодарный**

Чтобы избежать проблем, когда в один момент происходит массированная интеграция кодов разных авторов, как в Варианте 1, программисты производят интеграцию постоянно по мере написания нового кода (т.е. стадия 1 и стадия 2 цикла разработки кода сливаются в одну стадию), что дает возможность выявить нестыковки между кодами разных авторов на раннем этапе.

3. РЕМОНТ БАГОВ...

происходит во время стадии "Тестирование и ремонт багов", после того как код для данного релиза был заморожен и программисты работают над кодом для нового релиза.

Необходимость в замораживании кода вызвана тем, что продукт (в данном случае код) должен быть в каком-то **устойчивом** виде, чтобы его проверили.

Пример

Представьте следующую ситуацию:

1. *Программист закончил работу над функциональностью А;*
2. *Тестировщик проверил, что функциональность А работает, и дал добро на релиз;*
3. *За час до релиза программист вносит маленькое изменение в код, которое в теории ничего не ломает...*

а на практике приводит к тому, что функциональность В, связанная с А, абсолютно перестает работать, т.е. получилось так, что тестировщик попросту потерял время (а значит, и деньги компании), тестируя не финальную версию продукта.

Из сказанного вытекают две принципиально важные для тестировщика вещи. Перед началом тестирования нужно убедиться, что

- **код заморожен** (обычно релиз-инженеры посылают соответствующий е-мейл);
- **версия** продукта на внутреннем сайте, на котором вы будете производить тестирование, **является именно той версией, которую вам нужно протестировать.**

Пример

Допустим, что на интранете у нас есть два внутренних тестировочных веб-сайта, недоступных для пользователей:

- *www.everest.testshop.rs и*
- *www.elbrus.testshop.rs*

Допустим также, что сайт

- *www.everest.testshop.rs (по-простому называемый "Эверест") является версией 1.0 и содержит **функциональность А версии 1.0,** а*
- *www.elbrus.testshop.rs (по-простому называемый "Эльбрус") является версией 2.0 и содержит **функциональность А версии 2.0**.*

Так вот в окне веб-браузера функциональность А может ***выглядеть*** *абсолютно одинаково и на Эвересте, и на Эльбрусе, но ее бэк-энд будет существенно различаться на этих двух сайтах.*

Допустим, тестировщик собирается проверить функциональность А версии 2.0, но ошибочно использует для тестирования Эверест (с версией 1.0), вследствие чего он не только ***впустую*** *тратит время, но и рискует дать добро на релиз непротестированного кода функциональности А версии 2.0.*

Подобные ошибки возникают, как правило, по небрежности или незнанию тестировщика и из-за "нелогичных" названий внутренних веб-сайтов.

Пути предотвращения ситуации, когда тестировщик тестирует не ту версию ПО:

1. Узнайте у релиз-инженера, как определить версию кода, и используйте сие знание перед началом исполнения тестирования;
2. Посоветуйте, чтобы внутренние веб-сайты имели логичные имена. Например, версия кода, переданного пользователю, всегда должна быть на внутреннем сайте по адресу *www.old.testshop.rs*, а версия для следующего релиза — на *www.main.testshop.rs*;
3. Попросите релиз-инженеров, чтобы те создали на интранете динамически обновляемую страничку с информацией о
   - версии и
   - подверсии, т.е. билде (об этом позже),

   каждого внутреннего тестировочного веб-сайта.

В завершение кодирования поговорим еще о паре вещей.

Хотя и спеки, а иногда даже и сами идеи для спеков — ребятки не без греха, большинство багов зачинается именно при написании кода. При кодировании появляется присущий только этой стадии и одновременно самый простой в нахождении вид бага — **синтаксический баг** *(syntax bug)*.

Прелесть синтаксических багов заключается в том, что они, являясь ошибками в языке программирования, находятся компайлером (например, в случае с C++) автоматически. Последний выдает на экран сообщение об ошибке и принципиально не создает исполняемый файл, пока проблема не будет зафиксирована (в скриптовых языках, таких, как *Python*, исполняемым файлом является сам файл с кодом и синтаксические баги находит интерпретатор языка).

Пример

Вот первая программка любого изучающего С++:

```
1. #include <iostreamh>
2.
3. void main()
4. {
5. cout << "Hello, World! << endl;
6. }
```

Текст этой программки находится в файле *syntax_error.cpp*. Попробуем ее скомпилировать:

```
~> c++ syntax_error.cpp
syntax_error.cpp:5: unterminated string or character constant
syntax_error.cpp:5: possible real start of unterminated constant
```

Последние две строчки — это текст об ошибке, выданный компайлером из-за того, что мы не закрыли кавычки в строке 5 после *World!* Никакого исполняемого файла создано не было. Если мы исправим эту ошибку, то файл без проблем скомпилируется.

Тестировщики обязаны устройству Вселенной за то, что есть **логические баги** *(logical bugs)*. Эти баги, как следует из их названия, — это ошибки в логике кода, т.е. код компилируется без синтаксических ошибок, но фактический результат исполнения этого кода не соответствует ожидаемому результату.

Пример

Спецификация:

"7.2. Пользователь должен ввести два целых числа от 1 до 12, после чего программа выведет на экран их среднее арифметическое".

Код:

```
#include <iostream.h>

void main()
{
int first_number = 0;
int second_number = 0;
float average = 0.0;
```

```
8.
9. // get first number
10. cout << "Enter first number: ";
11. cin >> first_number;
12.
13.
14. // get second number
15. cout << "Enter second number: ";
16. cin >> second_number;
17.
18. //calculate average
19. average = first_number+second_number/2.0;
20.
21. //output result
22. cout << "Average = " << average << endl;
23.
24. }
```

Тестирование:

```
Enter first number: 9
Enter second number: 2
Average = 10
```

Согласно спецификации результатом исполнения программы должно быть среднее арифметическое двух чисел, т.е. в нашем случае 5,5 (ожидаемый результат). Фактический же результат оказался равен 10.

5,5 не равно 10, соответственно у нас есть логический баг.

Проблема, кстати, в строке 19, которая должна была звучать так (были пропущены скобки):

```
19. average = (first_number+second_number)/2.0.
```

***Кстати,** в приведенном пункте спека есть баг, так как непонятно, какое максимально допустимое целое число: 11 или 12? Программист, увидев этот баг, должен был сделать уточнение у продюсера и обязать того исправить спек. Если максимальное число = 12, то точная формулировка должна быть следующей: "7.2. Пользователь должен ввести два целых числа от 1 до 12 **включительно,** после чего программа выведет на экран их среднее арифметическое".*

***Кстати,** программист заложил в коде еще один логический баг, так как согласно спеку код должен принять только действительный ввод, которым являются целые числа 1 — 11 (или 1 — 12).*

***Кстати,** спек имеет еще один баг: не сказано, как должна отреагировать программа, если пользователь введет недействительный ввод, например 0, 13, "A", "#" или пустое место...*

Две последние вещи в разговоре о стадии кодирования.

Первая вещь

Как мы помним, на этой стадии тестировщики пишут тест-кейсы. Так вот тест-комплекты необходимо, как и спеки, хранить в *CVS* и публиковать линки к ним на интранете для предоставления возможности свободного ознакомления с ними любому заинтересованному лицу внутри компании. Главные преимущества хранения тест-кейсов в *CVS*:

- отсутствие возможности случайного удаления файла;
- присутствие возможности возвратиться к предыдущим версиям файла;
- файл хранится на сервере, и каждый, кому нужно (и кто имеет право), может взять его для исполнения тестирования, изменения и удаления существующих или включения дополнительных тест-кейсов.

Вторая вещь

Хорошая идея для компании в целом и для интересов самого тестировщика — это провести **рассмотрение тест-кейсов** *(Test-case Review)*, когда за несколько дней до начала тестирования собираются

- продюсер, написавший спек,
- программист, написавший по спеку код и
- тестировщик, написавший по спеку тест-кейсы.

Тестировщик раздает присутствующим распечатки этих тест-кейсов и подробно рассказывает, как он будет проверять функциональности, описанные в спеке.

Полезность рассмотрения тест-кейсов заключается в том, что во многих случаях продюсеры и программисты дают новые идеи для тестирования и/или корректируют допущенные неточности.

Политический момент

Если участники митинга

- *не предложили внести в тест-кейсы ничего нового либо*
- *предложили и вы внесли,*

то это формально означает, что они одобрили то, как будет протестирован код. А так как все протестировать невозможно и всегда есть вероятность, что мы не проверим какой-либо багосодержащий сценарий, то даже в случае пропущенного бага все будут знать, что вы сделали все возможное для качественной подготовки к тестированию, т.е. создали тест-кейсы и получили одобрение их эффективности.

Кстати, после рассмотрения тест-кейсов пошлите е-мейл всем присутствовавшим на совещании. *Перечислите в этом е-мейле все модификации к тест-кейсам, о которых вы договорились на совещании. Таким образом, с одной стороны, вы составите памятку для самого себя, а с другой — дадите себе возможность удостовериться (путем получения ответов на е-мейл), что вы учли все предложенные вам вещи по модификации тест-кейсов и учли эти вещи правильно. Отсутствие ответа на подобный е-мейл — это знак согласия.*

Во многих крупных интернет-компаниях рассмотрение тест-кейсов — это обязательная процедура перед переходом к стадии...

Исполнение тестирования и ремонт багов

Так как о тестировании мы будем говорить все остальные томные вечера, то сейчас будем лаконичны, как спартанцы.

После того как проинтегрирован код, тестировщики проводят тест приемки *(smoke test, sanity test или confidence test)*, в процессе которого проверяются основные функциональности.

Пример

Если мы не можем логнуться (log into) в наш эккаунт (account) на www.main.testshop.rs, то о каком дальнейшем тестировании можно говорить.

Если тест приемки не пройден, то программисты и релиз-инженеры совместно работают над поиском причины. Если проблема была в коде, то код ремонтируется, интегрируется и над ним снова производится тест приемки. И так по кругу, пока тест приемки не будет пройден.

Если же тест приемки пройден, то код замораживается и тестировщики начинают **тестирование новых компонентов** *(new feature testing),* т.е. исполнение своих тест-кейсов, написанных по спекам данного релиза (более подробно о значении термина *feature* поговорим в беседе о системе трэкинга багов).

После того как новые функциональности протестированы, наступает очередь исполнения "старых" тест-кейсов. Этот процесс называется **регрессивным тестированием** *(regression testing)*, которое проводится для того, чтобы удостовериться, что компоненты ПО, которые работали раньше, все еще работают.

Баги заносятся в **систему трэкинга багов** *(Bug Tracking System*, далее — **СТБ,** о ней у нас будет отдельный разговор), программисты их ремонтируют, и затем тестировщики проверяют, насколько качественным был ремонт.

Допустим, мы все, что хотели и как смогли, протестировали. Программисты залатали дыры в коде, что мы тоже протестировали, и у нас есть версия нашего проекта, готовая для релиза. Эту версию мы мурыжим еще пару деньков, проводя тест сдачи *(Acceptance or Certification Test),* и включаем зеленый свет релиз-инженерам, чтобы они передали плод наших терзаний кликам (от англ. *click)* пользователей.

Релиз

Release (англ.) — "выпуск, освобождение".

Пример

Герой романа Стивена Кинга – ботаник, чудик и домосед – подвергается постоянным унижениям от одноклассников, домочадцев и случайных прохожих. В один день он вдруг говорит себе "Хватит" и начинает колоть, резать и душить подлых обидчиков, а также в превентивных целях и всех остальных. Этот выпуск пара и есть "релиз" в его обыденном понимании.

До этого мы употребляли слово "релиз" в значении "основной релиз" (так будем поступать и дальше), но у нас есть и его "родственники".

Вот полная классификация "релизообразных":

1. Релиз (он же основной релиз) *(major release)* — стадия в цикле разработки ПО, идущая за стадией тестирование и ремонт багов, т.е. передача пользователям кода новой версии нашего ПО.
   Как правило, *обозначается целыми числами, например 7.0.*
2. Дополнительный релиз *(minor release)* — ситуация, когда после основного релиза планово выпускается новая функциональность или изменяется/удаляется старая. Дополнительный релиз не связан в багами.
   Как правило, *обозначается десятыми, например 7.1.*

3. Заплаточный релиз *(patch release)*, когда после обнаружения и ремонта бага выпускается исправленный код.
   Как правило, *обозначается сотыми, например 7.11.*

О чем говорит версия 12.46 нашего *www.testshop.rs?* А говорит она о трех вещах:

1) о том, что последний основной релиз является двенадцатым по счету;
2) о четырех дополнительных релизах, выпущенных ПОСЛЕ двенадцатого релиза;
3) о шести заплаточных релизах, выпущенных ПОСЛЕ двенадцатого релиза.

Кстати, *о номерах релизов. Некоторые компании в желании пооригинальничать дают основным релизам не номера, а названия. Ну, например, имя поп-группы или отдельного исполнителя.*

Звонит программисту дружок:
— Здорово, старик. Слушай, Ленка подружку приводит, так что бери шампанское и подъезжай к семи.
— Не, я пас. Я тут с "Бритни Спирс" завис.
— О!..

Неудобство такого подхода заключается в том, что непонятно, какой релиз был раньше — "Пол Маккартни" или "Джон Леннон", и в идиотизме произнесения названий дополнительных или заплаточных релизов: звонит контрагент со своей проблемой, а ему говорят: "Да усе будет в порядке. Мы заутра патч номер 7 к Дорз присобачим".

Идем дальше.

Любой из трех релизов для пользователя означает, что наш *www.testshop.rs* как-то изменился.

Возможные изменения:

1. Новые функциональности (основной и дополнительный релизы);
2. Изменение/удаление старых функциональностей (основной и дополнительный релизы);
3. Починка багов, пропущенных в одном из релизов любого типа (заплаточный релиз).

Организация упаковки кода в виртуальный мешок и его передача пользователю осуществляются релиз-инженерами.

Давайте представим, что ЗАО "Тест-шоп", предназначенное, кстати, для продажи книг, только начинает работу.

У нас есть

- два программиста (Дима и Митя) и
- хозяин-барин (месье Кукушкин Илья Харитонович),

а также

- два компьютера с “Виндоуз” для программистов (здесь и далее я не буду давать версий не нашего ПО),
- клевый лэптоп Харитоныча (ОС значения не имеет) и
- машина с Линуксом (далее называемая тест-машина) для разработки и тестирования ПО.

Проект начинается:

1. Регистрируется домен *www.testshop.rs.*
2. У интернет-провайдера и по совместительству хостинг-провайдера покупается доступ в Интернет и арендуется сервер, чтобы весь мир мог зайти на огонек, увидеть и оценить.
3. Программистские компьютеры, лэптоп *CEO* и тест-машина объединяются в локальную сеть с выходом в Интернет.
4. Программисты начинают работать над проектом.

Мы уже говорили о том, что классическая архитектура веб-проекта — это

- **веб-сервер;**
- **сервер с приложением;**
- **база данных.**

Так вот, так как мы — интернет-компания молодая, то у нас все будет по-простому: на тест-машине будут все три компонента.

Архитектура *www.testshop.rs*

1. **Веб-сервер *Apache*** (“апáчи”, имя которого идет не от названия американского племени индейцев, издревле промышлявших подработками на интернет-проектах, а от *patchy* (залатанный), как память о неимоверном количестве заплаток, на него приклеенных, в результате чего он приобрел белизну и пушистость).

В директориях *Apache* мы храним:

- **файлы, содержащие *HTML*-код** с инкорпорированным *JavaScript*-кодом. *JavaScript*-код вставляется в *HTML*-файлы и может служить, например, для проверки е-мейла при регистрации на наличие двух @. Достоинство использования *JavaScript*-кода заключается в том, что проверка осуществ-

ляется на компьютере пользователя в отличие от варианта, когда мы посылаем непроверенную форму с регистрацией на сервер с приложением, нагружая этот сервер;
- **файлы-картинки** *(images)*.

2. **Приложение на *Python* и С++.** Наше приложение состоит из:

- **файлов с *Python*-скриптами,** которые можно использовать, например, для “перевода” регистрационной формы, отправленной пользователем, на язык, понятный базе данных, и для создания новой строки в таблице для новых пользователей;
- **файлов с С++ кодом.** Например, нам нужно вставить новое значение в определенной колонке определенной таблицы базы данных для всех пользователей, зарегистрированных у нас более 1 года. Для этой цели мы можем написать программу на С++.

Кстати, *С++ файлы — это единственные файлы в нашем проекте, которые мы компилируем перед использованием: каждый из наших С++ файлов — это простой текстовый файл с кодом, написанным на С++, и, чтобы он стал исполняемым, его нужно скормить С++ компайлеру, который проверит код на наличие багов синтаксиса и, если все О'к, переведет язык, понятный человеку (С++), на язык, понятный тест-машине (нули и единицы).*

3. **База данных *MySQL*** (“майси́квел”). Здесь мы будем хранить данные

- о пользователях (например, день регистрации в системе, е-мейл, имя, фамилию и пароль);
- о транзакциях пользователя (например, когда и что купил);
- о наименованиях книг и их наличии.

Идем дальше.

Начинаются первые неудобства и проблемы, связанные с отсутствием релиз-инженерных знаний:

1. При каждом сохранении файла в той же директории нужно давать ему новое имя, чтобы не удалить старый вариант редакции.
2. При сохранении файла после редактирования нельзя прокомментировать, что было изменено.
3. **Самое главное: постоянно присутствует риск, что один из программистов удалит свою работу или работу коллеги.**

Пример

а. После спецификации, пробормоченной Харитонычем за рюмочкой чая, программисты начинают писать код.

б. Частью кода является файл registration.py, который лежит в директории /usr/local/apache/cgi-bin/ и был написан Димой два дня назад.

в. Дима копирует этот файл в свою директорию /home/dima и начинает его редактировать.

г. Одновременно с ним без всякого злого умысла этот же файл копирует и сохраняет в своей директории (/home/mitya) Митя и тоже начинает его редактировать.

д. Дима, дописав и протестировав registration.py, переносит (move) его обратно в /usr/local/apache/cgi-bin/.

е. Вслед за ним туда же переносит свою версию registration.py и Митя, в результате чего:

- *в /usr/local/apache/cgi-bin/ лежит Митина редакция;*
- *Дима рвет на себе волосы, так как не сохранил у себя ни копии первоначального файла, ни файла с новым кодом;*
- *Митя рвет на себе волосы, так как в процессе разработки у него была работающая версия, но он ее не сохранил, а, решив, что другой алгоритм будет лучше, написал другую версию, которую, толком не протестировав, перенес в /usr/local/apache/cgi-bin/.*
- ***первый релиз откладывается,** так как Митина версия registration.py абсолютно “не пашет”.*

После разбора полетов принимается решение об установке *CVS*.

CVS устанавливается на тест-машину и это дает следующее:

1. Файлы хранятся в репозитарии *(repository)*,

   ОТКУДА

   их можно взять для редактирования ***(checkout)*** и

   КУДА

   их можно положить после редактирования ***(checkin)***.

2. При этом

   а) **каждый раз,** когда мы кладем файл в репозитарий,

   - не нужно менять имени файла;
   - мы можем комментировать, что было изменено в этом файле;
   - *CVS* автоматически присваивает файлу номер редакции (версии), уникальный для этого файла;
   - *CVS* связывает номер версии файла, комментарий к изменениям, имя изменившего и время изменения в одну

запись (при желании можно увидеть всю историческую последовательность записей);

б) если Дима взял из репозитария файл, то Митя не может его оттуда взять, пока Дима не положит его обратно.

Итак, поставив старую добрую и бесплатную *CVS*, мы имеем:

- все версии файла, каждая из которых кроме уникального номера версии имеет еще и запись об изменениях;
- программистов, которые уже не могут случайно уничтожить код друг друга;
- возможность сравнить содержание файла в разных редакциях.

Теперь, когда наш код хранится в *CVS*, возникает другая задача — как сделать так, чтобы этот код стал доступным на веб-сайте для тестирования — *www.main.testshop.rs?* Для решения этой задачи нужно, чтобы файлы из *CVS* были интегрированы и отправлены по назначению в соответствующие директории тест-машины и чтобы у нас было **отражение содержимого *CVS***

- по состоянию на данный момент и
- для данного релиза.

Каждое такое отражение кода веб-сайта называется **билдом** *(build)*. Иными словами, **билд — это версия версии ПО.**

Билды делаются или вручную, или путем запуска **билд-скриптов** *(build script)*, т.е. программ, написанных релиз-инженерами для автоматизации процесса. Как правило, билд-скрипты добавляются в *cron* (это расписание запуска программ в Линукс-системах), с тем чтобы создавать новые билды через определенные промежутки времени.

Цель создания новых билдов заключается в том, чтобы измененный код (сохраненный в *CVS)* стал доступным для тестировщиков:

а. После того как программист починил баг, найденный при тестировании, он тестирует починку на своем плэйграунде, после чего делает *checkin* отремонтированного кода в *CVS*.

б. Отремонтированный код становится частью нового билда.

в. Новый билд замещает *(replace)* на тест-машине код предыдущего билда.

Пример

Допустим, что время на создание нового билда равно 15 минутам. Билд-скрипты создают новые билды каждые 3 часа в соответствии с расписанием билдов (build schedule): в 12:00, 15:00, 18:00 и т.д. Практическую ценность здесь имеют две вещи:

1. *Нет смысла тестировать веб-сайт с 12:00 до 12:15, с 15:00 до 15:15, с 18:00 до 18:15 и т.д., так как билд находится в процессе создания и одна часть файлов может принадлежать старому билду, а другая — новому.*
2. *Если программист починил ваш баг и сделал checkin измененного кода в CVS, то вы сможете протестировать починку только после следующего билда, т.е. если checkin файла в CVS произошел в 16:00, то протестировать починку можно после билда, который начнется в 18:00.*

Соответственно иногда в целях экономии времени имеет смысл попросить релиз-инженера, чтобы тот сделал внеочередной билд, причем о последнем должны быть оповещены все остальные тестировщики.

Итак, перед проверкой починки бага убедитесь не только в том, что вы тестируете нужную версию, но и в том, что тестируете нужный билд. Номер билда, содержащего отремонтированный код, включается программистом в запись о баге в СТБ (подробнее об этом в разговоре о СТБ).

Кстати, *номера билда для данной конкретной версии начинаются с единицы для первого билда (который мы проверяем во время теста приемки) и увеличиваются на единицу с каждым новым билдом.*

Как узнать номер билда? Спросите об этом своего релиз-инженера. В веб-проектах номер билда часто включается в *HTML*-код каждой страницы веб-сайта и может быть найден, если посмотреть этот код, используя функциональность веб-браузера *View source.*

Итак, Дима написал билд-скрипт, добавил его в *cron*, и новый билд у нас создается каждые 3 часа.

С точки зрения конфигурации системы плэйграунд каждого из программистов находится на той же тест-машине.

Дело в том, что на одном веб-сервере могут находиться сразу несколько веб-сайтов. В нашем случае:

- *www.mitya.testshop.rs* — это адрес Митиного плэйграунда,
- *www.dima.testshop.rs* — это адрес Диминого плэйграунда, а
- *www.main.testshop.rs* — это веб-сайт, на который делается каждый из билдов.

Следовательно, тестировщики будут использовать именно www.main.testshop.rs для своего тестирования.

Соответствующие

- директория с *HTML*-файлами и картинками,
- директория с приложением *(Python* и *C++* файлы) и
- база данных

слинкованы с каждым из сайтов, так что у нас есть **три конфигурации, независимые друг от друга.**

Кстати, *важный нюанс о плэйграундах, билдах и CVS. Основное правило для checkin:* ***сначала сделай быстрый юнит-тест и убедись, что твои файлы компилируются по крайней мере на твоем плэйграунде, и уже после этого делай их "публичными" через checkin в CVS.***

Рациональное объяснение: билды строятся из кода, хранимого в CVS. Если же код не компилируется, то билд будет сломан (build is broken) и соответственно никакого тестирования не будет. Мы касались этого правила, говоря об идее постоянной интеграции кода.

Идем дальше.

Код написан, тестирование и ремонт багов закончены. Настало время первого релиза *www.testshop.rs!!!*

Первый релиз происходит так:

1. Подготовка машины у хостинг-провайдера *(production server*, просто *production* или *live machine* — машина для пользователей).

Когда говорили об аренде сервера хостинг-провайдера, то имелось в виду, что мы арендовали совершенно конкретный компьютер, который находится где-то у провайдера и имеет уникальное (в общемировом масштабе) сетевое *ID*, которое называется *IP Address* ("ай-пи адрес"). Используя этот *IP Address*, мы подсоединяемся к этой машине и настраиваем

а) провайдерский Линукс (например, создаем директории, редактируем разрешения и т.д.);
б) провайдерский *Apache* (например, вносим изменения в файл конфигурации и т.д.);
в) провайдерскую *MySQL* (например, определяем максимальное количество соединений и т.д.).

2. **Подготовка релиз-скрипта** *(release script)* — программы, которая автоматизирует процесс релиза на машину для пользователей.

3. **Исполнение релиз-скрипта:**
   а) релиз-скрипт запускает билд-скрипт, чтобы на тест-машине создался новый билд;
   б) релиз-скрипт берет файлы этого нового билда и по протоколу *FTP* ("эф-ти-пи" — *File Transfer Protocol)* пересылает их в машину для пользователей;
   в) релиз-скрипт:
   - копирует из *CVS* на машину для пользователя скрипты для базы данных *(DB-scripts)* и
   - запускает эти скрипты.

Скрипты для базы данных создают или модифицируют **схему базы данных.** Так как у нас первый релиз, то схема базы данных только создается, а именно создаются три таблицы:

- *user_info* (для данных о пользователях);
- *user_transaction* (для данных о транзакциях пользователя);
- *book_vault* (для данных о наименованиях книг и их наличии).

Кстати, *нужно различать*
- *схему базы данных (database, или просто DB, schema) и*
- *сами данные.*

Схема базы данных *— это совокупность виртуальных контейнеров (над БД работают программисты и администраторы БД).*

Данные *— это начинка этих виртуальных контейнеров, которую своими действиями на www.testshop.rs, например регистрацией, создают/изменяют пользователи (user_info и user_transaction) или другие лица (например, Харитоныч, который через специальную программу, написанную Митей, может добавить новые названия книг и их количество в book_vault).*

Небольшое отступление

По мере развития проекта машина для пользователей превратится в десятки связанных между собой веб-серверов, серверов с приложением и серверов с базами данных, образующих production pool, т.е. совокупность компьютеров, обслуживающих наших пользователей. Но это будет потом. А пока...

***Welcome to www.testshop.rs!!!* Наш первый релиз состоялся!!!**

Книги продаются, к проекту примкнули кореша Харитоныча, в результате чего появились деньги, чтобы нанять новых людей и вообще начать активно расширяться.

Над проектом уже работают 2 продюсера, 7 программистов и 1 тестировщик. Долго ли, коротко ли, а уже и второй релиз (версия 2.0) состоялся.

На следующий день после выпуска версии 2.0 лавина жалоб от пользователей дает основания полагать, что версия 2.0 *www.testshop.rs* так же насыщена багами, как версия-2004 Государственной думы единороссами.

Компания превращается в форпост по борьбе с последствиями релиза версии 2.0:

- **месье Кукушкин** носится между столами программистов и тестировщика, давая ценные указания и оперируя словарным запасом, приобретенным на раннем (колымском) этапе своей карьеры;
- **программисты,** которые не чинят баги версии 2.0, не могут сохранить файлы для версии 3.0 в *CVS*, так как в *CVS* решением руководства можно сохранять только код с отремонтированными багами для релиза 2.0;
- **программисты,** которые чинят баги, естественно, не могут работать над версией 3.0;
- **тестировщик** проверяет отремонтированный код для версии 2.0 вместо подготовки к тестированию версии 3.0;
- **продюсеры** отвечают на е-мейлы разгневанных пользователей, которые, несмотря на биографии менее яркие, чем биография Харитоныча, тем не менее с легкостью оперируют тем же словарным запасом.

***Кстати,** справедливости ради стоит отметить, что по идее к версии 1.0 вернуться можно, но это **займет время и чревато ошибками,** так как основной объем работы будет делаться **вручную**. Понадобится:*

- *найти версии файлов в CVS на день первого релиза*,*
- *изменить и протестировать билд- и релиз-скрипты,*
- *запустить релиз-скрипты и проверить, насколько правильно они сработали.*

** Если в первом релизе у нас были десятки файлов, то с течением времени их будут сотни!!!*

В таком бедламе проходит двое безвылазных суток, и наконец баги придушены, билд протестирован на тест-машине и срочно организуется патч-релиз 2.01 на машину для пользователей.

После разбора полетов Митей, как одним из старожилов компании, вносится предложение о создании бранчей *(branch* — ветвь) в *CVS*. Предложение принимается единогласно (тем более что отвечать в случае провала будет инициатор), и Митя рассказывает, в чем суть этого подхода.

РАССКАЗ МИТИ

"*В общем так, други. Допустим, у нас есть ребенок и его фотографии нужно раз в месяц по е-мейлу посылать теще. Если присылается фотография ребенка в недовольном состоянии, то теща приезжает и устраивает дома такой шухер, как будто она попользовалась нашей версией 2.0. Соответственно нужно сохранить фотографию ребенка, когда он улыбается, и если новая фотография теще не нравится, то нужно просто послать ей старую фотографию с улыбкой и сказать, что ошибка вышла*".

Харитоныч:

— Да вот я помню... (далее следует 30-минутный рассказ о его тещах с постепенным переходом к обобщениям и, наконец, декларативному изложению отношения ко всему прекрасному полу). Да-а-а, вот так-то. Что ты там говорил про версию 2.0?

ПРОДОЛЖЕНИЕ МИТИНОГО РАССКАЗА

«Да, вот. Как я и говорил о хорошем и улыбающемся билде. Вот мини-история нашего проекта со стороны релиз-инженера:

В один прекрасный день мы начали работать над кодом ПО, и по мере написания этого кода стали добавлять в CVS новые файлы и изменять файлы, уже существующие в ней. В определенный момент мы сказали "Стоп" и назвали совокупность файлов в CVS "версия 1.0". Затем мы продолжили работу над кодом и снова стали добавлять в CVS новые файлы и изменять файлы, существующие в ней. В определенный момент мы снова сказали "Стоп" и назвали совокупность файлов в CVS "версия 2.0". Основной проблемой, которую мы взрастили, стала мешанина, начавшаяся в тот момент, когда мы не разделили файлы версии 1.0 и версии 2.0.

Идем дальше.

Представьте себе дерево, т.е.

ствол, и
ветви, растущие из ствола.

Вот как мы должны были поступить с самого начала:

- *файлы, созданные вплоть до момента релиза версии 1.0, были основой, т.е. виртуальным стволом (trunk), нашего ПО;*

- *из этого ствола мы могли создать виртуальную ветвь (или бранч, от англ. branch) под названием "версия 1.0", которая включала бы все файлы версии 1.0 в редакциях (версиях) на момент, когда мы сказали "Стоп" для версии 1.0. Мы говорим* ***"Стоп" после того, как код написан и готов для интеграции и тестирования;***
- *таким образом, у нас появились бы ствол и одна ветвь;*

- *программисты, пишущие код для версии 2.0, должны были модифицировать код ствола (на рисунке — пунктиром);*

- *и когда код версии 2.0 был бы дописан, мы создали бы еще одну ветвь и назвали ее "версия 2.0";*
- *таким образом, у нас был бы ствол, из которого сначала рос бы бранч версии 1.0 и затем бранч версии 2.0;*

- *начиная работать над кодом релиза версии 3.0, мы снова работаем со стволом (на рисунке — пунктиром);*

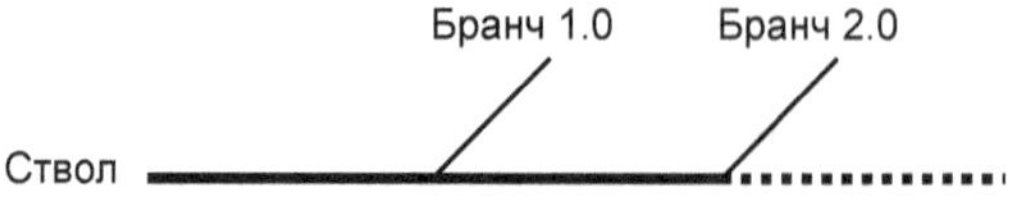

- *и т.д.*

Таким образом, код каждой версии живет в CVS в виде отдельного бранча или ствола.

Кстати, *есть множество нюансов, например слияние бранча и ствола, и ситуации, когда бранч сам становится стволом с ветвями и прочее, но я не буду вас этим загружать. Сейчас мне нужно, чтобы вы поняли главное.*

Теперь вернемся к нашим баранам. Что сделано — то сделано. Сейчас в CVS у нас есть

- *весь код версии 1.0;*
- *весь код версии 2.0;*
- *часть кода версии 3.0.*

Пусть все это содержимое CVS будет нашим стволом. Я берусь найти совокупность файлов с редакциями, которые были у нас на момент релиза 2.0, и обратным числом создать из них бранч 2.0, чтобы в случае фиаско с версией 3.0 мы могли быстро вернуться к коду версии 2.0 и вообще начали хорошую традицию создания бранчей».

Выслушав Митю и мысленно поаплодировав ему, разберемся, что даст реализация Митиного предложения:

Во-первых, мы всегда сможем вернуться к предыдущей версии, если новая версия окажется некачественной.

Во-вторых, программисты

- смогут работать одновременно над различными версиями, например ремонтировать баги для 2.0 (бранч 2.0) и писать код для 3.0 (ствол) и
- **результаты их работы** над каждой из версий будут в *CVS* **отделены друг от друга.**

В этом случае *www.main.testshop.rs* будет веб-сайтом с кодом для 3.0 и вообще площадкой для билдов каждого нового релиза, а, скажем, *www.old.testshop.rs* будет веб-сайтом с кодом для 2.0 и вообще площадкой с кодом каждого предыдущего релиза.

В-третьих, мы сможем руководить состоянием бранчей.

У бранча есть три состояния:

1) **открытый,** т.е. в нем можно сохранять файлы;
2) **условно открытый,** в нем можно сохранять файлы, НО при определенном условии, например, программист дол-

жен написать номер реального бага в комментарии при сохранении файла;

3) **закрытый.** В этом случае файл может быть сохранен в соответствии с процедурой о неотложном ремонте багов (о процедуре через минуту).

***Кстати**, когда мы говорили о замораживании спеков, используя CVS, нужно понимать, что бранчи, в которых сохраняются спеки, не имеют никакой связи с бранчами, в которых сохраняется код. Как правило, это даже две CVS, установленные на двух разных машинах, но если даже используется одна и та же CVS на одной и той же машине, то бранчи для спеков и бранчи для кода — это как два сына одной женщины (т.е. CVS), один из которых мочит одноклассников в сортирах, а другой в это время читает Артура Шопенгауэра.*

***Кстати,** часто возникает ситуация, когда программист сохранил код в бранче для патч-релиза и забыл сохранить исправленный код в стволе, т.е. в коде, из которого будет сделан бранч для следующего релиза. Таким образом, может получиться ситуация, когда баг, патч для которого уже был выпущен на машину для пользователей в предыдущем релизе, вновь появляется в следующем релизе. Чтобы избежать таких казусов, тестировщики придерживаются железного правила: **на каждый баг, для которого был произведен патч-релиз, должен быть написан тест-кейс приоритета 1.** Этот тест-кейс добавляется к группе тест-кейсов для регрессивного тестирования соответствующей функциональности.*

Совместим наш цикл разработки ПО с открытостью бранчей.

1. Во время стадии кодирование, например, для версии 3.0 бранч с версией 3.0 является открытым.
2. Во время стадии тестирование и ремонт багов бранч является условно закрытым — никакой код не может сохраняться в таком бранче, за исключением кода с починкой для конкретного бага, при сохранении кода в *CVS* программист **обязан** указать номер открытого бага в СТБ, иначе *CVS* не разрешит *checkin*. Именно такой статус у бранча после заморозки кода и передачи кода тестировщикам.
3. После того как произошел релиз на машину для пользователей и в этом релизе найден баг, у нас есть два варианта:
   а) если баг некритический (например, отсутствует проверка е-мейла пользователя на два "@"), то его можно отремонтировать в следующем релизе, т.е. мы фиксируем код только в стволе;
   б) если баг критический (например, невозможно совершить покупку), то нужно отремонтировать его и выпустить патч-

релиз как можно быстрее. Для такого срочного ремонта нужен формальный документ: **процедура о неотложном ремонте багов** *(Emergency Bug Fix Procedure)*.

Кстати, *не хочу вас путать, но есть одна важная для понимания вещь: иногда нужно незамедлительно изменить код приложения на машине для пользователей, и это изменение не связано с багами. В таком случае тоже заносится запись в СТБ, но с типом "Feature Request" — запрос о новой функциональности (подробнее об этом в разговоре о СТБ), и релиз такого кода регулируется этой же процедурой.*

Примером, в котором нужен быстрый, не связанный с багами релиз, может послужить ситуация, когда у нас есть решение суда (например, о нарушении патента), которое обязывает срочно изменить код.

Релиз такого кода также называется **патч-релизом.**

Вопрос: В чем отличие такого патч-релиза от дополнительного релиза?
Ответ: В том, что дополнительный релиз — это плановый релиз, когда было заранее решено, что такие-то функциональности увидят свет, но включены они будут не в основной, а в дополнительный релиз.

Процедура о неотложном ремонте багов должна содержать:

- приоритет багов, которые подлежат НРБ. Например, это могут быть только П1 баги;
- список лиц, имеющих право инициировать процесс НРБ;
- последовательность действий между лицами, участвующими в НРБ, например:
  1) *программист, извещенный о проблеме, фиксирует баг;*
  2) *исправление кода заверяется одним из его коллег через рассмотрение кода (code review);*
  3) *релиз-инженер делает билд для регрессивного тестирования;*
  4) *тестировщик производит тестирование;*
  5) *релиз-инженер делает патч-релиз на машину для пользователей;*
- коммуникацию между лицами, участвующими в НРБ. Например, в начале и конце каждого из этапов ответственное лицо отвечает всем на последний е-мейл этой цепочки. Причем в начале этапа посылается е-мейл типа "Начал делать билд для регрессивного тестирования. Примерный

срок до завершения операции — 30 минут". В конце этапа посылается е-мейл типа "Билд для регрессивного тестирования завершен. Тестировщики. Ау!".

Во многих компаниях для быстрого и эффективного исправления проблем после основного релиза по примеру полицейских создаются SWAT-команды (Special Weapons and Tactics teams — подразделения оперативного реагирования), по минимуму состоящие из продюсера, программиста, релиз-инженера и тестировщика. Допустим, у нас есть четыре такие команды. Для каждой их них устанавливается расписание на каждый день (по шесть часов каждая) на 10 дней после релиза, так чтобы по звонку в любое время дня и ночи головорезы соответствующего подразделения были готовы сорваться, приехать в офис и сидеть до посинения, пока патч-релиз не вылетит на машину для пользователей.

В начале завершения разговора о релизах поговорим о бета-тестировании.

Иногда интернет-компании производят бета-релиз (читается как "бэта") *(beta release)*. Идея бета-релиза заключается в следующем: перед тем как мы сделаем основной "официальный" релиз, т.е. откроем новый код всем пользователям, мы откроем новый код лишь ограниченной группе пользователей, которые нам его и протестируют. Эти пользователи (или "бета-тестировщики" — *beta testers)* должны являться представителями целевой аудитории *(target group)*, для удовлетворения потребностей которой и был затеян весь сыр-бор от идеи до поддержки. Бета-тестировщики служат подопытными кроликами, ценность которых заключается в том, что они, являясь типичными пользователями, будут делать с бета-версией веб-сайта те же вещи, что и остальные пользователи после официального релиза, и, следовательно, заранее столкнутся с непойманными (нами) багами, о которых они и сообщат в нашу компанию. Наша интернет-компания отремонтирует эти баги и выпустит официальный релиз, более качественный, чем бета. Примером, когда было использовано бета-тестирование *(beta testing),* может послужить сервис *Gmail* компании *Google* (кстати, основанной москвичом Сергеем Брином).

В некоторых случаях компания не организует бета-тестирование с ограниченным числом пользователей, а производит основной релиз и помещает картинку или текст со словом "Beta", что означает "Пользуйтесь на свой страх и риск. Код свежий. Вполне возможны баги". Так как данная ситуация не укладывается в идею бета-релиза, то мы назовем такой релиз ***псевдобета-релизом.***

Истинные и псевдобета-релизы, как правило, имеют место в двух случаях:

1. Первый релиз в жизни интернет-компании, например релиз версии 1.0 сайта *www.testshop.rs.*
2. Релиз большого и важного подпроекта, являющегося частью основного проекта, например сервис *Gmail,* являющийся частью проекта *Google.*

Логичным будет вопрос: "Если есть бета-тестирование, должно быть и **альфа-тестирование**?"
Ответ: "Правильно". Рассказываю:

Альфа-тестированием называется **любое тестирование кода ДО передачи его пользователям** (включая бета-пользователей). Юнит-тестирование, о котором мы уже говорили, является видом альфа-тестирования. Продюсер может попросить у программиста покопаться на плэйграунде последнего, когда код уже работает, и проверить, как были воплощены в жизнь его (продюсера) мечты из спека, и это тоже будет альфа-тестирование.

Родственное в альфа- и бета-тестировании — это то, что цель каждого из них — поиск багов.

Чуждое в альфа- и бета-тестировании — это то, что в подавляющем большинстве случаев альфа-тестирование исполняется внутренними ресурсами компании, а бета-тестирование — внешними.

В продолжение завершения разговора о релизе

подчеркнем, что тестировщики интернет-компаний находятся в привилегированном положении по сравнению с их коллегами из всех других сфер бизнеса. В случае пропуска серьезного бага на машину для пользователей этот баг можно устранить в течение получаса, иногда даже с минимальной стоимостью и без ведома большинства пользователей о том, что баг вообще когда-то существовал.

А что, если баг обнаружен в подвеске автомобиля? Из-за отзыва целого модельного ряда (нормальная деловая практика западных автокомпаний) и негативной рекламы бренда убытки будут просто неизбежны!

В завершение завершения разговора о релизе:

- Релиз проводится в то время, когда большинство пользователей неактивны. Как правило, это ночь. Время подберете сами исходя из того, в каком часовом поясе находится большинство ваших пользователей.
- Во время релиза на *www.testshop.rs* вывешивается табличка, что, мол, “Производим техническую поддержку, не отчаивайтесь, примерно в 6.00 по Москве все вернется на круги своя. Просим извинить за временные неудобства”.

Пример

Пользователь, первый раз сделавший покупку на www.testshop.rs, проснулся в час ночи и хочет проверить статус своего заказа. Он набирает в браузере www.testshop.rs и видит “404 file not found”. Конечно, он проведет остаток ночи в терзаниях, а потом эмоционально расскажет всем своим друзьям (и правильно сделает), какие редиски работают в www.testshop.rs, что вот полночи не спал из-за того, что мысленно прощался с честно заработанными 300 рублей.

Обратная же ситуация будет, когда опять же в час ночи пользователь увидит на www.testshop.rs сообщение, подробно объясняющее обычную для on-line-бизнеса ситуацию, завершающееся вежливым “Извините”.

В бизнесе любой интернет-компании наступают сезонные всплески активности пользователей, например, в США это канун католического Рождества и Нового года. В такие периоды на все релизы, кроме патч-релизов, фиксирующих серьезные баги, должен быть введен мораторий. Логика тут проста: любой релиз — это риск. И мы не хотим идти на этот риск в то время, как

- огромное количество пользователей нуждаются в бесперебойной работе нашего веб-сайта и
- наш бизнес делает наибольшие деньги.

Как и было обещано, переходим к следующей стадии, а перед переходом запомним, что часто наряду со словом “релиз” или вместо него употребляется равнозначное *push* — “толчок”.

Большая картина цикла разработки ПО

Пример

Допустим, у нас есть

- *мама* ***(продюсер)***,
- *сын 7 лет* ***(программист, тестировщик, релиз-инженер и служба поддержки),***

- *папа **(пользователь)** и*
- *неограниченное количество разнообразных деталей конструктора для строительства игрушечного дома.*

*Мама говорит сыну: "Давай сделаем папе приятное и построим для него одноэтажный дом **(идея)**, который должен выглядеть вот так и вот так **(дизайн продукта)**".*

Сын собирает отдельно

крышу,
стены,
двери и
*окна **(кодирование)**.*

*Потом происходит соединение всех частей **(интеграция)**, в результате которой крыша оказалась меньше, чем нужно, выпуклости дверей не совпадают с выпуклостями стен, а окна не подходят по цвету. Сын переделывает компоненты, успешно соединяет и начинает пинать домик ногами, бросать вниз с семнадцатого этажа и оставлять на ночь в наполненной ванной **(тестирование).** В результате обнаруживаются некоторые недоработки **(баги)**, которые постепенно устраняются (фиксирование багов). Когда все нормально, домик передается папе **(релиз)**, который иногда просит (е-мейл/звонок в службу поддержки пользователей), чтобы некоторые проблемы, такие, как неровности крыши, с которой падает кружка с пивом **(пострелиз-баги)**, были немедленно исправлены (фиксирование пострелиз-багов).*

Вернемся к нашему *www.testshop.rs.*

Давайте рассмотрим большую картину цикла разработки ПО в **динамике.**

Сначала обобщим знания об игроках, их ролях и стадиях цикла с их участием.

Игрок	Роль	Стадия
Маркетолог	Генерирует идеи и составляет *MRD*	Идея
Продюсер	Разрабатывает и документирует дизайн продукта	Дизайн и документация
Программист	Переводит дизайн продукта на язык программирования	*Кодирование*
	Ремонтирует баги	Тест и ремонт
Тестировщик	Готовится к исполнению тестирования	*Кодирование*
	Исполняет тестирование	Тест и ремонт

1. Итак, начнем с бара, вернее, с идеи версии 1.0, которая в этом баре пришла.

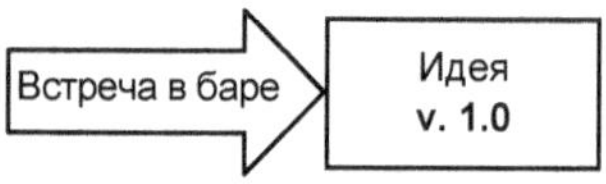

2. После того как **идея v. 1.0** была принята за путеводную звезду для первого релиза, наступила стадия **дизайн и документация v. 1.0** этой идеи. Основное действующее лицо — продюсер.

А в это время

- маркетолог тоже не сидит без дела, а генерирует идеи для следующего релиза на стадии **идея v. 2.0**.

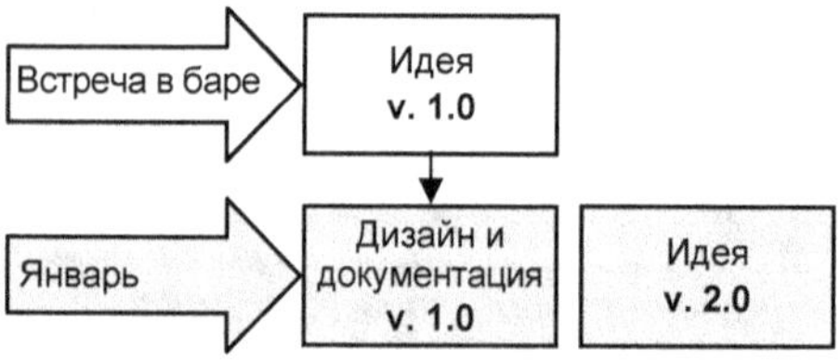

3. После того как дизайн и документация v. 1.0 завершены, наступает стадия **кодирование v. 1.0.** Основное действующее лицо — программист.

А в это время

- тестировщик планирует, как он будет тестировать код, разрабатываемый сейчас программистом;
- продюсер работает уже над стадией **дизайн и документация v. 2.0,** переданной после стадии **идея v. 2.0;**
- маркетолог работает над стадией **идея v. 3.0.**

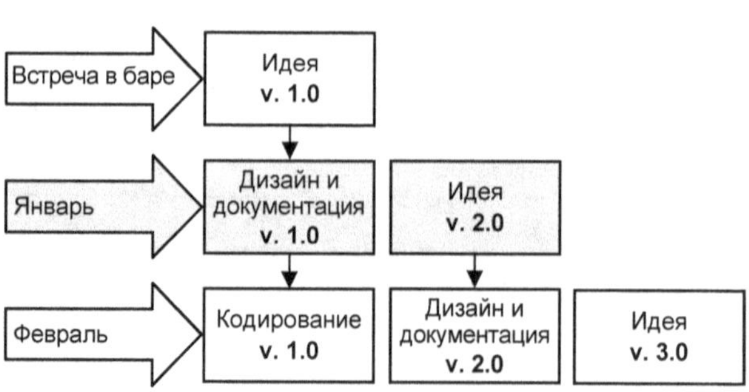

4. После того как **кодирование v. 1.0** завершено, наступает стадия **тестирование и ремонт v. 1.0**. Основное действующее лицо — тестировщик. После завершения стадии **тестирование и ремонт v. 1.0** в одну из лунных ночей происходит **релиз v. 1.0,** после чего тестировщик бросается на **v. 2.0,** начав подготовку к тестированию кода, разрабатываемого сейчас программистом на стадии **кодирование v. 2.0.**

А в это время

- программист пишет код на стадии **кодирование v. 2.0;**
- продюсер разрабатывает дизайн продукта на стадии **дизайн и документация v. 3.0;**
- маркетолог, идущий, как всегда, в авангарде, обдумывает идеи на стадии **идея v. 4.0.**

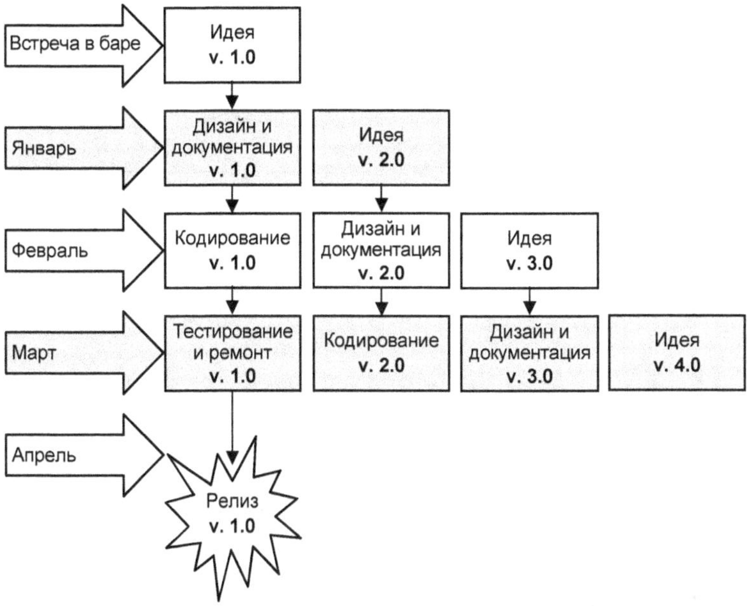

Таким образом, мы рассмотрели полностью цикл разработки версии 1.0 проекта *www.testshop.rs*. **Дальше все идет по аналогии.**

Итак, большая картина цикла разработки ПО.

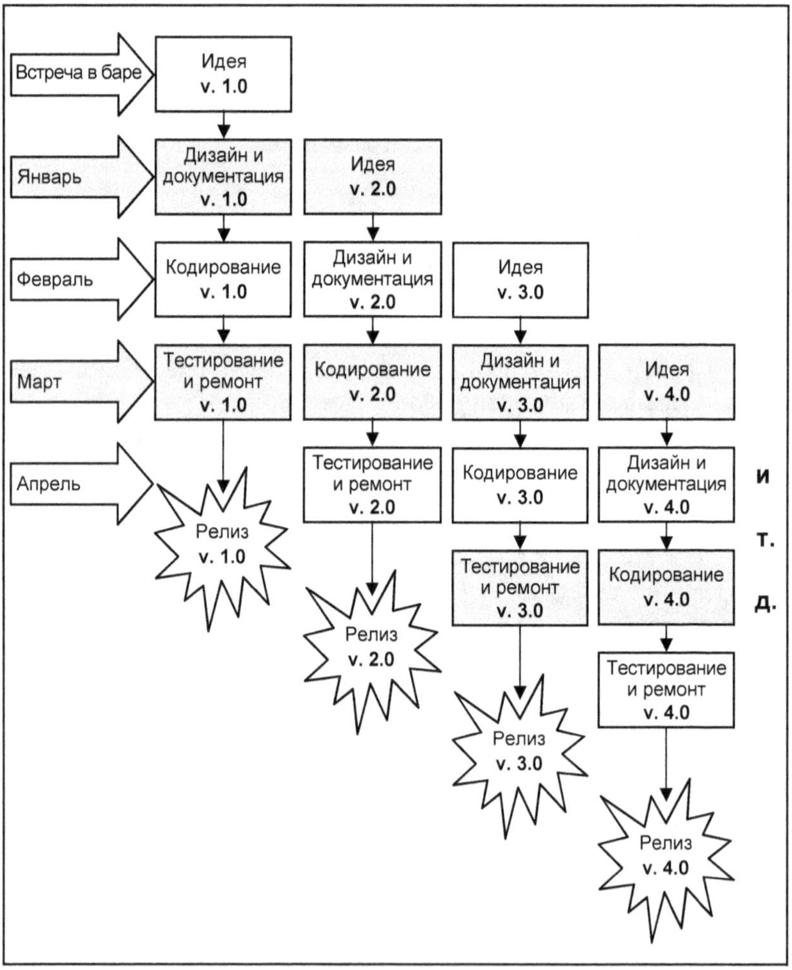

Большая картина — это всего лишь модель, и в реальной жизни все так гладко, красиво и гармонично не бывает. *Например, во время стадии идея v. 2.0 маркетолог может генерировать как краткосрочные идеи цикла v. 2.0, так и долгосрочные цикла v. 4.0 и v. 5.0.*

В завершение беседы о цикле разработки ПО давайте

- поставим акцент на паре важных моментов,

- сделаем одну оговорку,
- остановимся на одной ценной мысли и
- ответим на практические вопросы.

Пара важных моментов:

1. Процедуры, стандарты, спеки, тест-кейсы и контактная информация должны быть задокументированы (пусть даже в электронном виде) и доступны на интранете.
2. Такие вещи, как утверждение спека, рассмотрение тест-кейсов или инспекция кода, — это не какие-то полицейские мероприятия, призванные подрезать крылышки творческим и свободным личностям. Совершенно наоборот — это средства, позволяющие
   - улучшить качество,
   - прикрыть спину,
   - стать хорошим людям еще лучше.

Оговорка:

В аквариумах интернет-компаний кроме продюсеров, программистов, тестировщиков и начальников обитает еще много других разновидностей не менее полезных особей, таких, как

- веб-дизайнеры;
- системные администраторы и администраторы баз данных;
- народ из службы поддержки и маркетинга;
- бухгалтеры (хлещущие чай);
- спецы по железу (хлещущие пиво) и др.

Мы их всех любим, ценим и, как видите, не забываем. Просто нужно было сделать допустимое упрощение для удобства восприятия нового материала и, например, свести написание кода только к программистам, в то время как *JavaScript*-код обычно пишется веб-дизайнерами.

Ценная мысль:

Акт планирования, будь то спек, дизайн кода, тест-кейс или документ о неотложном ремонте бага, — это возможность посмотреть в будущее, предугадать и предотвратить возможные проблемы и/или баги.

Эффективное планирование — это одна из важнейших составляющих процесса разработки ПО.

Вопросы и задания для самопроверки

1. Перечислите стадии цикла разработки ПО.
2. Какой баг дороже: пойманный не во время написания спека или во время тестирования?
3. Перечислите болезни спеков.
4. Почему продюсер не должен давать в спеке технических инструкций?
5. Для чего нужно утверждение спека?
6. Для чего нужно замораживание спека?
7. Почему спеки нужно хранить в *CVS*?
8. Перечислите и прокомментируйте причины появления багов кода.
9. Что такое юнит-тест?
10. Что такое инспекция кода и как она помогает вывести на чистую воду подлецов, которые считают, что чем запутаннее код, тем лучше?
11. Для чего нужно замораживание кода?
12. Каковы преимущества постоянной интеграции кода?
13. Какие баги ловятся компайлером (интерпретатором)?
14. Какие баги НЕ ловятся компайлером (интерпретатором)?
15. Почему файлы с тест-комплектами нужно хранить в *CVS*?
16. Почему рассмотрение тест-кейсов выгодно не только компании, но и самому тестировщику?
17. Что такое тест приемки?
18. Что случается, если тест приемки не пройден?
19. В чем отличия тестирования новых функциональностей от регрессивного тестирования?
20. У нас после каждого релиза появляются тест-кейсы, которые мы должны исполнять в последующих релизах для регрессивного тестирования. Соответственно наступает момент, когда столько тест-кейсов для регрессивного тестирования, что нет никакой возможности их исполнить в пределах временных рамок без ущерба для исполнения тест-кейсов для новых функциональностей. Что делать? (Ответ будет в одном из следующих разговоров.)
21. Придумайте аналогию из жизни, чтобы проиллюстрировать слово “релиз”.
22. Перечислите виды релизов.
23. Может ли быть в основном релизе код с зафиксированными багами предыдущего релиза?
24. Если ответ на предыдущий вопрос положительный, то почему мы не выпустили патч-релиз, а ждали следующего релиза?
25. Что означает номер релиза 11.44?
26. Обоснуйте необходимость *CVS* для процесса разработки ПО и релиза.
27. Что такое бранч *CVS* и для чего он нужен?
28. Назовите состояния бранча и условия для этих состояний.
29. Что такое процедура о неотложном ремонте багов и зачем она нужна?
30. Почему для бета-тестирования набирают народ из типичных пользователей?

ЧАСТЬ 2

- ЦИКЛ ТЕСТИРОВАНИЯ ПО
- КЛАССИФИКАЦИЯ ВИДОВ ТЕСТИРОВАНИЯ

— За что выпьем? За красоту?
— Ты еще за здоровье тестировщиков выпей, пижон!

ЦИКЛ ТЕСТИРОВАНИЯ ПО

- ИЗУЧЕНИЕ И АНАЛИЗ ПРЕДМЕТА ТЕСТИРОВАНИЯ
- ПЛАНИРОВАНИЕ ТЕСТИРОВАНИЯ
- ИСПОЛНЕНИЕ ТЕСТИРОВАНИЯ

Пока мы еще не остыли от цикла разработки, предлагаю немедленно рассмотреть цикл тестирования.

Поехали.

Отвлечемся от компьютеров и представим ситуацию, когда нужно проверить, ну, например, свежекупленный десятирежимный пылесос. После того как агрегат вытащен из коробки, берем "Инструкцию по использованию" и мытарим чудо техники, пока все десять режимов не докажут свою лояльность и преданность.

Если посмотреть на процесс более абстрактно, можно увидеть три вещи, которые явились моделью пылесосного тестирования:

1. Прочитали, например, пункт 2п инструкции, чтобы **понять,** как работает режим влажной уборки.
2. Мгновенно в уме составили **план** проверки влажной уборки:

   а. Налить горячую воду в верхний бачок пылесоса.
   б. Нажать на кнопку *Power.*
   в. Нажать на кнопку *Pressure.*
   г. И т.д. и т.п.

3. **Осуществили** проверку согласно плану.

Перейдем от тестирования пылесосов к тестированию ПО.

Цикл тестирования ПО состоит из трех этапов:

1. **Изучение и анализ предмета тестирования.**
2. **Планирование тестирования.**
3. **Исполнение тестирования.**

На **любом** из этапов может быть найден баг (как в ПО, так и в документации), баг должен быть отремонтирован ответственным товарищем (например, программистом или продюсером), и качество ремонта должно быть сертифицировано тестировщиком.

Свяжем цикл тестирования с циклом разработки:

1. Изучение и анализ предмета тестирования

начинаются перед утверждением спека (в завершение стадии "Разработка дизайна продукта и создание документации") и продолжаются на стадии "Кодирование".

2. Планирование тестирования

происходит на стадии "Кодирование".

3. Исполнение тестирования

происходит на стадии "Исполнение тестирования и ремонт багов".

Важный момент:

показанная связь между циклом разработки ПО и циклом тестирования — это всего лишь **типичная модель** взаимодействия процессов, в то время как на практике, и особенно в стартапах, встречается множество ситуаций, когда, например, нет спеков, код уже написан и его срочно нужно протестировать навскидку, нет времени на создание тест-документации и пр. Поэтому **предлагаю, чтобы мы, изучая цикл тестирования, абстрагировались от цикла разработки.**

Что нам это даст? Гибкость, так как,

*зная цикл тестирования **как независимый процесс**, мы сможем легко связать его с **любым** циклом разработки ПО в **любой** интернет-компании.*

Итак, независимый процесс, называемый циклом тестирования ПО, состоит из трех стадий:

1. Изучение и анализ предмета тестирования.
2. Планирование тестирования.
3. Исполнение тестирования.

1. Изучение и анализ предмета тестирования

Вопрос: что можно протестировать в интернет-проекте?
Легитимные варианты ответа:

- *интерфейс пользователя* (например, что определенная кнопка называется "Купить", а не "Кипуть");
- *скорость работы веб-сайта* (например, то, что при одновременной работе с сайтом 200 пользователей скорость загрузки веб-страницы составляет не более 5 секунд);
- *документацию* (например, что спек не содержит противоречий и неточностей).

Все это правильно, но есть нечто более важное.

Вопрос: для чего пользователи приходят на наш веб-сайт?
Ответ: для удовлетворения своих потребностей — покупка книг, чтение анекдотов, проверка баланса кредитной карты и т.д. и т.п.

Вопрос: как можно удовлетворить потребности пользователя?
Ответ: нужно

- **придумать** (продюсер),
  - **написать** (программист),
    - **протестировать** (тестировщик) и
      - **передать** пользователям (релиз-инженер)

средства, которые эти потребности удовлетворят. Этими средствами являются **ФУНКЦИОНАЛЬНОСТИ** интернет-проекта.

Вот формальное определение:

функциональность *(functionality, feature)* — это средство для решения некой задачи.

***Примеры** из **реальной** жизни*

Функциональность компьютерных колонок "Volume" решает задачу "Как изменить громкость звука".
Функциональность "Казино" решает задачу "Как незаметно для себя потратить все отпускные деньги".
Функциональность "Принтер" решает задачу "Как распечатать документ".

***Примеры** из **виртуальной** жизни*

Функциональность "Корзина" решает задачу "Как хранить информацию о товаре, выбранном пользователем".
Функциональность "Добавление товара в корзину" решает задачу "Как добавить товар в корзину".
Функциональность "Удаление товара из корзины" решает задачу "Как удалить товар из корзины".

Проверка работы функциональностей называется **функциональным тестированием** *(functional testing)*.

Стратегический момент: так как функциональное тестирование — это ось, вокруг которой вертится деятельность большинства тестировщиков, то, следовательно, вокруг нее же будет "вертеться" и большинство наших последующих бесед.

Важность функционального тестирования состоит в том, что **функциональности — это не что иное, как продукт, предоставляемый пользователям интернет-компанией,** *и если продукт от релиза к релизу кишит багами, то вместе со счастьем пользователей убывают и прибыли интернет-компании.*

Основными источниками знания о функциональностях служат:

- **документация...**
  ...в электронном или распечатанном виде — спеки, макеты, блок-схемы и прочие руководящие документы, на основании которых программист пишет код, а тестировщик планирует тестирование. Примером "прочего руководящего документа" может служить "Инструкция МастерКард о формате файлов с транзакциями";
- **хомо сапиенс,** т.е.
  информация постигается через **межличностное общение.** Так, в случае возникновения сомнений никогда не мешает подойти к продюсеру, хлопнуть его по плечу и попросить: "Старина, будь добр, объясни мне по-простому пункт 14б вот этого спека". **Здоровая дружеская атмосфера в коллективе — это отличное средство для предотвращения ошибок в толковании** (идеальной питательной среды для багов);
- **сам веб-сайт,**
  который мы изучаем посредством эксплоринга. **Эксплоринг** *(exploring* (англ.) — "исследование", "разведка") — **это изучение того, как работает веб-сайт с точки зрения пользователя.**

Эксплоринг совершается каждым из нас, когда мы приходим на некий веб-сайт и истязаем его, заполняя формы, нажимая на кнопки, кликая на линки и совершая прочие действия для того, чтобы понять, как работает та или иная функциональность.

В интернет-компаниях эксплоринг, как правило, применяется в двух случаях:

- когда **написан код и отсутствует документация.** Подобная ситуация часто поджидает первого тестировщика, приходящего в работающую интернет-компанию;
- **для самообучения.** Например, в крупных интернет-компаниях вновь нанятые тестировщики в течение нескольких недель проходят тренинг, часть которого посвящена эксплорингу.

Кстати, при эксплоринге источником ожидаемого результата служат наши драгоценные жизненный опыт, опыт работы и другие ранее перечисленные помощники, не относящиеся к спекам.

Кстати, *хорошая идея для тестировщика, помогающая лучше понять функциональности своего проекта, — это стать обычным пользователем своего и аналогичных веб-сайтов. Выражение "Eat your own dog food" ("Ешь еду своей собаки") для тестировщика означает "Если ты тестируешь веб-сайт, продающий книги, то ты должен сам покупать книги по Интернету".*

Идем дальше.

Конечной целью этапа **Изучение и анализ предмета тестирования** является получение ответов на два вопроса:

а. Какие функциональности предстоит протестировать?
б. Как эти функциональности работают?

После того как ответы получены, мы переходим к следующему этапу цикла.

2. Планирование тестирования

Эта стадия требует от тестировщика наибольшего творчества и профессионализма, так как именно на ней решается множество головоломок, отвечающих на *один простой вопрос*: "Как будем тестировать?", причем качество продукта (а значит, и счастье пользователей) напрямую зависит от, не побоюсь сказать, **мудрости найденных решений.**

Мудрость найденных решений проявляется в двух вещах:

а) кратких, простых и изящных путях для проверки функциональностей;

б) компромиссе между

- объемом тестирования, который **возможен в теории;**
- объемом тестирования, который **возможен на практике.**

Ответы на “один простой вопрос” предстают перед миром в виде **тест-документации** *(test documentation)*, ядро которой составляют наши любимые тест-кейсы. Во многих случаях создание тест-документации сопровождается написанием тестировщиком вспомогательных тулов *(tool* — компьютерная программа), которые облегчают исполнение тестирования.

Идем дальше.

3. Исполнение тестирования

Суть исполнения тестирования — это практический поиск багов в написанном коде с использованием тест-кейсов, созданных ранее.

Исполнение функционального тестирования выглядит следующим образом:

- сначала идет проверка **новых функциональностей** по новым тест-кейсам. Кстати, давайте вспомним, что во многих случаях новые тест-кейсы редактируются, проходя обкатку первым исполнением;
- затем проверка **старых функциональностей** по старым тест-кейсам.

То же самое, но в профессиональной терминологии:

- **тестирование новых функциональностей** *(new feature testing)* и соответственно
- **регрессивное тестирование** *(regression testing)*.

Мы исполняем тест-кейсы, рассчитывая найти баги. Давайте еще раз вспомним, что

- **после нахождения бага** тестировщик заносит запись о нем в систему трэкинга багов;
- **после того, как программист починил баг,** тестировшик проверяет:

а) действительно ли баг был починен. Проверка осуществляется путем исполнения шагов, которые ранее привели к багу, или, в профессиональной терминологии, *путем генерации ввода, который привел к выводу, не соответствующему ожидаемому результату*;

б) не появились ли новые баги как нечаянное следствие изменения кода при починке. Проверка осуществляется путем тестирования функциональностей, работа которых могла быть затронута починкой.

Тестирование, исполняемое в пунктах *а)* и *б)*, также называется регрессивным тестированием *(bug regression testing)*. Соответственно выражение *"regress that bug"* (проведи регрессивное тестирование этого бага) означает, что нужно последовательно исполнить пункты *а)* и *б)*.

Идем дальше.

Давайте сделаем небольшое обобщение.

Так как этапы **1. Изучение и анализ предмета тестирования** и **2. Планирование тестирования** переплетены между собой, мы объединим их в контейнер знания, который называется **подготовка к тестированию** *(test preparation* или, по-простому, *test preps)*.

Итак, большая часть нашего дальнейшего общения будет посвящена двум вещам:

1. **Подготовка к тестированию** *(test preparation)*;
2. **Исполнение тестирования** *(test execution)*.

Краткое подведение итогов

1. Функциональность — это средство для решения некой задачи.
2. Проверка работы функциональностей называется функциональным тестированием.
3. Эксплоринг — это изучение того, как работает веб-сайт с точки зрения пользователя.
4. Ядро тест-документации составляют наши любимые тест-кейсы.
5. Вспомогательные программы ("тулы") пишутся для облегчения исполнения тест-кейсов.
6. Мы выделили два основных этапа цикла:
   - **подготовка** к тестированию;
   - **исполнение** тестирования.

7. Исполнение тестирования идет в два этапа:
   - **тестирование новых функциональностей** и
   - **регрессивное тестирование.**

Вопросы для самопроверки

1. Почему полезно представлять себе цикл тестирования ПО независимым от цикла разработки ПО?
2. Назовите источники информации о функциональностях.
3. Что такое эксплоринг и как он помогает в состоянии документационного вакуума?
4. Назовите два основных элемента стадии подготовка к тестированию.
5. Что такое регрессивное тестирование? Назовите две ситуации, при которых проводится регрессивное тестирование.
6. Почему сначала тестируются новые функциональности?

КЛАССИФИКАЦИЯ ВИДОВ ТЕСТИРОВАНИЯ

- ПО ЗНАНИЮ ВНУТРЕННОСТЕЙ СИСТЕМЫ
- ПО ОБЪЕКТУ ТЕСТИРОВАНИЯ
- ПО СУБЪЕКТУ ТЕСТИРОВАНИЯ
- ПО ВРЕМЕНИ ПРОВЕДЕНИЯ ТЕСТИРОВАНИЯ
- ПО КРИТЕРИЮ "ПОЗИТИВНОСТИ" СЦЕНАРИЕВ
- ПО СТЕПЕНИ ИЗОЛИРОВАННОСТИ ТЕСТИРУЕМЫХ КОМПОНЕНТОВ
- ПО СТЕПЕНИ АВТОМАТИЗИРОВАННОСТИ ТЕСТИРОВАНИЯ
- ПО СТЕПЕНИ ПОДГОТОВКИ К ТЕСТИРОВАНИЮ

Любая классификация составляется по определенному признаку, например:

- **по полу** люди делятся (классифицируются) на мужчин и женщин;
- **по наличию** кошки люди делятся на тех, у кого кошка есть, и тех, у кого ее нет;
- **по росту** люди делятся на группы в зависимости от количества сантиметров от земли до макушки (например, один будет в группе "181 см", а другой — в группе "185 см").

Один и тот же субъект может быть одновременно элементом бесчисленного количества классификаций, при этом прекрасно себя чувствовать и не испытывать никаких угрызений совести. Например, дебошир и романтик Сева Б. может одновременно

- **быть** мужчиной,
- **иметь** кошку и
- **вырасти** до 175 см.

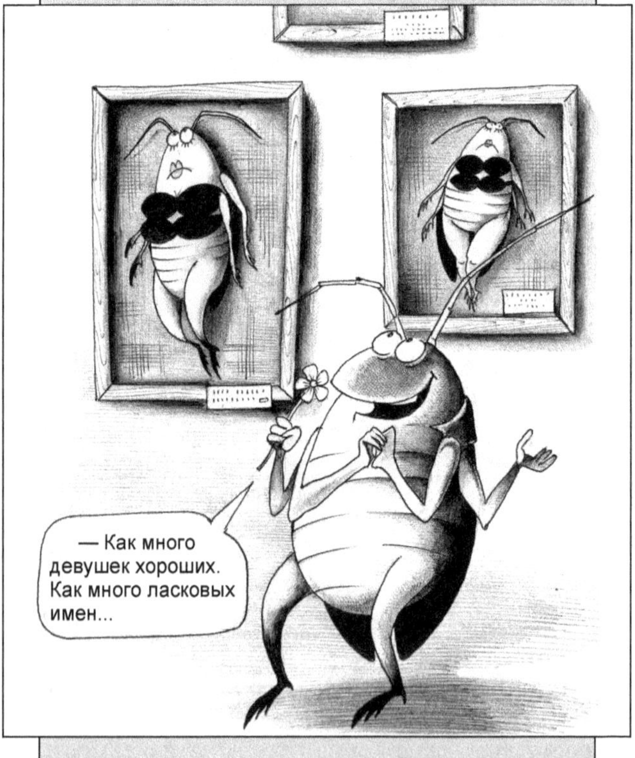
— Как много девушек хороших. Как много ласковых имен...

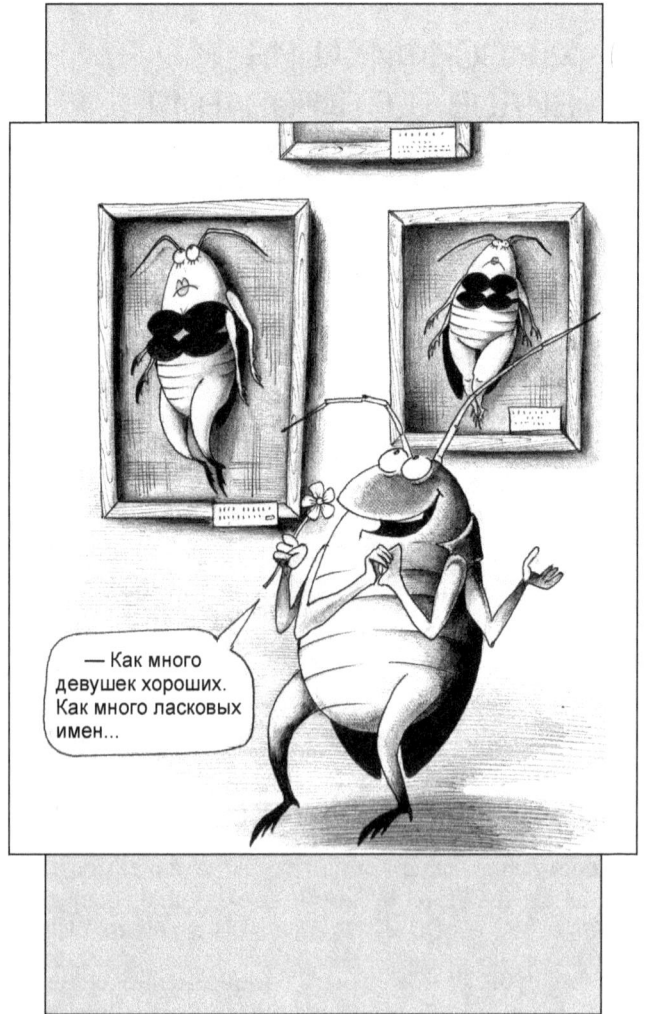

Немедленная польза от классификаций в отношении видов тестирования заключается в том, что упорядоченная и обобщенная информация легче воспринимается, усваивается и запоминается.

Замечу, что видов тестирования существует огромное количество и мы не будем пытаться объять необъятное, а поговорим об основных видах, которых, впрочем, и так хватит с лихвой для любого интернет-проекта.

Сначала перечислим, потом объясним. Объяснения призваны дать общее понимание каждого из элементов, в то время как последующие разговоры это понимание расширят и углубят.

Формат изложения:

Классификация по этому признаку
состоит из следующих элементов.

Перечисляем:

1. **По знанию внутренностей системы:**
   - черный ящик *(black box testing)*;
   - серый ящик *(grey box testing)*;
   - белый ящик *(white box testing)*.
2. **По объекту тестирования:**
   - функциональное тестирование *(functional testing);*
   - тестирование интерфейса пользователя *(UI testing);*
   - тестирование локализации *(localization testing);*
   - тестирование скорости и надежности *(load/stress/performance testing);*
   - тестирование безопасности *(security testing);*
   - тестирование опыта пользователя *(usability testing);*
   - тестирование совместимости *(compatibility testing).*
3. **По субъекту тестирования:**
   - альфа-тестировщик *(alpha tester);*
   - бета-тестировщик *(beta tester).*
4. **По времени проведения тестирования:**
   - **до** передачи пользователю — альфа-тестирование *(alpha-testing);*
     - тест приемки *(smoke test, sanity test* или *confidence test);*
     - тестирование новых функциональностей *(new feature testing)*;

– регрессивное тестирование *(regression testing)*;
– тест сдачи *(acceptance or certification test)*;

- **после** передачи пользователю — бета-тестирование *(beta testing)*.

5. По критерию "позитивности" сценариев:

- позитивное тестирование *(positive testing)*;
- негативное тестирование *(negative testing)*.

6. По степени изолированности тестируемых компонентов:

- компонентное тестирование *(component testing)*;
- интеграционное тестирование *(integration testing)*;
- системное (или энд-ту-энд) тестирование *(system or end-to-end testing)*.

7. По степени автоматизированности тестирования:

- ручное тестирование *(manual testing)*;
- автоматизированное тестирование *(automated testing)*;
- смешанное/полуавтоматизированное тестирование *(semi automated testing)*.

8. По степени подготовки к тестированию:

- тестирование по документации *(formal/documented testing)*;
- эд хок-тестирование *(ad hoc testing)*.

Объясняем:

1. По знанию внутренностей системы

- черноящичное тестирование *(black box testing)*;
- белоящичное тестирование *(white box testing);*
- сероящичное тестирование *(grey box testing)*.

Кстати, в отношении четких дефиниций, водоразделов и прочих академических штучек до сих пор идут споры.

ЧЕРНЫЙ ЯЩИК *(black box)*

Должен признаться, что лучшие мгновения моего студенчества прошли не в аудиториях моей альма-матер, не в залах библиотек, а в пивной Коптевского рынка, куда мы с Балмашновым, Гнездиловым, Дебдой, Ермохиным, Илюхиным, Карповым, Назаровым,

Осмоловским, Сапачевым и Тарасовым вламывались с тубусами наперевес и за вечер выполняли недельный план по продажам.

Основным элементом Коптевской пивной того времени была так называемая автопоилка, т.е. аппарат, принимающий жетон и выдающий пол-литра того, что мы тогда считали пивом.

Так вот если перевести манипуляции с автопоилкой на компьютерный язык, то

- жетон был **вводом,**
- пиво — **выводом,**
- щель для жетона и носик для пива — **интерфейсом пользователя,** а
- механизм автопоилки, обменивающий жетон на пиво, — **черным ящиком,** так как мы **не знали** (и для сохранения аппетита не хотели знать), **как был устроен изнутри** тот столь необходимый для студента аппарат.

В отношении ПО черный ящик, т.е. **область незнания,** — это не что иное, как тестируемые части бэк-энда (например, код программиста, схема базы данных), составляющие невидимый пользователю **виртуальный мост,** который соединяет

- **фактический ввод** (шаги) и
- **фактический вывод** (фактический результат).

Признаки подхода “Черный ящик”:

1. **Тестировщик не знает, как устроен виртуальный мост.**
2. **ИДЕИ для тестирования идут от предполагаемых паттернов** *(pattern* — образец) **поведения пользователей.** Поэтому подход “Черный ящик” также называют **поведенческим.**

Разберем первый признак.

1. ТЕСТИРОВЩИК НЕ ЗНАЕТ, КАК УСТРОЕН ВИРТУАЛЬНЫЙ МОСТ

С одной стороны,

тестировщик имеет преимущество перед программистом, т.е. автором кода. Давайте будем честны перед собой: **мы часто принимаем желаемое за действительное.** Особенно это касается того, что мы создали сами, например воображаемого образа любимого человека. Сколько раз каждый из нас заводил романы с абсолютно неправильными, несовместимыми и нередко вредными для нас людьми и утешал себя, что *it's o'k* — притрется, пригладится и поймется. Как показывает жизнь, притирки, пригладки и понимания ни к чему хорошему не приводят, как и попытки заставить программиста произвести функциональное тестирование.

Вот перевод постинга на одном из форумов по тестированию:

"Программист не должен проводить тестирование, и давать релизу зеленый свет. Нужно, чтобы кто-то независимый (человек/отдел) был ответствен за поиск багов и уполномочен "доставать" программиста до тех пор, пока баг не будет починен. Дело в том, что я как программист знаю свой код, и если я сам провожу тестирование, то обязательно буду делать допущения, что какие-либо части кода работают по умолчанию и их можно не проверять. С другой стороны, мои тесты основаны на моем понимании того, как работает код, и не учитывают реальных и порой абсолютно нелогичных вещей, которые будут делаться пользователями с моим кодом. С третьей стороны, у меня на тестирование нет времени, и я не понимаю, почему должен проводить тестирование, если за него платят тестировщикам".

Реальность — это мир, пропущенный через призму субъективного восприятия. Например, каждый родитель свято верит, что его ребенок самый умный, талантливый и перспективный. Код — это дитя программиста, и **в своей реальности** программист нередко воспринимает код как априорно непогрешимый.

Вот вам легенда про призму восприятия:

Когда на пути в Индию корабли Колумба остановились перед одним из Карибских островов, индейцы... этих кораблей не увидели, потому что их призмы восприятия не пропускали образы, абсолютно чуждые тем предметам и явлениям, с которыми они и их предки существовали бок о бок на протяжении тысячелетий. И лишь шаман, учуяв что-то неладное, несколько дней пристально всматривался в горизонт, пока наконец не отделил романтические силуэты испанских фрегатов от привычных океана и неба и не сказал своей пастве: "Опа! Корабли Колумба" (тут, конечно, все сразу настроили свои призмы, увидели не замеченные раньше корабли, деловито погрузили в лодки свиней и поехали менять их на бусы).

Идея, думаю, понятна. Программист пишет, тестировщик тестирует, Филипп Филиппыч оперирует, Айседора Дункан танцует, и никаких разрух.

Итак, блэк бокс-тестировщику, знающему лишь то, **для чего** был написан код (т.е. функциональности), а не **как** он был написан, легче смотреть на тестирование с точки зрения пользователя, для удовлетворения чаяний которого весь софтверный сыр-бор и начался.

С другой стороны,

блэк бокс-тестирование ведется вслепую, так как ни одна из частей виртуального моста неизвестна. Следствием этого может стать ситуация, когда для вещи, проверяемой одним тест-кейсом, пишется несколько тест-кейсов.

Итак, **в случае с черным ящиком тестировщик не знает, как устроен виртуальный мост,** и это может быть как полезно, так и вредно для дела.

Разберем второй признак.

2. ИДЕИ ДЛЯ ТЕСТИРОВАНИЯ ИДУТ ОТ ПРЕДПОЛАГАЕМЫХ ПАТТЕРНОВ *(pattern* — образец) ПОВЕДЕНИЯ ПОЛЬЗОВАТЕЛЕЙ

То, что мы называли вводом (шагами), на самом деле является двумя вещами, которые так же неотрывно связаны, как судьбы Ромео и Джульетты. Речь идет о

сценариях и
данных для сценариев.

Исполнение тестирования может проходить как при наличии, так и без тест-кейсов. Так вот в обоих случаях **сценарий** *(scenario)* — **это последовательность ДЕЙСТВИЙ для достижения фактического результата.**

Пример сценария

1. *Открой www.main.testshop.rs.*
2. *Кликни линк "contact us".*

Если исполнение тестирования идет по тест-кейсам, то можно сказать, что сценарий тест-кейса — это совокупность шагов тест-кейса.

Данные для сценариев, или просто "данные", — это конкретные ЗНАЧЕНИЯ ВВОДА, используемые для достижения фактического результата.

Пример данных

1. *Открой www.main.testshop.rs.*
2. *Введи текст "Затоваренная бочкотара" в поле поиска.*
3. *Нажми кнопку "Искать".*

В последнем примере шаги 1—3 (включительно) были сценарием, а "Затоваренная бочкотара" — данными.

Еще один ***пример данных***

При закрытии счета в одном из интернет-магазинов на последней странице пользователь должен ответить, почему он закрывает счет. Ему дается список из 20 вопросов, и напротив каждого вопроса размещен квадрат, куда можно поставить галочку (checkbox). Так вот если пользователь поставит галочку напротив строк "Служба поддержки" и "Медленная доставка" и нажмет на кнопку "Закрыть счет", то данными будет текст "Служба поддержки " и " Медленная доставка".

Совместим знания о сценариях и данных со вторым признаком подхода "Черный ящик".

Предполагаемые паттерны поведения пользователей — это те **сценарии и данные,** которые, **как мы ожидаем,** будут реализовываться и вводиться пользователями.

Основные источники предполагаемых паттернов поведения пользователей могут быть:

а) **напрямую взяты из спека.**

Пример

Пункт 12 спека #9548 говорит: "Если на странице с регистрационной формой пользователь не указал свой е-мейл, то после нажатия на кнопку "Зарегистрироваться" показывается та же страница, но с сообщением об ошибке: "Пожалуйста, введите ваш е-мейл" и с изменением шрифта имени текстового поля "Е-мейл:" на красный цвет".

Напишем тест-кейс.

ИДЕЯ: "Сообщение об ошибке, если при регистрации не указан е-мейл".

Сценарий:

1. *Открой www.main.testshop.rs/register.htm.*
2. *Заполни все текстовые поля кроме "Е-мейл:" действительными данными (поле "Е-мейл:" должно быть пустым).*
3. *Нажми на кнопку "Зарегистрироваться".*

Ожидаемый результат 1:
Страница регистрации.

Ожидаемый результат 2:
Сообщение об ошибке "Пожалуйста, введите ваш е-мейл".

Ожидаемый результат 3:
Шрифт имени поля "Е-мейл:" изменен на красный цвет.

Кстати, *данными для сценария из последнего примера послужили две вещи: 1) действительный ввод всех полей, кроме е-мейла (мы предполагаем, что лицо, исполняющее тест-кейс, знает легитимные значения ввода), и 2) пустое поле для е-мейла. Значение ввода "" — это тоже вид данных.*

Давайте для простоты в дальнейшем использовать ***термин "сценарий" в качестве собирательного образа, т.е. самого сценария и данных, используемых в нем;***

б) **найдены путем эксплоринга.**

Иногда "брожение" по сайту является лучшим источником для понимания того, как реальный пользователь будет с ним обращаться;

в) **получены путем применения методики черноящичного тестирования** *(black box testing methodology)*.

Примеры: впереди будет много примеров;

г) **подарены интуицией.**

Помните, как у Конан Дойля было сказано об инспекторе Лестрейде? Примерно так: "Но была единственная вещь, которая мешала ему стать настоящим сыщиком, — у него не было чутья".

А чем мы не сыщики? **Интуиция не менее важна для настоящего профессионала-тестировщика, чем прикладные знания и опыт работы;**

д) **присоветованы программистом или продюсером.**

Общение, общение и еще раз общение. Самое дорогое — это информация, и общение — один из главных ее источников. Продюсер, программист и тестировщик дают путевку в жизнь одной и той же функциональности, но каждый смотрит на нее со своей колокольни, и если нам, тестировщикам, получить мнения товарищей с двух других колоколен, то можно узнать потрясающе полезные вещи;

е) **др.**

Например, мы прочитали статью в Интернете, давшую классную идею для сценария.

Итак, мы разобрались со вторым признаком подхода "Черный ящик".

Обобщаем.

При подходе "Черный ящик" тестировщик не основывает идеи для тестирования на знании об устройстве и логике тестируемой части бэк-энда. Идеи формируются путем предпо-

ложений о сценариях, которые будут реализовываться и применяться пользователями. Такие сценарии называются паттернами поведения пользователей.

БЕЛЫЙ ЯЩИК *(white box)*

также известен под именами Стеклянный ящик *(glass/clear box)*, Открытый ящик *(open box)* и даже Никакой ящик *(no box)*.

В отличие от "Черного ящика" **при подходе "Белый ящик" тестировщик основывает идеи для тестирования на знании об устройстве и логике тестируемой части бэк-энда.**

Таким образом, при белоящичном тестировании сценарии создаются с мыслью о том, чтобы протестировать определенную часть бэк-энда, а не определенный паттерн поведения пользователя.

***Пример** из жизни*

Допустим, нужно протестировать проходимость нового российского внедорожника.

При подходе "Черный ящик" тестировщик садится за руль, выезжает за кольцевую — в объятия подмосковной осени, находит непролазную канаву, заезжает в нее и пытается выбраться, т.е. он проделывает вещи, которые с большой вероятностью будут проделаны основными пользователями таких машин — охотниками, рыболовами и рэкетирами.

*При подходе "Белый ящик" тестировщик открывает капот и видит, что установлена система полного привода фирмы "Джапан моторз", модель RT6511. Тестировщик **знает**, что проходимость внедорожника зависит именно от RT6511 и ее слабое место — это эффективность при езде по снегу. Что делает тестировщик? Правильно! Выезжает на белую сверкающую гладь русского поля и насилует джип в свое удовольствие.*

Последний пример не только служит иллюстрацией разницы в подходах, но и показывает, что использование методик обоих подходов количественно и качественно увеличивает покрытие возможных сценариев.

Идем дальше.

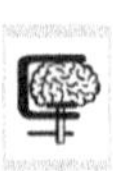

Постановка мозгов

*Покрытие возможных сценариев — это одна из частей архиважнейшей концепции, называемой **тестировочное покрытие.***

Забудем на минуту о ПО вообще и о тестировании в частности.

Представим себе шахматную доску, состоящую из 64 клеток. Единственная фигура, присутствующая на доске, — белый король. Допустим, каждая возможная позиция короля записана на отдельной карточке: "Поставь белого короля на такую-то клетку". Следовательно, у нас есть 64 карточки, или 100% ***теоретически*** *возможных вариантов расположения короля. Если мы будем перемещать короля в соответствии с позициями на карточках, то, последовательно перелистав все карточки, добьемся 100%-й* ***практической*** *реализации предписаний, указанных на карточках.*

Теперь усложним задачу и представим, что у нас есть шахматная доска, количество клеток на которой так велико, что не поддается подсчету. Допустим, что, согласно лишь нам известной логике, в голову нам ударило выбрать лишь 20 позиций, которые мы опять же зафиксировали на карточках. Теперь вопрос: покрывают ли 20 карточек 100% теоретически возможных вариантов расположения короля? Нет. Можем ли мы на 100% практически реализовать предписания, указанные на 20 карточках? Да.

Обратно к тестированию ПО.

Тестировочное покрытие *(test coverage) состоит из двух вещей:*

а. Покрытие возможных сценариев.
б. Покрытие исполнения тест-кейсов.

Покрытие возможных сценариев *— это в большинстве случаев абстрактная величина, так как в большинстве же случаев невозможно даже подсчитать, сколько понадобится тест-кейсов, чтобы обеспечить 100%-ю проверку ПО (например, попробуйте подсчитать количество* ***всех*** *теоретически возможных тест-кейсов для тестирования Майкрософт Ворда-2003).*

Другими словами, ***в большинстве случаев*** *покрытие возможных сценариев нельзя представить как процентное отношение сценариев, зафиксированных в тест-кейсах, ко всем теоретически возможным сценариям.*

Покрытие возможных сценариев может увеличиться либо уменьшиться путем прибавления либо отнятия уникального тест-кейса, т.е. тест-кейса,

- *который тестирует реальный сценарий использования ПО и*
- *который не является дубликатом другого тест-кейса.*

Покрытие исполнения тест-кейсов *— это* ***всегда величина конкретная,*** *и выражается она процентным отношением исполненных тест-кейсов к общему количеству тест-кейсов. Допустим, тест-комплект для тестирования функциональностей спека #1243 "Новые функциональности корзины" состоит из 14 тест-кейсов, и если 7 из них исполнены, то покрытие исполнения тест-кейсов равно 50%.*

Возвращаемся к нашим ящикам.

Симбиоз использования подходов "Черный ящик" и "Белый ящик" увеличивает **покрытие возможных сценариев**

- **количественно,** потому что появляется большее количество тест-кейсов;

- **качественно,** потому что ПО тестируется принципиально разными подходами: с точки зрения пользователя ("Черный ящик") и с точки зрения внутренностей бэк-энда ("Белый ящик").

В реальной жизни белоящичное тестирование проводится либо самими программистами, написавшими код, либо их коллегами с программистской квалификацией того же уровня. Кстати, юнит-тестирование, о котором мы говорили, — это часть *white box*-тестирования.

СЕРЫЙ ЯЩИК *(gray/grey box)*

Это подход, сочетающий элементы двух предыдущих подходов, это

- *с одной стороны*, тестирование, ориентированное на пользователя, а значит, мы используем паттерны поведения пользователя, т.е. **применяем методику "Черного ящика";**
- *с другой* — **информированное тестирование,** т.е. мы **знаем,** как устроена хотя бы часть тестируемого бэк-энда, и активно **используем** это знание.

*Ярчайший **пример***

Допустим, мы тестируем функциональность "регистрация":

- *заполняем все поля (имя, адрес, е-мейл и т.д.) и*
- *нажимаем кнопку "Зарегистрироваться".*

Следующая страница — подтверждение, мол, дорогой Иван Иваныч, поздравляем, вы зарегистрированы.

*Теперь **вопрос:** если мы видим страницу с подтверждением регистрации, то значит ли это, что регистрация была успешной?*
***Ответ:** нет, так как процесс регистрации с точки зрения нашей системы включает не только подтверждение на веб-странице, но и создание записи в базе данных,*

*т.е. **вывод, который стоит проверить, состоит из***

- ***страницы с подтверждением и***
- ***новой записи в базе данных.***

Откуда мы почерпнем знание о логике создания записей в базе данных при регистрации? Например, из технической документации (документ о дизайне/архитектуре системы, документ о дизайне кода), общения с программистом, самого кода.

Как видно из последнего примера, подход "Серый ящик" — это дело хорошее, жизненное и эффективное. Деятельность большинства профессиональных тестировщиков интернет-проектов протекает именно в разрезе сероящичного тестирования.

Пара мыслей вдогонку.

1. Когда мы говорим о поведенческом тестировании, то это не значит, что тестировщик ограничен набором действий, совершаемых пользователем. Во многих случаях специально написанный код используется для облегчения тестирования или для того, чтобы вообще сделать его возможным.

Пример

*При разговоре о формальной стороне тест-кейса мы проверяли баланс кредитной карты до и после покупки на странице www.main.testshop.rs /<четыре_последних_цифры_карты>/balance.htm. В реальности пользователь проверяет баланс кредитной карты на сайте кредитной организации, выдавшей эту карту (например, www.wellsfargo.com), а страница balance.htm является **специальным кодом, написанным для тестирования** с использованием несуществующих кредитных карт.*

***Кстати,** тот факт, что тестировщик использует информацию веб-страницы balance.htm, не означает, что он понимает логику работы кода, отвечающего за списание денег со счета.*

2. Как мы видели на примере с регистрацией, выводом, который нужно было проверить для реального тестирования, послужила не только страница с подтверждением, но и запись в базе данных. **Так как ожидаемый вывод — это ожидаемый результат наших тест-кейсов, то огромное значение для эффективности тестирования имеет поиск именно того ожидаемого результата, который реально подтвердит, что код работает.** Так, если бы в том же самом примере ожидаемым результатом была только страница с подтверждением, то проверка базы данных была бы лишь тратой времени.

2. По объекту тестирования

- Функциональное тестирование *(functional testing)*;
- Тестирование интерфейса пользователя *(UI testing)*;
- Тестирование локализации *(localization testing)*;
- Тестирование скорости и надежности *(load/stress/ performance testing)*;
- Тестирование безопасности *(security testing);*
- Тестирование опыта пользователя *(usability testing);*
- Тестирование совместимости *(compatibility testing).*

ФУНКЦИОНАЛЬНОЕ ТЕСТИРОВАНИЕ *(functional testing)*

Уже говорили и еще будем много говорить.

ТЕСТИРОВАНИЕ ИНТЕРФЕЙСА ПОЛЬЗОВАТЕЛЯ
(UI (читается как “ю-ай”) *testing)*

Это тестирование, при котором проверяются элементы интерфейса пользователя. Мы рассмотрим все основные элементы веб-интерфейса при разговоре о системе трэкинга багов.

Важно понимать разницу между

тестированием **интерфейса** пользователя и
тестированием **с помощью интерфейса** пользователя.

***Пример** первого*

Проверяем максимальное количество символов, которые можно напечатать в поле “Имя” на странице “Регистрация”, т.е. проверяем, отвечает ли конкретный элемент интерфейса, называющийся “однострочное текстовое поле” (textbox), требованию спецификации, которая указывает на максимальное количество символов, которое в этом поле можно напечатать.

***Пример** второго*

Тестируем бэк-энд и с помощью интерфейса создаем транзакцию покупки, т.е. мы использовали интерфейс пользователя как инструмент для создания транзакции.

ТЕСТИРОВАНИЕ ЛОКАЛИЗАЦИИ
(localization testing)

Многогранная вещь, подразумевающая проверку множества аспектов, связанных с **адаптацией** сайта для пользователей из других стран. Например, тестирование локализации для пользователей из Японии может заключаться в проверке того, не выдаст ли система ошибку, если этот пользователь на сайте знакомств введет рассказ о себе символами *Kanji*, а не английским шрифтом.

ТЕСТИРОВАНИЕ СКОРОСТИ И НАДЕЖНОСТИ
(load/stress/performance testing)

Это проверка поведения веб-сайта (или его отдельных частей) при одновременном наплыве множества пользователей.

У каждого, кто пользуется Интернетом, есть опыт ожидания, когда, например, кликаешь на линк и следующая страница медленно высасывает из тебя душу, загружаясь ну оче-е-е-е-нь долго.

Плохой перформанс (скорость работы) — это основная беда российских интернет-проектов.

Менеджмент, который экономит на подобном тестировании, в итоге, как правило, глубоко сожалеет об этом, так как современный интернет-пользователь — это существо ранимое и нервное, если сайт работает медленно, с перебоями или не работает совсем, так как не справляется с наплывом посетителей, то современный интернет-пользователь идет куда? Правильно, на сайт конкурента, тем более что физически никуда идти или ехать не надо, а надо лишь набрать "даблюдаблюдаблю точка адрес конкурента точка ком".

Тестирование скорости и надежности — это отдельная техническая дисциплина, за хорошее знание которой получают очень большие деньги в иностранной валюте.

Как правило, целью такого тестирования является обнаружение слабого места *(bottleneck)* в системе. Под системой подразумеваются все компоненты веб-сайта, включая код, базу данных, "железо" и т.д.

В моей практике был случай, когда из-за того, что один из запросов к базе данных был составлен громоздко (с точки зрения обработки этого запроса системой), одна интернет-компания потеряла много пользователей, так как в течение нескольких дней сайт то работал, то не работал, и никто не мог понять, what the heck is going on ("что за фигня"), пока один из программистов не встрепенулся и не исправил код. Прошу заметить, что функционально старый код работал прекрасно, но с точки зрения перформанса он никуда не годился.

Скорость и надежность веб-сайта профессионально проверяется специальным ПО, которое легко может стоить под 100 тыс. долл. (например, *Silk Performer* от *Segue* или *Load Runner* от *Mercury Interactive)*.

Упомянутое ПО служит:

с одной стороны, для генерации наплыва пользователей,

с другой — для измерения скорости, с какой веб-сайт в среднем отвечает каждому из "наплывших" и
с третьей — для последующего анализа полученных данных.

ТЕСТИРОВАНИЕ БЕЗОПАСНОСТИ *(security testing)*

Одна из знакомых моего друга несколько лет назад наотрез отказывалась пользоваться Интернетом. На вопрос "почему?" она неизменно отвечала, что боится хукеров, чем неизменно вызывала у окружающих смех до икоты, так как на самом деле она имела в виду хакеров (hacker — в современном значении киберпреступник, hooker — девушка легкого поведения).

Шутки шутками, а киберпреступность *(cyber crime)* — это целая криминальная индустрия, доходы ежегодно измеряются миллиардами долларов, которые соответственно теряют корпорации и честные каптруженики.

Тестирование безопасности — это множество вещей, суть которых заключается в том, чтобы усложнить условия для кражи — кражи данных, денег и информации.

Например, *в одной из систем интернет-платежей есть специальный отдел, который профессионально занимается взламыванием... своего же веб-сайта и получает премии за каждую найденную ошибку в системе обеспечения безопасности.*

ТЕСТИРОВАНИЕ ОПЫТА ПОЛЬЗОВАТЕЛЯ
(usability testing)

Призвано объективно оценить опыт пользователя *(user experience)*, который будет работать с разрабатываемым интерфейсом.

Каждый из нас иногда ломает голову над тем, как исполнить желаемое на том или ином сайте. Поясню.

Допустим, вы идете на сайт сети пиццерий и хотите найти пиццерию, ближайшую к вашему дому. Если интерфейс сделан с заботой об опыте пользователя (user friendly interface), то мы быстро найдем вверху (header) и/или внизу (footer) страницы хорошо заметный линк "restaurant locator" либо "store locator" (месторасположение ресторана).

Вопрос: почему такой линк должен быть вверху или внизу страницы и называться именно так?

Ответ: да потому, что это своего рода конвенция, и пользователь, ищущий ближайшую к дому пиццерию, ожидает увидеть линк в этих местах и с таким названием.

При юзабилити-тестировании также проверяется интуитивность интерфейса. Я видел некоторые "гениальные" интерфейсы, которые словно были созданы с целью не допустить достижения страницы, на которой можно оплатить товар.

Еще одним примером ужасного юзабилити является ставшее популярным размещение, скажем, на новостных сайтах больших мигающих баннеров справа от текста, после минуты чтения новостей на таком сайте создается впечатление, что побывал на угарной дискотеке.

Юзабилити-тестирование часто проводится путем привлечения группы потенциальных пользователей с целью собрать впечатления от работы с системой.

В добрые доткомовские времена, на рубеже тысячелетий представители интернет-компаний запросто ловили на улицах Сан-Франциско праздношатающихся разгильдяев и платили им 50 долл. за час работы со свежеиспеченным веб-сайтом. Those were the days, my friend... Those were the days... (непереводимо).

Зачастую опыт пользователя тестируется самими продюсерами во время написания спека и создания макетов. Есть также профессиональные юзабилити-инженеры.

ТЕСТИРОВАНИЕ СОВМЕСТИМОСТИ
(compatibility testing)

Это проверка того, как наш веб-сайт взаимодействует с

- "железом" (например, модемами) и
- ПО (браузерами/операционными системами) наших пользователей.

Пример

Много лет назад, когда Netscape Navigator все еще использовался, а Виндоуз была еще в 98 версии, мы нашли такой баг:

*"Краткое **описание:***

> *"Проблема совместимости: Win'98 перезагружается при входе в систему с Netscape Navigator версии X.X"*

***Описание и шаги** для воспроизведения проблемы:*

1. *Открой www.main.testshop.rs с помощью Netscape Navigator версии X.X, установленной на Win'98 (можно использовать машину из тест-лаборатории).*
2. *Введи "rsavin-testuser11@testshop.rs" в поле "Имя пользователя" и "121212" в поле "Пароль".*
3. *Нажми на кнопку "Вход".*

***Баг:** Win'98 начинает перезагружаться.*
***Ожидаемый результат:** вход в систему.*

Комментарий:
баг воспроизводится только при таком сочетании браузера и ОС".

Из примера почерпнем по крайней мере три вещи:

- при тестировании было найдено такое сочетание браузера/операционной системы, при котором существовал фатальный баг, из-за которого пользователь не только не смог бы войти в *www.main.testshop.rs,* но и терял бы всю свою несохраненную работу;
- проблемы, связанные с совместимостью между веб-сайтом и браузером/ОС, реальны и могут вести к серьезным багам;
- можно (и нужно) создать тест-лабораторию с наиболее **популярными** сочетаниями браузер/ОС, установленными на компьютерах наших пользователей.

Как найти эти популярные сочетания? Очень просто — покопайтесь в Интернете и поищите статистику о пользовании браузеров и ОС.

Что дальше? Дальше включаем компы с популярными ОС, запускаем на них популярные браузеры и исполняем наши тест-кейсы.

Тестирование с разными браузерами называется **кросс-браузер-тестированием** *(cross-browser testing)*.

Тестирование с разными ОС называется **кросс-платформ-тестированием** *(cross-platform testing)*.

***Примером** тестирования совместимости вашего сайта и "железа" является ситуация, когда полноценное пользование вашим сайтом возможно только при наличии видеокарты определенного типа, например поддерживающей технологию DirectX версии X.X. Здесь мы можем, например, протестировать, каков будет опыт пользователя, если у того на машине установлена устаревшая и неподдерживаемая видеокарта (кстати, такое тестирование будет называться **негативным,** но об этом позднее).*

За исключением тех случаев, когда тест-кейсы специально созданы для тестирования совместимости, я не рекомендую указывать в них детали, например, по типу и версии браузера, так как типы и особенно версии меняются. Как мы помним, излишняя детализация приводит к трате времени на поддержание тест-кейсов.

3. По субъекту тестирования

- **альфа**-тестировщик *(alpha tester);*
- **бета**-тестировщик *(beta tester).*

АЛЬФА-ТЕСТИРОВЩИК *(alpha tester)*

Это сотрудники компании, которые профессионально или непрофессионально проводят тестирование: тестировщики, программисты, продюсеры, бухгалтеры, сисадмины, секретарши. В стартапах накануне релиза нередко все работники, включая Харитоныча, сидят по 16 часов кряду, пытаясь найти непойманные баги.

БЕТА-ТЕСТИРОВЩИК *(beta tester)*

Это нередко баловень судьбы, который не является сотрудником компании и которому посчастливилось пользоваться новой системой до того, как она станет доступна всем остальным. За бета-тестирование иногда даже платят деньги (вспомните пример с 50 долл. в час за юзабилити-тестирование).

4. По времени проведения тестирования

ДО передачи пользователю — альфа-тестирование *(alpha testing)*:

- тест приемки *(smoke test, sanity test* или *confidence test);*
- тестирования новых функциональностей *(new feature testing);*
- регрессивное тестирование *(regression testing)*;
- тест сдачи *(acceptance* или *certification test).*

ПОСЛЕ передачи пользователю — бета-тестирование *(beta testing)*

О "**До** передачи пользователю — альфа-тестирование *(alpha testing)*" мы еще поговорим.

О "**После** передачи пользователю — бета-тестирование *(beta testing)*" уже говорили.

5. По критерию "позитивности" сценариев

- **позитивное** тестирование *(positive testing)*;
- **негативное** тестирование *(negative testing)*.

Начнем со второго.

Пример

Допустим, что имя файла с банковскими транзакциями должно иметь определенный формат:

bofa_<YYYYMMDD>_ach.txt,

где YYYY — это год в полном формате (2005), MM — это месяц в полном формате (01 — январь), DD — это день в полном формате (01 — первое число месяца).

Этот файл служит в качестве ввода для программы process_transactions, которая ежедневно в 23:00

автоматически "забирает" его из директории /tmp/input_files/,
анализирует (parse) его и
вставляет данные из него в базу данных.

Предположим, что из-за ошибки кода, генерирующего файл, имя файла от 18 января 2004 г. будет не

- *bofa_2004**0**118_ach.txt (process_transactions ожидает именно и буквально это имя), а*
- *bofa_2004118_ach.txt.*

Какая реакция должна быть у программы process_transactions, если она не может найти файл?

Ответ на этот вопрос может быть найден в спеке, где, например, может быть указано, что в ситуации, когда файл не найден, process_ transactions посылает соответствующему дистрибутивному списку е-мейл:

- *с предметом (e-mail subject)* ***"Ошибка: файл ввода для process_transactions отсутствует"*** *и*
- *содержанием (e-mail body)* ***"Файл bofa_20040118_ach.txt отсутствует в директории /tmp/input_files/".***

Если спек не предусматривает возможности возникновения такой ситуации, то мы как тестировщики должны ее предусмотреть и создать тест-кейс с соответствующим сценарием.

Итак, **сценарий, проверяющий ситуацию, связанную с**

- **потенциальной ошибкой** *(error)* пользователя и/или
- **потенциальным дефектом** *(failure)* в системе,

называется негативным.

Пример *ошибки пользователя*
Ввод ***не****действительных данных в поле “Имя” на странице регистрации.*

Пример *дефекта в системе*
Вышеуказанный пример о ***не****правильной генерации имени файла.*

Создание и исполнение тест-кейсов с негативными сценариями называется НЕГАТИВНЫМ тестированием.

Далее.

Позитивные сценарии — это сценарии, предполагающие нормальное, “правильное”

- **использование** и/или
- **работу системы.**

Первый ***пример*** *позитивного сценария*
Ввод ***действительных*** *данных в поле “Имя” на странице регистрации.*

Второй ***пример*** *позитивного сценария*
Проверка работы системы, когда имя файла имеет ***правильный*** *формат: bofa_2004****0****118_ach.txt.*

Создание и исполнение тест-кейсов с позитивными сценариями называется ПОЗИТИВНЫМ тестированием.

Несколько мыслей вдогонку:

а. Как правило, **негативное тестирование находит больше багов.**
б. Как правило, негативное тестирование — вещь более сложная, творческая и трудоемкая, так как спеки описывают, как должно работать, когда “усе в порядке”, а не как должно работать в ситуациях с ошибками или сбоями.
в. Если есть позитивные и негативные тесты как часть тест-комплекта, то **позитивные тесты исполняются в первую очередь.** Логика:
В большинстве случаев целью создания функциональности является возможность реализации именно позитивных сценариев, т.е. работоспособность позитивных сценариев более приоритетна, чем работоспособность негативных сценариев.
г. Существуют спеки, полностью посвященные тому, как должна себя вести система при ошибках/дефектах. Следовательно, все тестирование такого спека будет негативным.

д. Два полезных термина:

- **обращение с ошибкой/дефектом** *(error handling/failure handling)* — это то, как система реагирует на ошибку/дефект;
- **сообщение об ошибке** *(error message)* — это информация (как правило, текстовая), которая выдается пользователю в случае ошибки/сбоя.

*Маленький **примерчик** вдогонку*

Правильность сообщений об ошибке является намного более серьезной вещью, чем может показаться, при рассуждениях об этом в теории. Например, сегодня я попытался купить по Интернету новую книгу Харуки Мураками:

- *добавил книгу в корзину на одном из сайтов,*
- *вбил номер кредитки в соответствующие поля веб-страницы и*
- *нажал кнопку "Купить".*

Мне выдается сообщение об ошибке: так, мол, и так, проверьте, пожалуйста, номер своей кредитной карты, дорогой пользователь. Я проверяю — все в порядке: и номер карты, и срок действия. Нажимаю "Купить" еще раз — то же сообщение об ошибке. Пробую вбить информацию по другой карте — то же самое. Начиная с этого момента, успешное осуществление акции покупки новой книги Харуки Мураками стало для меня делом принципа. Звоню в службу поддержки, и мне говорят

— А вы, кстати, поставили галочку в чек-бокс (check box), что согласны с нашим соглашением?
— Нет.
— А вы поставьте и попробуйте нажать на кнопку "Купить".
— Ставлю, пробую, работает.
— Ну вот и славненько. Чем-нибудь еще можем быть полезны?
— Ничем. Thank you.

В итоге я потерял 15 минут своего времени, а веб-сайт потерял меня как пользователя, так как "ложечки нашлись, а осадок остался". Все из-за неверного сообщения об ошибке.

6. По степени изолированности тестируемых компонентов

- **компонентное** тестирование *(component testing)*;
- **интеграционное** тестирование *(integration testing)*;
- **системное** (или энд-ту-энд) тестирование *(system or end-to-end testing)*.

Сначала краткие и емкие определения, а затем иллюстрации.

Компонентное тестирование *(component testing)* — это тестирование на уровне логического компонента. И это **тестирование самого логического компонента.**

Интеграционное тестирование *(integration testing)* — это тестирование на уровне двух или больше компонентов. И это тестирование **взаимодействия** этих двух или больше компонентов.

Системное (или энд-ту-энд) тестирование *(system or end-to-end testing)* — это проверка всей системы от начала до конца.

Теперь иллюстрации кратких и емких определений.

Допустим, программисту поставлена задача написать код, который бы находил **полные имена и е-мейлы пользователей,** потративших больше 1000 долл. в нашем онлайн-магазине с момента регистрации. Таким пользователям должен быть отправлен **е-мейл с подарочным сертификатом,** использование которого до 17 ноября включительно предоставит 5%-ю скидку на любую разовую покупку.

Кстати, *для добротного тестирования данной функциональности нужно написать гораздо больше тест-кейсов, чем я приведу, но сейчас наша задача — это понять*

суть каждого из трех рассматриваемых видов тестирования и разницу между ними.

КОМПОНЕНТНОЕ ТЕСТИРОВАНИЕ

Для начала выделим три компонента, которые мы протестировали бы:

1. Создание файла с полными именами, е-мейлами и номерами сертификатов.
2. Рассылка пользователям е-мейлов.
3. Правильное предоставление скидки вышеуказанным пользователям.

Проверяем.

Компонент 1

Проверяем, что создается файл нужного формата

- с полными именами и е-мейлами пользователей, потративших > 1000 долл., и
- номером сертификата для каждого из этих пользователей.

Это позитивное тестирование.

Мы также должны проверить, не затесались ли в наш файл

пользователи, потратившие ≤ 1000 долл.

Это негативное тестирование, связанное с потенциальным дефектом в коде, отвечающем за выбор правильных пользователей.

Компонент 2

Допустим, код первого компонента, который должен был создать для нас файл, не работает. Мы не отчаиваемся, а просто вручную, не ропща на судьбу, создаем файл установленного формата с взятыми с потолка

- е-мейлами,
- полными именами пользователей и
- номерами подарочных сертификатов.

Этот файл мы "скармливаем" программе рассылки е-мейлов и проверяем, что правильные е-мейлы доходят до пользователей из файла (позитивное тестирование).

Компонент 3

Как мы помним, компонент 1 не работает. Что делать?

Сертификат — это как некий код, например "*UYTU764587657*", который нужно ввести во время оплаты, и если сертификат действительный, то итоговая сумма к оплате уменьшается.

В данном случае можно попросить программиста, чтобы тот помог сгенерировать легитимные номера сертификатов. Когда номера сертификатов имеются в наличии, можно, например, проверить, работает ли подарочный сертификат только один раз (позитивное тестирование) или его можно использовать для двух или более транзакций (негативное тестирование, воспроизводящее ошибку пользователя, использующего сертификат более одного раза). Также нужно будет проверить размер скидки (5%) (позитивное тестирование) и действительность сертификата:

до 17 ноября (позитивное тестирование),
17 ноября (позитивное тестирование) и
после 17 ноября (негативное тестирование, воспроизводящее ошибку пользователя, использующего просроченный сертификат).

Кстати, *в случаях когда тестирование связано со сроками (например, сроком истечения сертификата), мы, естественно, не ждем до 17 ноября, а просто меняем системное время тест-машины на нужное время или меняем значение времени в базе данных. Естественно, что такие изменения вы должны предварительно согласовать с коллегами, которые работают на той же тест-машине или с той же базой данных.*

Важный момент: хотя по спеку все три компонента и взаимосвязаны, из-за проблем в коде у нас получилось **компонентное тестирование** в чистом виде. Другими словами, мы тестировали сами компоненты, а не **связь** между ними.

Тестирование связи между компонентами называется **интеграционным тестированием.**

ИНТЕГРАЦИОННОЕ ТЕСТИРОВАНИЕ

У нас есть три связи между компонентами:

а) между 1-м и 2-м компонентами;
б) между 2-м и 3-м компонентами;
в) между 1-м и 3-м компонентами.

Подробности:

а. Компонент 1 генерирует файл со списком
   - е-мейлов и полных имен подходящих пользователей и
   - номерами сертификатов.

   Этот список используется компонентом 2, который ответствен за рассылку е-мейлов.

б. Компонент 2 доставляет пользователю в качестве е-мейла информацию о подарочном сертификате. Пользователь может использовать сертификат (компонент 3), только если он знает правильный номер своего сертификата.

в. Компонент 1 генерирует код сертификата, который используется компонентом 3.

Итак, в нашем случае при интеграционном тестировании у нас есть для проверки 3 связи. Приведем примеры соответствующих тестов на интеграцию.

а. Здесь можно проверить, совместим ли формат файла, созданного компонентом 1, с программой рассылки компонента 2. Например, последняя принимает следующий формат файла:

полное имя пользователя, е-мейл, номер сертификата.

Значения отделены друг от друга запятой *(comma-delimited)*. Информация о каждом новом пользователе — на новой строчке. Сам файл — простой текстовый файл, который можно открыть программой *Notepad*.

Образец файла:

Ferdinando Magellano, f.magellano@trinidad.pt, QWERT98362
James Cook, james.cook@endeavour.co.uk, ASDFG54209
Иван Крузенштерн, ikruzenstern@nadejda.ru, LKJHG61123

Допустим, программист ошибочно заложил в коде, что значения файла разделяются **не запятой** (форматом, принимаемым программой рассылки), **а точкой с запятой:**

Ferdinando Magellano; f.magellano@trinidad.pt; QWERT98362
James Cook; james.cook@endeavour.co.uk; ASDFG54209
Иван Крузенштерн; ikruzenstern@nadejda.ru; LKJHG61123

Когда мы проводим интеграционный тест, мы обнаруживаем, что программа рассылки не принимает файл неподходящего формата, и соответственно никакие е-мейлы до пользователей не дойдут, если этот баг не будет устранен.

б. В данном случае у нас может быть ситуация, когда файл имеет верный номер сертификата, но из-за бага в программе рассылки пользователь получает е-мейл с “неправильным” номером сертификата.

Это может произойти из-за того, что программа рассылки может быть ошибочно сконфигурирована, чтобы “брать” только 9 первых символов из третьей колонки (колонки с номерами сертификатов), т.е. QWERT98362 будет преподнесена пользователю в укороченном виде (truncated): QWERT9836.

Интеграционный тест по использованию номера сертификата, полученного по е-мейлу, может выявить этот баг.

в. Здесь может быть ситуация, когда номер сертификата, сгенерированный компонентом 1, не принимается компонентом 3.

***Пример** такой ситуации*

Компонент 1 сохранил номер сертификата в базе данных в зашифрованном виде, т.е. в целях безопасности использовался алгоритм, который превратил “LKJHG61123”, например, в “&^(*&86%(987$!$#”. Из-за бага в компоненте 3 последний не дешифровал номер сертификата,* *взятый из БД, а просто попытался сравнить эту абракадабру из БД и номер сертификата, введенный пользователем, что привело к тому, что номера не сошлись и легитимная скидка не была предоставлена.*

Должен ли был быть номер сертификата зашифрован или нет, для нас сейчас значения не имеет. Значение имеет тот факт, что баг был обнаружен во время **интеграционного тестирования.**

СИСТЕМНОЕ ТЕСТИРОВАНИЕ

Это тестирование системы (функциональности) **от начала до конца** *(end-to-end)*, т.е. каждый сценарий будет затрагивать всю цепочку: компонент 1 → компонент 2 → компонент 3.

Я рекомендую ставить простой тест-кейс с системным тестом в самое начало тест-комплекта. Так можно сразу увидеть, если что-то явно не в порядке. Это своего рода тест приемки непосредственно для вещи, тестируемой данным тест-комплектом.

***Хорошая идея** вдогонку*

Е-мейл состоит из следующих частей:

е-мейла алиаса;
собаки;
домена почтового сервера;
точки;
глобального домена.

В вашем рабочем е-мейле алиасом будет, как правило, ваши имя (или инициал) и фамилия:

rsavin.

Собака остается собакой, хотя по-аглицки она называется "at" (читается как "эт"):

@

Доменом почтового сервера будет домен компании:

testshop

Точка остается точкой, хотя по-аглицки она называется "dot" (читается как "дот"):

.

Глобальный домен — это зона домена компании, например "com" или "ru":

rs,

т.е. получаем: rsavin@testshop.rs

При тестировании интернет-проектов приходится создавать много счетов пользователей. Загвоздка в том, что е-мейл пользователя, который очень часто является его именем, может быть использован только один раз, т.е. мой рабочий е-мейл rsavin@testshop.rs может быть использован для создания только одного счета.

Что делать? Открывать бесчисленные счета на хотмейлах и яху? Ответ неверный.

Самая хорошая идея: *поговорите с администратором почтового сервера вашей компании, чтобы он модифицировал настройки сервера так, чтобы к вам приходили все е-мейлы следующего формата:*

*rsavin+**sometext**@testshop.rs,*

*т.е. после моего алиаса стоит **знак плюс** и между знаком плюс и собакой **находятся любые легитимные знаки.***

Например, для тестирования компонента 1 я регистрируюсь с е-мейлом:

*rsavin+**component1_test**@testshop.rs*

Таким образом, вы можете создавать тысячи эккаунтов пользователей своего сайта, не регистрируя тысяч новых е-мейл-эккаунтов.

Рекомендую. Очень удобно.

7. По степени автоматизированности тестирования

- **ручное** тестирование *(manual testing);*
- **автоматизированное** тестирование *(automated testing);*
- **смешанное / полуавтоматизированное** тестирование *(semi automated testing).*

О каждом из трех “друзей” будет еще **сказано очень много и в подробностях.** Пока же давайте поговорим концептуально.

РУЧНОЕ ТЕСТИРОВАНИЕ

Это исполнение тест-кейсов без помощи каких-либо программ, автоматизирующих вашу работу. Например, для того чтобы создать эккаунт нового пользователя, мы идем на наш *www.main.testshop.rs,* открываем страницу регистрации, заполняем формы и т.д.

АВТОМАТИЗИРОВАННОЕ ТЕСТИРОВАНИЕ

Это отдельная дисциплина искусства тестирования. Значительная часть эффективности работы отдела тестирования зависит от того, какие задачи отданы для автоматизации и как эта автоматизация была осуществлена. Автоматизация может как принести огромное облегчение всем тестировщикам, так и завалить работу всего отдела и отложить релиз, премию, отпуск и другие сладкие вещи.

Оговорка

Термин "тул" (tool (англ.) — инструмент) используется для обозначения компьютерной программы, как правило, вспомогательного свойства.

Автоматизировать можно сотни вещей. Вот наиболее часто встречающиеся виды автоматизации:

а. Тулы для помощи в черноящичном и сероящичном тестировании.

Например,

- тул, который автоматически создает для нас эккаунт пользователя;
- тул, совершающий запросы к базе данных и генерирующий файлы формата, утвержденного системой *VISA*, используя извлеченные данные;
- тул, генерирующий транзакции покупки в нашем магазине, и т.д. и т.п.

Вариантам нет конца и края. Такие тулы пишутся программистами компании или самими тестировщиками.

***Пример** тула, создающего эккаунты пользователя*

Если набрать в браузере www.main.testshop.rs/tools/register.py (это все, естественно, гипотетически, так как такого сайта в природе не существует), то мы увидим не 10 обязательных полей, которые нужно заполнить, а одно текстовое поле и кнопку "создать тест-эккаунт". Вы просто вводите уникальный е-мейл нового пользователя, например rsavin-testuser1000@testshop.rs, и нажимаете на кнопку. Тул делает за вас все остальное. Пароль для всех эккаунтов будет, например "898989".

Хорошая идея:

> *используется автоматизация для создания новых эккаунтов или нет, очень удобно, когда в компании существует **конвенция для одного пароля** при создании тест-эккаунтов, например "898989".*

Дело в том, что иногда нет времени/возможности создать эккаунт с определенными транзакциями, настройками и т.д., и если такой эккаунт уже существует, то, зная пароль, вы сможете им воспользоваться.

При этом помните о деловой этике, и если этот эккаунт создан не вами, то по возможности вежливо спросите у "хозяина" эккаунта разрешение.

б. Программы для регрессивного тестирования

Это специальное ПО, созданное для буквального воспроизведения действий тестировщика.

Пример

Согласно тест-кейсу вы должны

- *войти в систему,*
- *выбрать товар,*
- *положить его в корзину,*
- *заплатить и*
- *удостовериться, что баланс на кредитной карте уменьшился на сумму покупки.*

Чтобы исполнить этот тест-кейс, вы должны запустить браузер, ввести имя пользователя и пароль, нажать на кнопку "Вход"... и, в конце концов, сравнить фактический и ожидаемый результаты.

Теперь представьте себе, что некая программа делает те же самые действия, что и вы, т.е. сама запускает браузер, печатает, где положено, имя пользователя и пароль, нажимает на кнопку "Вход"... и, в конце концов, сравнивает ожидаемый и фактический результат и сообщает вам о нем (через сообщение на экране, запись в файле, е-мейл и т.д.).

Такое ПО, как правило, поддерживает режим "Запись / Воспроизведение", т.е. когда мы нажимаем на кнопку "Запись" и начинаем кликать мышками и клацать клавишами клавиатуры, ПО записывает наши действия и, когда мы закончили, генерирует код. Этот код мы можем запустить с этим же ПО, и оно воспроизведет все наши клики и клацы, т.е. буквально будет водить курсором мышки, набирать текст и т.д.

Такое ПО, как правило, имеет собственный язык программирования, т.е. можно не записывать свои действия, а непосредственно написать код, что и делается теми, кто профессионально работает с таким ПО.

Наиболее популярная и мощная программа для автоматизации регрессивного тестирования веб-проектов — это *Silk Test*, выпускаемый компанией *Segue*.

У нас будет отдельная беседа о хороших и плохих вещах, связанных с автоматизацией регрессивного тестирования.

в. Программы для тестирования скорости и надежности

О таком ПО мы уже говорили. И так как *stress/load/performance testing* — это песня не нашего черно-сероящичного репертуара, петь, т.е. говорить, о них больше не будем.

г. Прочие программы

Это, например, "Проверяльщики линков" *(link checkers)*.

СМЕШАННОЕ/ПОЛУАВТОМАТИЗИРОВАННОЕ ТЕСТИРОВАНИЕ

Здесь ручной подход сочетается с автоматизированным. Например, с помощью тула я создаю новый эккаунт и потом вручную генерирую транзакцию покупки.

8. По степени подготовки к тестированию

- тестирование по тест-кейсам *(documented testing);*
- интуитивное тестирование *(ad hoc testing).*

Здесь все просто. Есть тестирование по тест-кейсам, а есть тестирование *ad hoc (лат.* — для этой цели, читается как “эд-хок”), т.е. мы просто интуитивно роемся в ПО, пытаясь найти баги. Интуитивное тестирование, как правило, применятся:

- тестировщиком в качестве теста приемки и/или теста сдачи (если тест-кейсы для них не формализованы в документации);
- тестировщиком в качестве успокаивающего для сердца в довесок к документированным тестированию новых функциональностей и регрессивному тестированию;
- тестировщиком, который только что пришел в компанию, где код уже написан и нужно срочно все протестировать;
- когда бухгалтерия и менеджмент протягивают тестировщикам руку помощи перед релизом;
- в других случаях, когда нет тест-кейсов.

Нужно отметить, что **эд хок-тестирование часто дает поразительные результаты:** бывает, исполняешь только что пришедшие в голову сценарии, которые и не снились при подготовке к тестированию, и находишь дородные, розовощекие и ухмыляющиеся баги.

Краткое подведение итогов

1. Мы классифицировали основные виды тестирования в интернет-компаниях.
2. Мы узнали о трех основных подходах к тестированию: “Черный ящик”, “Белый ящик” и “Серый ящик”. Водораздел между ними лежит в плоскостях степени знания о внутренностях системы и ориентированности на надежды и чаяния конечного пользователя.
3. Мы узнали, что паттерн поведения пользователя составляют сценарии и данные для них (хотя мы стали все это вместе называть сценариями).

4. Мы узнали об основных источниках знания о потенциальных паттернах поведения пользователей.
5. Мы узнали концепцию тестировочного покрытия.
6. Мы узнали, что количественное и качественное тестирование обеспечивается путем слияния в оргазме черноящичных и белоящичных методик тестирования.
7. Мы узнали, что мало быть хорошим человеком. Надо еще понимать, какой ожидаемый вывод является тем самым ожидаемым результатом, который приведет нас к реальному тестированию.
8. Мы поняли разницу между тестированием **интерфейса** пользователя и тестированием **с помощью интерфейса** пользователя.
9. Мы удивились, узнав, что код, прекрасно работающий функционально, может привести к сбою в работе веб-сайта (проблемы перформанса).
10. Мы прочувствовали, что несовместимость — это проблема не только человеческих отношений, но и отношений нашего сайта с “железом” и ПО пользователя.
11. Мы запомнили, что, как правило, позитивные тесты исполняются в первую очередь.
12. Мы прошли шаг за шагом от компонентного до системного тестирования.
13. Мы разобрались в видах автоматизации.
14. Мы отметили, что интуитивное (эд хок) тестирование иногда приносит превосходные результаты.

Задание для самопроверки

Приведите, пожалуйста, классификацию видов тестирования с определением каждого из них.

ЧАСТЬ 3

ПОДГОТОВКА К ТЕСТИРОВАНИЮ

- НИГИЛИСТИЧЕСКИЙ НАСТРОЙ И ПРАКТИЧЕСКАЯ МЕТОДОЛОГИЯ

ИСПОЛНЕНИЕ ТЕСТИРОВАНИЯ

- ЖИЗНЬ ЗАМЕЧАТЕЛЬНЫХ БАГОВ
- ИСПОЛНЕНИЕ ТЕСТИРОВАНИЯ. СТАДИЯ 1: ТЕСТИРОВАНИЕ НОВЫХ ФИЧА *(New Feature Testing)*
- ИСПОЛНЕНИЕ ТЕСТИРОВАНИЯ. СТАДИЯ 2: РЕГРЕССИВНОЕ ТЕСТИРОВАНИЕ *(Regression Testing)*

Экзамен по логике
— Возвращайтесь, когда выучите теорию аргументации!..
Экзамен по логике
— Теория суха, мой друг, а древо жизни вечно зеленеет.
— Доченька?!

ПОДГОТОВКА К ТЕСТИРОВАНИЮ

НИГИЛИСТИЧЕСКИЙ НАСТРОЙ И ПРАКТИЧЕСКАЯ МЕТОДОЛОГИЯ

- МЕНТАЛЬНЫЙ НАСТРОЙ ТЕСТИРОВЩИКА
- МЕТОДЫ ГЕНЕРИРОВАНИЯ ТЕСТОВ
- МЕТОДЫ ОТБОРА ТЕСТОВ

Подготовка к тестированию с точки зрения тестировщика включает:

1. **Написание новых тест-кейсов и/или**
2. **Изменение существующих тест-кейсов и/или**
3. **Удаление существующих тест-кейсов.**

Иногда требуется создание/модификация тест-тулов, но об этом мы здесь говорить не будем, так как фактически тест-тулы — это чистой воды программирование, облегчающее исполнение тест-кейсов.

Кстати, *дни начала и завершения подготовки к тестированию указаны в расписании тестирования (test schedule), которое является публичной (в пределах компании) информацией. Таким образом, тестировщик может рассчитывать свои силы, т.е. уходить с работы в 4 дня или 4 утра в зависимости от достигнутого им прогресса.*

Постановка мозгов

Многие вещи, о которых мы будем говорить, могут показаться теоретически простыми, но пусть эта псевдопростота не вводит вас в заблуждение.

Приведем аналогию с шахматами. Взрослому человеку нужно 5 минут, чтобы запомнить правила (как ходят/бьют пешки и фигуры, правила рокировки и пр.), а для того чтобы стать мастером игры, нужны сотни сыгранных партий.

То же самое и с методами тестирования: понять базовые элементы и концепции особого труда не составит. Для того же, чтобы стать эффективным профессионалом, понадобятся месяцы и годы практического применения этих элементов и концепций на реальном ПО.

Для тестировщика подготовка к тестированию — это наиболее сложный, творческий и интересный процесс.

Венцом этого процесса являются тест-кейсы, которые после их исполнения на стадии “Исполнение тестирования” смогли бы превентировать встречу пользователей и багов.

Мы — ловцы. И тест-кейсы — это сеть, которую мы

- плетем (подготовка к тестированию) и
- используем (исполнение тестирования).

Как мы помним, тест-кейс содержательно состоит по крайней мере из ожидаемого результата, но, как правило, это комбинация:

- идеи тест-кейса,
- сценария и
- ожидаемого результата.

И те, и другие, и третьи можно почерпнуть из множества источников:

- спеков,
- опыта,
- эксплоринга,
- общения,
- интуиции и
- других кладезей информации.

Вопрос: что отличает тестировщиков от других участников процесса разработки ПО, которые тоже могут придумать тест-кейсы, основываясь на спеках, опыте, эксплоринге и т.д.?
Ответ: отличают нас две профессиональные вещи:

- **ментальный настрой;**
- **инструментарий, т.е. прикладные знания.**

Сначала о *ментальном настрое* замолвим мы слово.

Ментальный настрой тестировщика

Помните наблюдение, что, попадая в лес,

- плотник видит доски,
- художник — пейзажи, а
- биолог — материал для диссертации?

Так вот,

- для пользователя код — это инструмент для выполнения каких-либо неотложных задач (например, покупки устройства для подзаводки автоматических часов);
- для продюсера — реализация гениальных идей менеджмента, увековеченных в спеке;
- для программиста — кусок хлеба с черной икрой;
- **для тестировщика код — это убежище багов.**

Постулат ***"Software has bugs"*** **("ПО содержит баги")** — это не выдумка лицемеров и лжесвидетелей, а **вселенский закон,** кормящий тестировщиков, а следовательно, и их жен, детей, говорящих попугаев и лысых кошек. Не будем же лишать наших домочадцев лакомого куска и раскроем свое сердце истинной сути вещей, заключающейся в том, что **ПО своей природе — это багосодержащее и неблагонадежное существо.**

Еще раз:

код — это убежище багов.

Итак, навесив ярлыки, идем дальше...

Как известно, **ищущий да обрящет** (из этого не следует, что не ищущий не сможет обрести. Однако логичнее предположить, что именно тот, кто ищет, найдет больше. По крайней мере, как правило...).

Тестирование — это ПОИСК багов.

"ПОИСК" — это ключевое слово, точно раскрывающее смысл нашей профессии, которая принципиально требует от нас, как и от сыщиков, и прикладных знаний, и интуиции, и ментальных установок.

> ***Постановка мозгов***
>
> *Концепция "поиска багов" как пути, по которому идет тестировщик для превентирования свидания пользователя и багов,* ***начисто отметает*** *идею о том, что тестировщик, подобно ОТК (отдел технического контроля в СССР), сертифицирует продукт на качество и ставит штамп "Проверено, багов нет". Ничего мы не сертифицируем, да и штампов у нас нет, кроме тех самых... в паспорте...*

Еще раз: **основа работы тестировщика — это поиск багов.** Тестировщик не занимается поиском доказательств того, что ПО работает.

Мы должны настроить себя на поиск багов в коде, который является убежищем этих самых багов. *Nice and simple.*

Основой такого настроя — **ментального настроя тестировщика — является деструктивное мышление, полное подозрительности, недоверия и априорного отрицания даже потенциального наличия добродетелей — все в отношении ПО.** Мы должны твердо верить в то, что **"был бы код, а баги найдутся"**.

Пытливый ум внимательного слушателя сразу же сгенерирует вопрос, на который я тут же отвечу.

Вопрос: «О каком деструктивном мышлении мы можем говорить, если у нас есть такое понятие, как "позитивное тестирование", и позитивные тест-кейсы настолько важны, что мы исполняем их в первую очередь?»
Ответ: "Позитивное тестирование и принцип первичного исполнения позитивных тест-кейсов — это технический аспект. Деструктивность в мышлении — это аспект ментальный. Даже если мы создаем тест-кейс с позитивным сценарием, мы должны искать способ, чтобы обнаружить баги".

Дорогие друзья! Взращивайте и лелейте в себе неисправимый пессимизм в отношении идеи о коде, свободном от багов.

Смотрите на код как на виртуальную вещь, которая в процессе тестирования послужит еще одним доказательством постулата о несовершенстве мира. **Если вы настроите себя на деструктивное мышление в отношении кода, то ваша интуиция включится на всю катушку и прекрасные идеи для тест-кейсов будут стаями роиться в ваших головах, как только вы прочитаете спек.**

Парочка сладких десертов

— Скажите, а исполнится ли загаданное желание, если я загадаю его, сидя между двумя программистами?
— Конечно, исполнится, но... будет глючить!

Хирург, инженер и программист сидят в баре и обсуждают, чья профессия является древнейшей:

Хирург: *Моя профессия является древнейшей, потому что Богу нужны были знания по хирургии, чтобы извлечь из Адама ребро.*
Инженер: *Но еще до этого был хаос, и, чтобы сделать мир из хаоса, Богу нужны были инженерные знания.*
Программист: *Ха! Кто же, как вы думаете, создал весь этот хаос?*

Теперь, настроенные и решительные, переходим к профессиональным прикладным знаниям, а именно к **методологии создания тест-кейсов** *(testcase design methodology)* (далее — методология).

В одной из прошлых бесед мы говорили
о первой части методологии — **формальной стороне** построения тест-кейса.

Сегодня же речь пойдет
о второй ее части — **содержательной стороне** тест-кейса.

Искусство создания содержательной части тест-кейсов заключается в нахождении тех "золотых"

- **идей тест-кейсов,**
- **сценариев** и
- **ожидаемых результатов,**

которые при исполнении тестирования помогли бы обнаружить больные, багосодержащие места тестируемого ПО.

Какие два этапа составляют процесс, называемый "выбор"?

1. Сначала нам нужно увидеть, что имеется в наличии.
2. Затем, используя некий критерий (-ии), мы выбираем или не выбираем.

Например, *выбирая щенка,*

1) *мы должны увидеть одного или больше щенков (что имеется в наличии) и затем*
2) *посмотреть, как весело он (они) бегает, как блестят его глазенки и пр. И посмотрев, решить — брать или не брать.*

Подход к выбору сценариев концептуально схож:

1. Что имеется в наличии, мы видим после использования **методов генерирования тестов** *(methods of test generation)*;
2. Орудиями отбора являются **методы отбора тестов** *(test selection criterion)*.

Развертываем:

Методы генерирования тестов:

1. Черновик-чистовик *(dirty list-white list)*;
2. Матричная раскладка *(matrices)*;
3. Блок-схемы *(flowchart)*.

Методы отбора тестов:

1. Оценка риска *(risk estimate)*;
2. Эквивалентные классы *(equivalent classes)*;
3. Пограничные значения *(boundary values)*.

Методы генерирования тестов

1. Черновик-чистовик *(dirty list-white list)*.
2. Матричная раскладка *(matrices)*.
3. Блок-схемы *(flowchart)*.

1. "ЧЕРНОВИК-ЧИСТОВИК"

Это самый простой и практичный метод. Суть проста. Два этапа:

а. Черновик *(dirty list)*

В процессе (и/или после) прочтения спека, эксплоринга ПО и/или получения информации о ПО другим способом, **не анализируя и отдавшись вдохновению и фантазии,** мы просто набрасываем на лист бумаги (или в файл Ворда), являющийся черновиком *(dirty list)*, **ВСЕ** идеи, связанные с тестированием, которые только могут прийти в голову, — идеи в самом широком смысле этого слова, включая идеи для тест-кейсов, сценарии, отдельные элементы сценариев (шаги и/или данные), ожидаемые результаты, вопросы для выяснения у продюсера и пр.

Еще раз: **ВСЕ** идеи — даже самые на первый взгляд далекие от здравого смысла. Локальный мозговой штурм.

б. Чистовик *(white list)*

Затем мы **начинаем анализировать** написанное (и, если нужно, получать ответы на вопросы) и переносим на чистовик вещи, имеющие право на жизнь. Право на жизнь определяется на основании информации из спека, общения, интуиции, критериев отбора тестов, разговора с программистом и пр. При переносе на чистовик мы также уточняем наши идеи и группируем их (например, по позитивности и негативности; по функциональным направлениям и т.п.). Таким образом, как правило, первый чистовик превращается во второй черновик, и мы берем следующий лист бумаги и, надеясь, что он будет чистовиком, начинаем переносить на него наши идеи и т.д. В итоге в один из светлых майских дней мы все-таки получаем чистовик. На основании материала из чистовика мы пишем тест-кейсы.

Сейчас рекомендую вам немедленно взять ручку, лист бумаги и потратить 15 минут на генерацию черновика по тестированию автомата для продажи банок с колой (любимый тест рекрутеров из “Майкрософта”). Начинаем:

- Проверить, что покупателю выдается именно та банка, которую он хочет.
- А что, если покупатель нажмет на кнопку два раза?
- А что, если покупатель попробует наклонить аппарат, чтобы банки посыпались как из рога изобилия?
- Проверить, что правильно выдается сдача.
- Какая реакция на монетку иностранного государства?
- И т.д. и т.п.

После того как черновик готов, потратьте 15 минут на составление чистовика и затем 30 минут на составление тест-кейсов по полной форме:

- идея,
- сценарий (шаги и данные) и
- ожидаемый результат.

Ручаюсь, что этот час окупится сторицей, чем бы вы ни занимались в жизни, и вы ни разу не пожалеете, что потратили 60 минут времени на подобный тренинг.

2. МАТРИЧНАЯ РАСКЛАДКА

Давайте без прелюдий и патетики перейдем к примеру.

Украдем макет первой страницы регистрации из цикла разработки ПО:

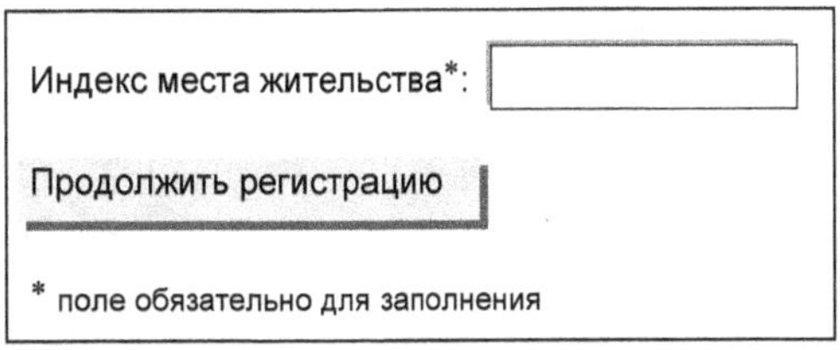

Сделаем матричную раскладку.

Этап 1. Набросок элементов (табл. 1)

Таблица 1

Набросок элементов

Индекс	**Индекс_эл_001**	**Индекс_эл_002**	**Индекс_эл_003**	**Индекс_эл_004**	**Индекс_эл_005**	**Индекс_эл_006**	**Индекс_эл_007**	**Индекс_эл_008**	**Индекс_эл_009**	**Индекс_эл_010**
Индекс введен?										
да	x									
нет		x								
Индекс действующий?										
да			x							
нет				x						
Значения индекса										
6 цифр					x					
5 цифр						x				
7 цифр							x			
Включает буквы								x		
Включает специальные символы (например, &)									x	
Включает пробелы										x

Таким образом, у нас получилось 3 подгруппы:

1. "Индекс введен?"
2. "Индекс действующий?" (существует ли адрес с таким индексом в Российской Федерации?)
3. "Значения индекса".

Каждый из элементов имеет свой уникальный *ID*, например, элемент, когда пользователь вводит в поле индекса 6 цифр, мы обозначили как Индекс_эл_005 (элемент номер 005 страницы с индексом).

Буквенная часть ID (Индекс_эл) — это вещь произвольная. Просто мне кажется, что для разбираемого примера это название интуитивно и логично.

Прошу заметить, что мы набросали элементы как позитивных, так и негативных сценариев.

Этап 2. Комбинация элементов (табл. 2)

Теперь мы начинаем комбинировать элементы между собой.

Таблица 2

Комбинация элементов

Индекс	**Индекс_ком_001**	**Индекс_ком_002**	**Индекс_ком_003**	**Индекс_ком_004**	**Индекс_ком_005**	**Индекс_ком_006**	**Индекс_ком_007**	**Индекс_ком_008**
Позитивные тесты								
индекс действителен, 6 цифр действующего российского индекса: 119602	x							
Негативные тесты								
индекс недействителен, 6 цифр: 000000		x						
индекс недействителен, 5 цифр: 11960			x					
индекс недействителен, 7 цифр: 1196021				x				
индекс недействителен, буквы: 1196o2 (буква “o” вместо нуля)					x			
индекс недействителен, специальные символы: 11(602 (символ “(“ вместо девятки)						x		
индекс недействителен, пробел между цифрами: 1196 02							x	
пустое место								x

Как видно, мы **скомбинировали элементы табл. 1 в сценарии.** У каждого из сценариев есть свой уникальный *ID*, например сценарий, когда в поле индекса не вводится никакого значения, проходит под штампом Индекс_ком_008 (комбинация номер 008 страницы с индексом).

Кстати, *обратите внимание:*

- *в данном конкретном примере мы играем с частью сценария под названием “данные” (варианты индекса),*
- *сначала расписываем позитивные, а затем негативные сценарии,*
- *сценарий Индекс_ком_008 не был комбинацией элементов табл. 1, а напрямую следовал из элемента Индекс_эл_002.*

Вопрос: зачем мы присваивали уникальный *ID* каждому из элементов в табл. 1, если мы их не используем?
Ответ: иногда в табл. 2 вписывается не содержание элементов (как мы это сделали), а *ID*. Кроме того, если у элемента есть *ID*, то это просто удобно для ссылки.

Например

* *при обсуждении, когда у вас и вашего коллеги есть по экземпляру табл. 1 или*
* *когда я рассказываю вам о матричном методе.*

Итак, у нас есть 8 сценариев для страницы, когда пользователь должен ввести некое значение (либо пустое место) для индекса места жительства. Мы можем сразу же, используя эти сценарии, написать тест-кейсы. Ожидаемым результатом для всех, кроме Индекс_ком_001, будет перезагрузка страницы с индексом с сообщением об ошибке:

"Введите действительный российский индекс". При этом текст "Индекс места жительства*" будет красного цвета.

Для Индекс_ком_001 ожидаемым результатом будет следующая страница:

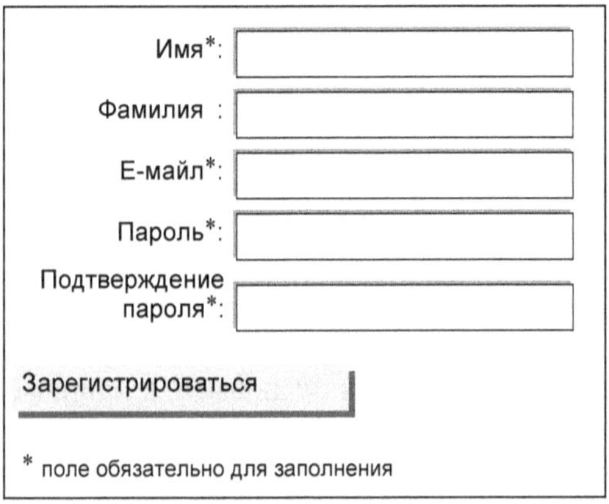

Теперь вспомним об этапах покупки книг:

а. Регистрация (если нет счета пользователя).
б. Заполнение книгами виртуальной корзины.
в. Редактирование корзины: какие-то книги может убрать, каких-то купить больше, чем одну.

г. Указание деталей доставки.
д. Оплата.

Так вот мы придумали сценарии только для первой части нашей версии регистрации (вторая часть — это страница с именем, фамилией, е-мейлом, паролем и подтверждением пароля). У второй части тоже будут свои табл. 1 и табл. 2.

Более того, **у каждого из остальных этапов тоже могут быть свои одна или более связок табл. 1 — табл. 2.**

Черноящичное тестирование веб-проекта — это манипуляции с одной или больше веб-страниц, зависимых друг от друга, определенная комбинация которых ведет нас к определенному ожидаемому результату.

Таким образом, иногда появляется потребность

- в табл. 3, когда сценарии из табл. 2 становятся элементами более сложных сценариев,
- в табл. 4, когда сценарии из табл. 3 становятся элементами еще более сложных сценариев,
- и т.д.

Кстати,

иногда в табл. 1 мы сразу отражаем возможные значения для нескольких связанных между собой веб-страниц.

Я знаю, что матричный метод в начале работы по нему кажется сложным и запутанным. Единственный способ освоить его — это использовать на практике, что мы с вами сейчас и сделаем.

Однажды в классе по "юниксу" на занятии по теме "Регулярные выражения" (наука поиска паттернов в тексте) один товарищ удивительно метко выразил физическое состояние всех студентов: "Это как операция на головном мозге". Я не удивлюсь, если в начале использования матричного метода у вас будет схожее состояние.

Итак, предлагаю вам сейчас самостоятельно создать табл. 1 и табл. 2 для второй части регистрации. Также прошу вас написать тест-кейсы по полной форме на каждый из сценариев первой и второй частей регистрации.

Далее.

Одна из прелестей матричного подхода заключается в наглядности — мы видим перед собой таблицу со структурированными вариантами сценариев, и нам удобно комбинировать их в более сложные сценарии или непосредственно переносить их в тест-кейсы.

Кстати, *во многих случаях нет смысла идти дальше табл. 1, например когда сценарии для тест-кейсов непосредственно вытекают из элементов табл. 1 или когда сценарии для тест-кейсов можно просто домыслить, скомбинировав в уме элементы табл. 1.*

3. БЛОК-СХЕМЫ

В беседе о продюсерах и вещах, которые им нужно улучшить в своей работе, мы уже говорили о блок-схемах. **Блок-схема — это графическая презентация некого процесса.**

Блок-схемы допускают разные уровни абстракции, например процесс регистрации можно представить и в таком виде:

Процесс регистрации

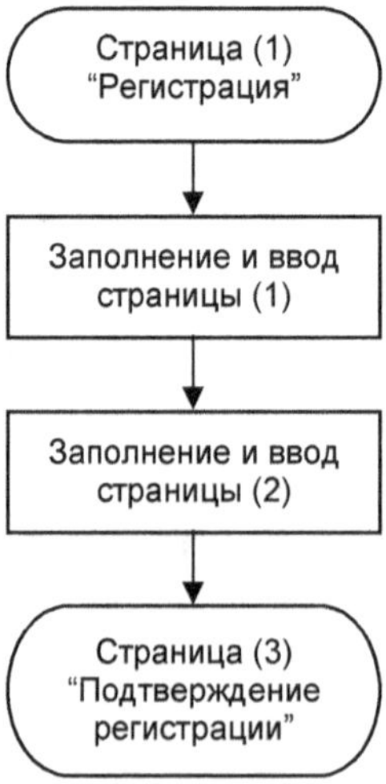

Эта блок-схема и ее сестра из беседы о цикле разработки ПО

- похожи тем, что демонстрируют нам **логику** работы регистрации и
- различаются тем, что имеют различную **детализацию** этой логики.

В своей работе **тестировщики используют ту степень детализации, которая нужна для конкретной ситуации:** если мы тестируем **саму** регистрацию, то нам необходима большая степень детализации (процесса регистрации) по сравнению с ситуацией, когда нам нужно увидеть место регистрации как часть процесса покупки.

Идея о разных степенях абстрагированности раскладки в зависимости от того, ЧТО и КАК мы тестируем, напрямую относится и к черновику-чистовику, и к матричному методу.

Вот элементарные, непробиваемые и вечные формы (блоки) для составления блок-схем, которых вам будет достаточно в большинстве ситуаций:

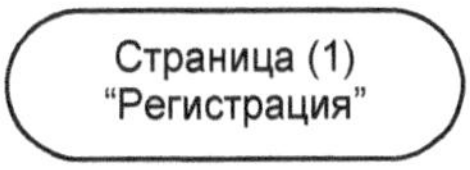

Точка начала/конца блок-схемы может содержать название этой точки (например, название веб-страницы) или просто и со вкусом величаться “Начало”/“Конец”.

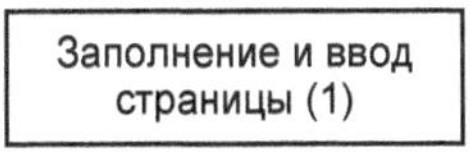

Это **любой** этап процесса, **кроме этапов начало/конец, решение или перенос.**

Решение — некая точка, после которой возможны, как правило, два варианта развития процесса.

Перенос ставится в том случае, если данное ответвление процесса представлено (будет представлено) другой блок-схемой.

Вот несколько рекомендаций по составлению блок-схем.

1. Перед составлением блок-схемы назовите **основной процесс,** описываемый ею, например “Процесс регистрации”.
2. Сначала набросайте путь основного течения процесса, например, в случае с регистрацией это три блока, показанные на последней блок-схеме (страница 1, страница 2 и подтверждение).
3. Называйте каждый блок кратко и информативно.
4. Приводите ссылки на полезную информацию, например, см. Спек # 9017 — это ссылка на соответствующий спек.

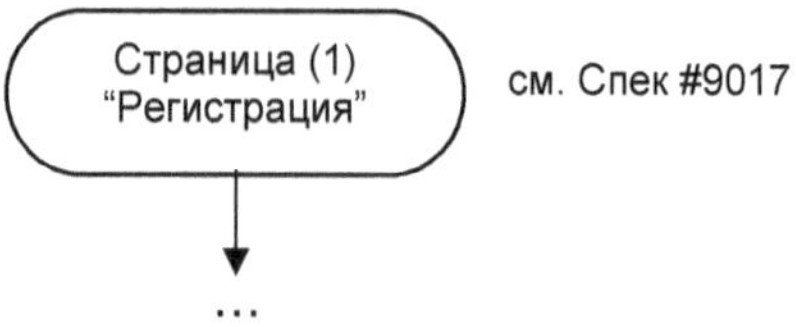

5. Для наглядности презентации старайтесь скомпоновать блок-схему таким образом, чтобы процесс шел сверху вниз и слева направо.
6. Для превентирования ошибки в толковании избегайте пересечения стрелок.
7. Протестируйте (проверьте) законченную блок-схему на предмет соответствия спеку или другому источнику.

Для тренировки нарисуйте блок-схему следующей ситуации.

Идея: вскипятить чайник.

Вот вам в помощь блоки решений, которые предстоит разложить в блок-схеме:

1. Вода в чайнике есть/нет.
2. Плита включена да/нет.
3. Чайник кипит да/нет.

Для совершенствования в составлении блок-схем очень рекомендую найти ресурсы в Интернете или купить книгу.

Блок-схемы — это визуальные источники идей для тестирования. Кроме того,

как и в случае со всеми методами генерации тестов, процесс создания блок-схем вызывает рождение множества превосходных идей для тестирования, открывает тестировщику новые грани ПО и вызывает ряд вопросов, которые не возникли бы при простом прочтении спека.

Политический момент

как известно,

> *теория (простое прочтение спека перед его утверждением) и практика (работа со спеком при создании тест-кейсов) — это две разные вещи.*

На “практике”, если спек более или менее сложный, неизбежно возникнет необходимость в уточнениях.

Знайте, что отвечать на вопросы по спеку — это святая обязанность продюсера.

Вы имеете право, нет, ОБЯЗАНЫ задать ему ВСЕ вопросы по спеку, которые у вас возникнут, ибо шкуру будут спускать с вас, а не с него, если вы из-за неотвеченных вопросов пропустите баги.

Кстати, обязательно сохраняйте всю переписку в отдельном фолдере (папке) е-мейл клиента (дайте фолдеру наименование (ID) спека): вдруг продюсер дал вам уточнение, оно было неверным, вы написали тест-кейс с ошибкой/не написали тест-кейс вовсе и пропустили серьезный баг?

Нет е-мейла — нет доказательств, есть е-мейл — есть доказательства.

Если уточнение по спеку было сделано устно, пошлите е-мейл продюсеру, где опишите то, как вы поняли уточнение, и спросите "Я правильно понял?".

Если продюсер не отвечает, пошлите ему тот же е-мейл из фолдера е-мейл клиента "Отправленная почта", чтобы он видел, что уже один раз проигнорировал ваш запрос.

Если ответа снова нет и продюсер не болен, не уехал на ПМЖ в Австралию, а даже очень здоров, строит дачку в Малаховке, и вы видите его в столовой каждый день, то просто перешлите последний из е-мейлов продюсера своему менеджеру и сообщите ему, что не можете работать по спеку.

Менеджер не будет сам говорить с ним, а переправит ваш е-мейл менеджеру продюсеров, чтобы тот спросил у продюсера: "В чем, собственно, дело?" Даю гарантию, через час продюсер сам прилетит к вам, как ни в чем не бывало хлопнет по плечу, как лучшего друга, и проведет с вами столько времени, сколько нужно, травя байки и находя удачные аналогии для того, чтобы вы лучше поняли материал. ***"Бизнес есть бизнес", вы ищете баги и, чтобы быть эффективным, должны получить всю информацию по спеку.***

Теперь суперважная вещь в отношении методов генерирования и отбора тестов.

Превосходные результаты дает **комбинирование методов.**

Например, *можно набросать черновик и в качестве чистовика создать табл. 1, сгруппировав в ней идеи из черновика.*

С другой стороны, имея табл. 1, табл. 2 и т.д., можно использовать метод черновик-чистовик, чтобы выделить сценарии из элементов табл. 1, табл. 2 и т.д.

С третьей стороны, можно создать блок-схему, чтобы нагляднее видеть процессы, описанные в таблицах, и найти новые интересные идеи.

В общем бесчисленное множество комбинаций и огромное поле для творчества! Как мы уже говорили, **в тестировании НЕТ ДОГМ** и даже сами основы отрасли знания “Тестирование” постоянно находятся под обстрелом, так что дерзайте и находите именно те приемы и методы, которые будут **работать для вас в тех ситуациях, в которых вы будете работать.**

Методы отбора тестов

1. Оценка риска *(risk estimate).*
2. Эквивалентные классы *(equivalent classes).*
3. Пограничные значения *(boundary values).*

Общая вещь: **методы отбора тестов применяются во время или после генерирования тестов.**

1. ОЦЕНКА РИСКА *(risk estimate)*

Представьте, что вы только что прикупили отель где-нибудь в горах Сьерра-Невада в Северной Калифорнии. У вас нет опыта работы менеджером отеля, но вы чувствуете себя абсолютно уверенным в своей новой роли, так как у вас есть высшее образование в области физики твердого тела и такую фигню, как управление отелем, вы, конечно, осилите на раз.

К вашему отелю ведут три дороги:

- *первая* соединяет отель и ответвление скоростной магистрали,
- *вторая* соединяет отель и дорогу, ведущую к горнолыжным курортам,
- *третья* соединяет отель и небольшую проселочную дорогу, по которой ездят в основном местные жители.

Все три дороги имеют одинаковую протяженность.

10 человек уже приехали и 30 человек должны приехать сегодня.

Всю ночь шел снег, и все три дороги замело так, что ни один джип не проедет ни по одной из них.

У вас есть только одна снегоуборочная машина, и на уборку любой из дорог уйдет полдня. Так что нужно выбирать, с какой из них начать.

Можно подойти к решению этой задачи **чисто субъективно.**

Абсолютно очевидно, что по дороге номер 3 могут приехать только ваши местные кореша

- для игры в покер (но сегодня не день покера — пятница) или
- на барбекю (но сегодня не суббота).

Значит, дорога 3 остается в снегу.

Абсолютно очевидно, что дорога номер 2 также не является приоритетной в расчистке, так как абсолютно очевидно, что 10 меньше 30.

Таким образом, наш план:

- посадить отельского "жнеца, швеца и на дуде игреца" за руль снегоуборочной машины расчищать роад намбер уан: дорогу к скоростной магистрали;
- вывесить в лобби отеля большой плакат "Дорог на гор закрыт. Не ходи, а то хана" для уже вселившихся;
- накормить уже вселившихся бесплатным завтраком (в качестве извинения).

Запомним, с какой уверенностью мы говорили себе: "Абсолютно очевидно".

Давайте перед тем как реализовывать наш гениальный план, основанный на очевидных вещах, остановимся на минутку у стойки регистрации и поговорим с менеджером отеля, который проработал в нем 20 лет.

Первый вариант разговора

Вопрос: "Что делать, Джеймс?"
Ответ: "Босс, все очень просто. Все, кто уже вселился в отель, приехали играть в снежки, кататься на беговых лыжах или просто дышать свежим воздухом. Я это знаю потому, что переговорил с каждым из них и знаю большинство из них, так как они приезжают каждый год. Поэтому **нет никакого смысла в расчистке дороги номер 2,** все остаются в отеле или развлекаются в его окрестностях.

Я также знаю, что 16 человек из 30 — это компания, которая выедет к нам рано утром из Рино (я вчера говорил по телефону с одним из них) по этой дороге (показывает на карте), которая пересекается с дорогой номер 3. Соответственно они прибудут к нам по дороге номер 3.

Далее, посмотрите на монитор. Где живут 12 из 14 оставшихся клиентов? Они все живут в Сан-Франциско и окрестностях. Только что передали по радио, что на единственной скоростной дороге, ведущей из Сан-Франциско, из-за снегопада уже образовались страшные пробки. Кроме того, скорее всего большинство членов сан-францисской команды поедут после работы, т.е. в 4 часа, а значит, будут здесь не раньше 8.

Следовательно, нам нужно сначала расчистить дорогу 3 и после этого заняться дорогой 1.

Кстати, остаются еще двое, едущие из Техаса. Вот их мобильный телефон. Я собираюсь им позвонить, рассказать о ситуации со снегом, наших планах по расчистке и скоординироваться с ними, как им лучше до нас добраться".

Второй вариант разговора

Вопрос: "Что делать, Джеймс?"
Ответ: "Босс, надо сначала **расчищать дорогу 2,** ведущую к горнолыжным курортам. Все наши постояльцы — это горнолыжники. Кроме того, оставшиеся 30 человек скорее всего сначала заедут на курорт, покатаются там до вечера и вечером поедут к нам — не будут же они терять сегодняшний день, я сам заказывал им пропуска со скидкой на подъемники, а пропуска начинают действовать сегодня".

Третий вариант разговора

Вопрос: "Что делать, Джеймс?"
Ответ: "Босс, нет проблем. Нам нужно **расчистить и дорогу 1, и дорогу 2.** Я не знаю, что важнее. Но знаю номер телефона моего приятеля — владельца снегоочистительной компании, он даст нам хорошую цену, и двумя машинами мы сможем к полудню расчистить обе дороги. Ну, потратим немного денег, зато сохраним репутацию отеля, ставящего заботу о клиенте выше всего".

Мораль:

субъективные суждения, основанные на тупосамонадеянном "Абсолютно очевидно", могут элементарно завести нас в ситуацию, когда ресурсы потрачены впустую, так как не учитывают реальности. В то же время выводы, сделанные исходя из достоверной информации, ведут к эффективным решениям даже при нехватке ресурсов.

То, что сделал для нас мистер Джеймс, было оценкой риска. Он смог сделать оценку риска, так как

- **владел информацией** и
- **знал, как этой информацией распорядиться.**

Обратно к тестированию ПО.

Наша задача — это

- получить информацию,
- если возможно, узнать мнение человека, владеющего вопросом, и
- оценить риск по каждой из функциональностей, которые предстоит протестировать.

Людьми, которые владеют вопросом, могут быть продюсер, главный бухгалтер, финансовый директор, бизнес-аналитик. Информацию можно получить также из статистики или других источников.

Поверьте, что такой подход даст удивительные результаты.

Допустим, у нас есть небольшой проектик, где нужно протестировать новый (переписанный и оптимизированный) код для уже давно существующих функциональностей:

а) сделки купли-продажи между пользователями внутри Америки;
б) сделки купли-продажи между пользователями в Японии;
в) сделки купли-продажи между пользователями в Японии и США.

Разложим эти функциональности:

Таблица 1

	Контр_зл_001	**Контр_зл_002**	**Контр_зл_003**	**Контр_зл_004**
Продавец				
Американец	x			
Японец		x		
Покупатель				
Американец			x	
Японец				x

Таблица 2

	Контр_ком_001	Контр_ком_002	Контр_ком_003	Контр_ком_004
Продавец американец → Покупатель американец	x			
Продавец американец → Покупатель японец		x		
Продавец японец → Покупатель американец			x	
Продавец японец → Покупатель японец				x

Помните, я говорил, что применение методов генерирования тестов дает вам более глубокое понимание спека? Вот и теперь, делая матричную раскладку, мы увидели, что на самом деле у нас не три, а четыре направления для тестирования. Разложим их на блок-схеме.

Блок-схема по спеку #1123

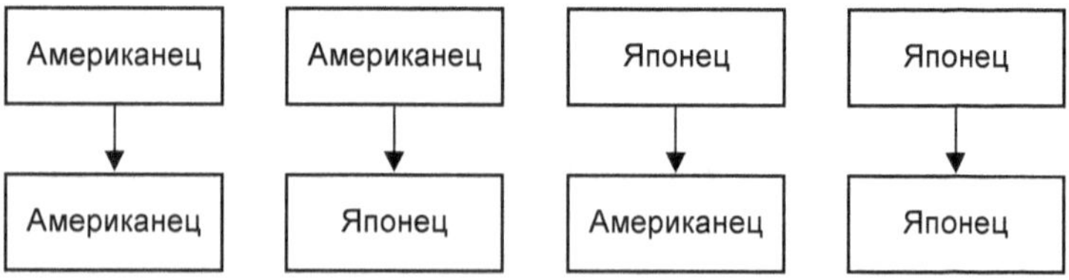

Постановка мозгов

Есть превосходный профессиональный термин flow (течение, процесс) (будем использовать его в транслите как “флоу”). ***Флоу — это один или больше сценариев использования или работы ПО.*** *Например, у нас есть флоу Американец → Американец. В данном конкретном случае на это флоу можно написать множество сценариев (например, с разными суммами оплаты, транзакции между разными штатами и т.д.).*

Итак, у нас есть четыре флоу.

Давайте снова поиграем в “Абсолютно очевидно” и решим вопрос о приоритетности каждого флоу. Допустим, что покупаются и продаются запчасти для автомобилей:

а. Скорее всего, самым приоритетным будет флоу Японец → Американец, так как в США очень много японских автомобилей, запасные части производятся в Японии и наш сайт — это очень важный канал для поставок.
б. Ниже идет флоу Американец → Американец, хотя внутренний рынок американских запчастей очень велик, но есть много других каналов поставок кроме нашего веб-сайта.
в. Далее идет Американец → Японец, это флоу менее приоритетное, чем *а* и *б*, но более приоритетное, чем *г*.
г. Самый нижний приоритет у флоу Японец → Японец, так как в Японии развита инфраструктура купли-продажи запчастей и нашим сайтом там почти не пользуются.

Вроде бы все смотрится логично, но до тех пор, пока мы не начнем копать.

Вопрос: Откуда у меня информация, на основании которой я сделал свои выводы? Откуда я знаю, что, например, в случае *а* (Японец → Американец) “наш сайт — это очень важный канал для поставок”?
Ответ: Я знаю это, так как где-то (может быть, краешком уха) услышал или прочитал (может быть, в определенном контексте) эту информацию.

А что, если я неправильно понял эту информацию или она, подобно постмодернизму, устарела?

Далее.

Вопрос: Что значит, что “внутренний рынок американских запчастей очень велик”? Насколько он велик?
Ответ: ...

Карточным домиком были наши рассуждения. А ведь все казалось таким логичным...

Давайте лучше пойдем к продюсеру, покажем ему нашу блок-схему и попросим совета.

Пришли, показали, попросили.

Продюсер делает пару звонков, и мы идем к бизнес-аналитику. Тот видит нашу блок-схему, поднимает данные по транзакциям за последние два года, и вот что мы имеем.

а. Самое большое количество сделок было между японскими пользователями (Японец → Японец). Продюсер добавляет, что продвижение на японском рынке — это главный приоритет компании, как было сказано на очередном съезде, в смысле было сказано на последнем собрании.
б. Вторым по приоритетности идет Американец → Японец. Вот данные по сделкам. Продюсер добавляет, что недавно были заключены контракты с крупными американскими автозаводами о том, что те будут использовать наш веб-сайт для продаж за рубеж.
в. Третьим будет Американец → Американец, так как вот цифры. Продюсер добавляет, что конкурирующие сайты и другие каналы поставок завоевали местный рынок.
г. Четвертым будет Японец → Американец, так как вот цифры. Продюсер добавляет, что японские компании распределяют запасные части через своих авторизованных американских дилеров, а американские дилеры японских иномарок используют наш сайт неохотно.

Затем мы попросили дать процент для каждого флоу относительно общей суммы сделок по всем четырем флоу (это было немного больше, чем было нужно, так как я уже знал приоритетность каждого флоу, но, как говорят, “кашу маслом не испортишь” и “куй железо, пока горячо”):

Блок-схема по спеку #1123

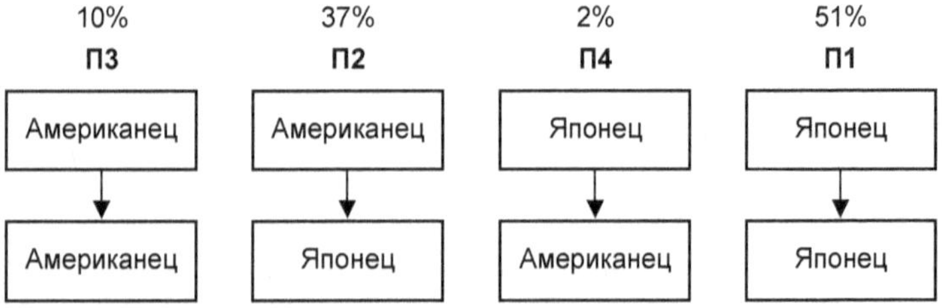

Теперь у нас есть данные, соответствующие реальности и основанные

- на информации из объективных источников и
- на мнении компетентных лиц.

У нас есть не просто приоритеты, а приоритеты, подкрепленные цифрами (проценты) и пониманием бизнеса (комментарии продюсера).

И еще мы снова видим, что эти превосходные, проверенные данные снова абсолютно противоречат нашему, казалось бы, незыблемому, но на поверку очень даже “зыблемому” “Абсолютно очевидно”.

Что делать, если вдруг есть две функциональности с одинаковым приоритетом? С чего начать? Начните с той, которая более сложная и трудоемкая.

Последний вопрос в отношении оценки риска — это использование полученной информации. Флоу с более высоким приоритетом (который мы отражаем в поле тест-кейса “Приоритет”) тестируется

- в первую очередь и
- более тщательно.

Кроме того, в дальнейшем у вас всегда будет аргумент, почему вы тестировали **именно это и именно в таком объеме**. И этим аргументом будут данные по оценке риска, которые вы использовали как профессионал-тестировщик, ориентированный на счастье пользователя.

2. ЭКВИВАЛЕНТНЫЕ КЛАССЫ *(equivalent classes)*

Это суперполезная вещь, которой мы немедленно дадим определение:

эквивалентный класс — это одно или больше значений ввода, к которым ПО применяет одинаковую логику.

Предположим, что наш книготорговый веб-сайт запускает новую кампанию “Больше тратишь — больше скидка”. Вот табличка из спека.

Потраченная сумма, руб.	Скидка, %
200 — 500	2
500 — 1000	3
1000 — 5000	4
5000 и более	5

Мы, конечно, сразу увидели 3 бага спека:

Баг 1:

Непонятно, по какой ставке рассчитывается скидка, если потрачены следующие суммы: ровно 500 руб., ровно 1000 руб., ровно 5000 руб., так как каждая из этих сумм находится не в одной, а в двух корзинах со скидками.

Баг 2:

Что означает "Потраченная сумма"? Это количество дензнаков, выплаченных только за книги, или полная сумма к оплате, включая оплату книг и расходы на доставку?

Баг 3:

Для полноты картины нужно дописать эквивалентный класс от 0 до 199,99, на значения которого никакая скидка не распространяется.

Что делаем?

Правильно: идем к продюсеру. Извещаем о баге программиста. "Размораживаем" спек. Вносим в него изменения.

Вот перед нами уже отредактированная табличка:

Стоимость купленных книг, руб.	**Скидка, %**
0 — 199,99	0
200,00 — 499,99	2
500,00 — 999,99	3
1000,00 — 4999,99	4
5000,00 и более	5

У нас получилось 5 эквивалентных классов:

Класс 1:	0 — 199,99
Класс 2:	200,00 — 499,99
Класс 3:	500,00 — 999,99
Класс 4:	1000,00 — 4999,99
Класс 5:	5000,00 и более

Каждое значение внутри каждого класса является эквивалентным всем другим значениям этого класса.
Почему? Потому что **ко всем значениям класса должна применяться одинаковая логика кода.** Например, при стоимости купленных книг и 1215,11 руб., и 1745,45 руб., и 2000 руб. (класс 4) полагается скидка 4%.

Составными частями класса являются:

1. Значение или корзина значений ввода (например, от 500,00 до 999,99) и
2. Логика для **вывода,** т.е. ожидаемого результата (скидка 3% в случае с классом 3).

Польза раскладывания значений ввода на эквивалентные классы состоит в том, что мы отсеиваем огромное количество значений ввода, использовать которые для тестирования просто бессмысленно.

Отсев происходит путем применения знаний о тестировании **пограничных значений.**

3. ПОГРАНИЧНЫЕ ЗНАЧЕНИЯ *(boundary values)*

Все очень просто. Давайте представим себе наши эквивалентные классы из предыдущего примера:

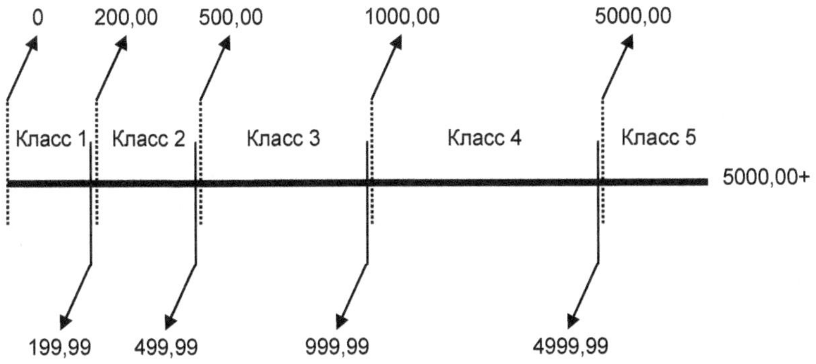

Вертикальная пунктирная линия — это первое возможное значение класса (нижний предел).
Вертикальная сплошная линия — это последнее возможное значение класса (верхний предел).

Пограничные значения — это конкретные предельные значения, образующие водораздел между эквивалентными классами.

Для каждого эквивалентного класса может быть лишь один из трех вариантов:

а. Есть только нижний предел (класс 5).
б. Есть нижний и верхний пределы (класс 2, класс 3, класс 4).
в. Есть только верхний предел (не рассматриваемый в данном примере класс, который ограничен только сверху гипотетическим отрицательным значением, непосредственно предшествующим классу 1).

Пограничным тестированием *(boundary testing)* **называется применение метода тестирования пограничных значений.**

Вот полная версия **метода тестирования пограничных значений.**

а. Сначала тестируется нижний предел данного класса (если он имеется).
б. Затем тестируется верхний предел данного класса (если он имеется).
в. Затем тестируется **любое значение** внутри данного класса.
г. Затем тестируется **верхний** предел класса, непосредственно **предшествующего** данному классу (если предшествующий класс имеется).
д. Затем тестируется **нижний** предел класса, непосредственно **следующего** за данным классом (если следующий класс имеется).

а, б, в *являются позитивными тестами,*
г и ***д*** *— негативными тестами.*

Давайте же возьмем и протестируем эквивалентный класс 2. Суть тестирования заключается в том, чтобы удостовериться, что для покупок от 200,00 до 499,99 руб. (включительно) будет дана скидка 2%. Опустим шаги сценариев и поговорим только о данных для них. Следуем методике тестирования эквивалентного класса, нам нужно лишь пять вариантов данных:

а. 200,00;
б. 499,99;
в. 315,11;
г. 199,99;
д. 500,00.

Почему нам хватило только 5 сценариев, мы поговорим через минуту.

А сейчас давайте посмотрим, сколько возможных вариантов **только для позитивных тестов** у нас потенциально есть для класса 2:

> **30 000 (по количеству копеек в 299,99 руб. плюс один случай, когда потрачено 200,00 руб.).**

Наша методика позволила обойтись лишь 3 тестами (позитивные тесты: *а, б, в*), которыми мы по сути протестировали 30 000 значений. По-моему, выглядит впечатляюще.

Теперь о 5 сценариях, которых было достаточно для позитивного и негативного тестирования класса 2.

Представим себе схематично логику кода для решения вопроса о скидке для класса 2:

ЕСЛИ сумма ≥ 200,00 И сумма ≤ 499,99,

ТО скидка = сумма / 100 × 2.

Теперь рассмотрим, как каждый из наших тест-кейсов точечно бьет по возможным проблемам кода. Прошу особого внимания — ничего сложного нет, но много нюансов.

<table>
<tr><td rowspan="3">Тест-кейс</td><td>Код с выделенной жирным шрифтом частью, которая проверяется данным тестом</td></tr>
<tr><td>Возможная проблема кода, разоблачаемая тестом, и пример проблемы</td></tr>
<tr><td>Ожидаемый результат</td></tr>
<tr><td rowspan="3">а. Сначала тестируется нижний предел данного класса (если нижний предел имеется):
200</td><td>ЕСЛИ сумма ≥ 200,00 И сумма ≤ 499,99,
ТО скидка = сумма/100 × 2</td></tr>
<tr><td>Ошибка в знаке равенства и/или сумме нижнего предела.
Пример (знак равенства перед 200,00 пропущен):
ЕСЛИ сумма > 200,00 И сумма ≤ 499,99,
ТО скидка = сумма/100 × 2</td></tr>
<tr><td>2% от 200</td></tr>
</table>

<table>
<tr><td rowspan="3">б. Затем тестируется верхний предел данного класса (если верхний предел имеется):
499,99</td><td>ЕСЛИ сумма ≥ 200,00 И сумма ≤ 499,99,
ТО скидка = сумма/100 × 2</td></tr>
<tr><td>Ошибка в знаке равенства и/или сумме верхнего предела.
Пример (499,00 вместо 499,99):
ЕСЛИ сумма ≥ 200,00 И сумма ≤ <u>499,00</u>,
ТО скидка = сумма/100 × 2</td></tr>
<tr><td>2% от 499,99</td></tr>
<tr><td rowspan="3">в. Затем тестируется любое значение внутри данного класса:
315,11</td><td>ЕСЛИ сумма ≥ 200,00 И сумма ≤ 499,99,
ТО скидка = сумма/100 × 2</td></tr>
<tr><td>Ошибка в знаках больше (>) и меньше (<).
Пример (больше вместо меньше и меньше вместо больше):
ЕСЛИ сумма ≤ 200,00 И сумма ≥ 499,00:
ТО скидка = сумма/100 × 2</td></tr>
<tr><td>2% от 315,11</td></tr>
<tr><td rowspan="3">г. Затем тестируется верхний предел класса, непосредственно предшествующего данному классу (если предшествующий класс имеется):
199,99</td><td>ЕСЛИ сумма ≥ 200,00 И сумма ≤ 499,99,
ТО скидка = сумма/100 × 2</td></tr>
<tr><td>Тонкий момент. Здесь мы проверяем две вещи:
1. Наличие скачка от верхнего предела предыдущего класса к нижнему пределу нашего класса.
Это делается для следующей ситуации. Допустим, программист напечатал 100,00 вместо 200,00:
ЕСЛИ сумма ≥ 100,00 И сумма ≤ 499,99,
ТО скидка = сумма/100 × 2.
Если сделана такая ошибка, то она не будет обнаружена ни тестом а, ни тестом б, ни тестом в.
2. Логическое “И”, так как если бы у нас было “ИЛИ”:
ЕСЛИ сумма ≥ 200,00 ИЛИ сумма ≤ 499,99,
ТО скидка = сумма/100 × 2,
то к данному классу принадлежало бы любое в принципе возможное значение</td></tr>
<tr><td>Скидка не равна 2% от 199,99</td></tr>
<tr><td rowspan="2">д. Затем тестируется нижний предел класса, непосредственно следующего за данным классом (если следующий класс имеется):
500,00</td><td>ЕСЛИ сумма ≥ 200,00 И сумма ≤ 499,99,
ТО скидка = сумма/100 × 2</td></tr>
<tr><td>1. Наличие скачка от верхнего предела нашего класса к нижнему пределу следующего за ним класса.
Это делается для следующей ситуации. Допустим, программист напечатал 599,99 вместо 499,99:
ЕСЛИ сумма ≥ 200 И сумма ≤ 599,99,
ТО скидка = сумма/100 × 2</td></tr>
</table>

	Если сделана такая ошибка, то она не будет обнаружена ни тестом *а*, ни тестом *б*, ни тестом *в*, ни тестом *г*. 2. Проверяется логическое “И”, так как если бы у нас было “ИЛИ”: ЕСЛИ сумма ≥ 200,00 **ИЛИ** сумма ≤ 499,99, ТО скидка = сумма/100 × 2, то к данному классу принадлежало бы любое в принципе возможное значение
	Скидка **не равна** 2% от 500,00

Замечу, что для удобства в понимании мы производили тестирование класса 2 **изолированно** от его собратьев.

И теперь, поняв и разобравшись, давайте рассмотрим, как нам протестировать **все** эквивалентные классы данного спека:

Класс	**Значение**	**Ожидаемая ставка скидки, %**
Класс 1	0	0
	100,00	
	199,99	
Класс 2	200,00	2
	315,11	
	499,99	
Класс 3	500,00	3
	659,23	
	999,99	
Класс 4	1000,00	4
	3265,26	
	4999,99	
Класс 5	5000,00	5
	5075,00	

Итого 14 тест-кейсов для тестирования всех возможных значений. Неплохо. Очень даже неплохо!

На сером фоне 5 значений ввода, которые мы использовали для изолированного тестирования нашего любимого класса 2. Прошу отметить следующую вещь: теперь, когда мы тестируем класс 2

вместе с окружающими его собратьями, *для класса 2 достаточно 3 тест-кейсов, так как случаи г. (199,99) и д. (500,00) покрываются при тестировании класса 1 и класса 3 соответственно.*

Мы рассмотрели самый сложный вариант пограничного тестирования, когда мы проверяли эквивалентные классы, включающие множества значений. Зато теперь, пройдя огонь, воду и медные трубы, нам ничего не стоит разобраться в более простом случае, когда эквивалентный класс содержит только одно значение.

Пример

Возьмем индекс, который должен быть равен 6 цифрам (Индекс_эл_005 из табл. 1, матричной раскладки поля "Индекс"). Применяем ***метод тестирования пограничных значений:***

а. 6
б. 6
в. 6
г. 5
д. 7

Таким образом, у нас есть:

- *один позитивный тест 6 и*
- *два негативных теста 5 и 7.*

Мы применяем метод

- как **обособленно** (тестирование скидок),

так и

- **в сочетании** с другими методами генерирования и отбора тестов (использование пограничных значений на матричной раскладке поля "Индекс").

Идея о возможности обособленного или интегрированного применения, конечно, относится к каждому из методов генерирования и отбора тестов.

Это все о пограничном тестировании.

Важная мысль перед списком изученных нами вещей о подготовке к тестированию:

Не методы должны управлять вашей подготовкой, а вы должны управлять методами так, чтобы с их помощью создать именно те тест-кейсы, которые с высокой вероятностью могли бы найти баги. Для этого нужно в совершенстве владеть каждым из методов. И только практика может отточить ваши навыки. Практикуйтесь и помните о примере с шахматами, которым мы поставили себе мозги в начале нашей сегодняшней беседы.

Сегодня мы узнали и изучили:

Краткое подведение итогов

1. Хороший тестировщик — это не просто некий работник компании, который может порвать код на части своими прикладными знаниями по тестированию. Хороший тестировщик — это неисправимый циник, нигилист и Фома неверующий — все в отношении кода.
2. Код — это убежище багов.
3. Суть тестирования заключается в поиске багов.
4. В отношении **методов генерирования тестов:**
   - при использовании метода Черновик-чистовик: Черновик — это полет мысли и вдохновения, “мозговой штурм”, не ограниченный суетными приличиями бренного света. Чистовик — это подчищенный, причесанный и классифицированный Черновик;
   - матричная раскладка может быть лишь простой классификацией элементов на табл. 1, а может и бесконечно углубляться в дебри комбинаций и комбинаций. Главное помнить, что матричная раскладка создается для тестирования, а не тестирование было придумано для матричной раскладки;
   - блок-схемы — это дочери добродетели под именем “Наглядность”.
5. В отношении **методов отбора тестов:**
   оценка риска основывается на том, что мы пытаемся влезть в шкуру наших пользователей и бросить наши ограниченные ресурсы не на бессмысленное кликанье правыми, левыми и даже средними кнопками наших ошалевших мышек, а на тестирование вещей, реально приоритетных для пользователей.
6. **Методы генерирования тестов и методы отбора тестов — это ящик с инструментом.** Под каждую задачу используется свой (свои) инструмент (-ты).

Вопросы для самопроверки

1. Какой настрой должен быть у тестировщика?
2. Что такое код?
3. Что такое тестирование?
4. Какие вы знаете методы генерирования тестов?

5. Какие вы знаете методы отбора тестов?
6. В чем суть метода Черновик-чистовик?
7. Есть ли ограничение на количество таблиц в матричной раскладке?
8. Каково основное преимущество блок-схем?
9. Кто может помочь тестировщику в оценке риска?
10. Какая практическая польза от приоритезации при оценке риска?
11. Приведите 5 правил тестирования пограничных значений. Какие из них позитивные, а какие — негативные?
12. Что нам дает комбинирование методов?

ИСПОЛНЕНИЕ ТЕСТИРОВАНИЯ

ЖИЗНЬ ЗАМЕЧАТЕЛЬНЫХ БАГОВ

- ❐ ЧТО ТАКОЕ СИСТЕМА ТРЭКИНГА БАГОВ
- ❐ АТРИБУТЫ БАГА
- ❐ ПРОЦЕСС ТРЭКИНГА БАГОВ

Как мы знаем, цель исполнения тестирования — поиск багов. Но на самом деле найти баг — это только часть работы (хотя и самая сложная). После того как баг обнаружен,

- нужно занести его в систему трэкинга багов и
- после того как он зафиксирован:
  - а) проверить, на самом ли деле он был зафиксирован и
  - б) не повредила ли починка этого бага другие части нашего ПО.

Кстати, как мы помним, а и б называются регрессивным тестированием.

Процесс, который начинается с занесения бага в систему трэкинга багов *(Bug Tracking System)*, называется процессом трэкинга багов *(Bug Tracking Procedure)*, и для удобства понимания всей стадии исполнения тестирования мы начнем именно с него.

Что такое система трэкинга багов

Важная оговорка: нет двух интернет-компаний, у которых процесс трэкинга багов и все нюансы системы трэкинга багов были бы идентичны. Каждый, как известно, извращается как хочет. ***Моя цель — развить ваше понимание предмета так, чтобы***

– О Вас пишу...
Чего же боле?

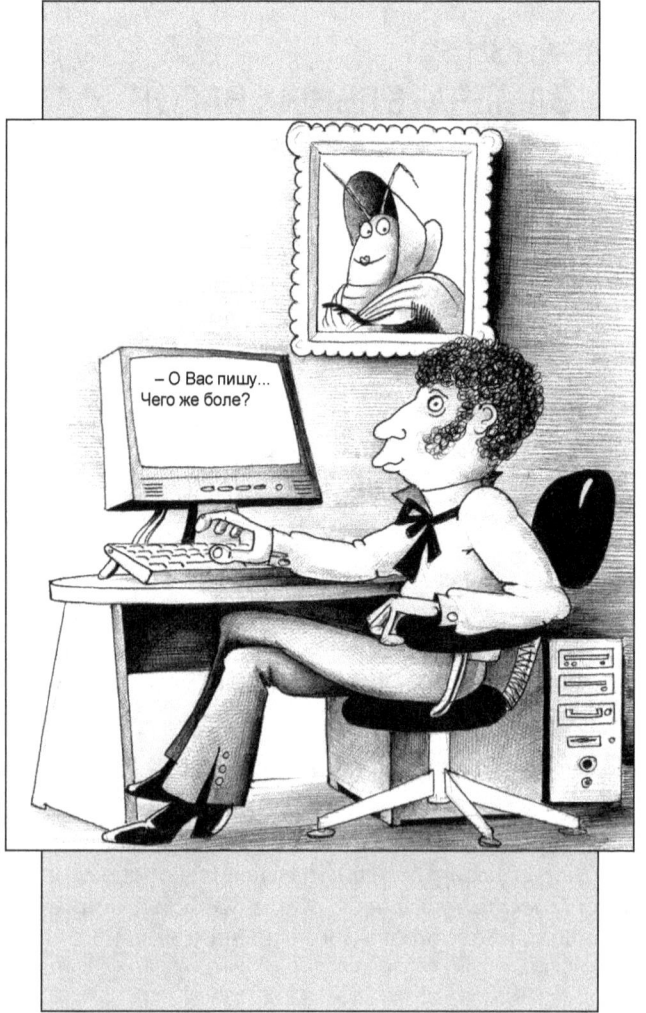

вы со спокойной улыбкой мастера смогли адаптировать полученные знания к любым процессам и системам, которые встретятся вам на пути.

Забудем о тестировании ПО.

Допустим, мы совершаем тест-драйв на автомобиле, который собираемся купить. Проверяем ускорение, вхождение в поворот, удобство панели управления и сотню других важных вещей. После этого садимся за стол и записываем вещи, которые обманули ожидания (т.е. баги), на пронумерованные страницы новой тетради в клеточку. Один баг на одну страницу.

Например

на странице под номером 1 пишем: "Неудобно пользоваться навигационной системой";
на странице под номером 2 пишем: "Задержка в ускорении после нажатия на педаль акселератора";
на странице под номером 3 пишем: "Слишком маленький багажник".

Наша ни в чем не повинная тетрадь на самом деле является не только выброшенными на ветер деньгами, но и простейшей версией того, что называется системой трэкинга багов (СТБ).

Вспомним о тестировании. Опять же на примитивном уровне СТБ может представлять собой простой текстовый файл с записями о багах, который лежит на интранете и доступен участникам цикла разработки ПО.

Итак, концептуально **СТБ — это инфраструктура, позволяющая**

- **создавать,**
- **хранить,**
- **просматривать** и
- **модифицировать**

информацию о багах.

Существует множество профессиональных СТБ — от бесплатной Багзиллы *(Bugzilla)* до многотысячедолларового тест-директора *(Test Director by Segue)*, и естественно, что интернет-компании используют для трэкинга багов не тетрадки или текстовые файлы, а именно специальное ПО, непосредственно созданное для трэкинга багов. О таком ПО и процессе трэкинга багов мы и поговорим сегодня.

Каждый баг, занесенный в СТБ, представляет собой виртуальную учетную карточку

Каждая такая карточка существует не сама по себе, а как часть процесса трэкинга багов (далее — Процесс).

С каждым багом, занесенным в СТБ, начинается новый Процесс.

Вопрос: Как определить, на какой стадии Процесса находится каждая конкретная карточка?
Ответ: Ничего нет проще — нужно просто посмотреть на ее атрибуты.

Пример

*Одним из атрибутов является **статус бага.** Статус может принимать одно из трех значений:*

- *Open (открыт),*
- *Closed (закрыт) либо*
- *Re-open (повторно открыт).*

***Пример** Процесса*

После того как баг заносится в СТБ, его статус автоматически становится "Open"; после того как баг зафиксирован и регрессивное тестирование подтвердило успех починки, мы меняем статус на "Closed"; если же тот же баг, после того как мы его закрыли, был найден снова, то мы меняем "Closed" на "Re-Open".

Важно понять, что **Процесс** как формальный свод правил **первичен** и такой зверь, как СТБ, приобретается именно как **инструмент для материализации** Процесса.

Другими словами, после инсталляции ответственный товарищ настраивает СТБ в соответствии с процессом, выбранным компанией, а не наоборот.

В примере со статусом мы взглянули на процесс с высоты птичьего полета. Опустимся же на землю и увидим все подробности.

Допустим, мы нашли баг. Сам факт нахождения бага, даже если это критический дефект, не имеет никакого значения и веса, пока вы не сообщили об этом баге. Два вопроса:

Кому сообщить?
Как сообщить?

Кому? Программисту, если это баг кода, либо продюсеру, если это баг спека.

Как? Здесь есть много путей: можно позвонить, послать е-мейл, сказать пару ласковых при личной встрече и т.д.

Стандартный путь, принятый в софтверных компаниях, — это занести баг в СТБ.

Таким образом, одной из основных функций СТБ является обеспечение **коммуникации** между участниками Процесса.

Как фактически происходит занесение бага в СТБ? Например, так: вы

- открываете веб-браузер;
- печатаете в нем *URL* вашей СТБ в локальной сети и нажимаете *Enter;*
- после того как загрузилась страница СТБ, вводите имя пользователя и пароль;
- нажимаете на кнопку *"New bug"* (Новый баг);
- на веб-форме "Новый баг" заполняете поля и выбираете значения;
- нажимаете на кнопку *"Submit new bug"* (Занести новый баг).

Все очень просто.

Кстати, *отныне баг в зависимости от контекста будет иметь одно из следующих значений или оба значения:*

- *баг как **отклонение** фактического результата от ожидаемого результата и/или*
- *баг как созданная в СТБ **виртуальная учетная карточка,** являющаяся, по чьему-либо субъективному мнению, презентацией некой проблемы.*

В чем разница, спросите вы. Отвечаю: проблема, занесенная в СТБ, может и не являться багом, например господин, опрометчиво занесший баг в СТБ, неправильно понял спек.

Это была ненавязчивая вводная часть, и настоящее веселье только начинается.

Атрибуты бага

BUG NUMBER (НОМЕР БАГА)

Каждому новому багу СТБ автоматически присваивает уникальный, следующий по порядку номер. Например, подходите вы к программисту и спрашиваете: "Слушай, браза, как там 1232 поживает?"

SUMMARY (КРАТКОЕ ОПИСАНИЕ)

Краткое описание — это максимально **информативное и сжатое описание** проблемы.

Как правило, текстовое поле для краткого описания не превышает 100 символов и в эти 100 символов (включая пробелы) нужно уместить информацию, достаточную для понимания сути проблемы.

Кстати,

то, как тестировщик формулирует краткое описание, наглядно говорит о его профессионализме.

***Пример** самого плохого Summary*

"Ничего не работает". За такое Summary раньше били по голове канделябром, и хотя сейчас времена другие, но все равно, пожалуйста, никогда, никогда не пишите в кратком описании ничего подобного.

Почему поле для краткого описания такое короткое? Потому что баги, занесенные в СТБ, выглядят примерно так, списком, на значения которого можно кликнуть мышкой и получить полную информацию по конкретным багам:

Bug	Summary
1	Неверное значение колонки *result* таблицы *cc_transaction* для *VISA*
2	Неверное значение баланса *Switch* после покупки
3	Ошибка при логине: *"SQL Error"*
4	Корзина не сохраняет выбранные книги

Если есть номер спека, то можно давать краткое описание в таком формате:

<номер спека> : <само краткое описание>, например:

1422: неверное значение баланса Switch после покупки.

Если баг начинается с номера спека, то баги

- можно сортировать по колонке *Summary*, таким образом баги, принадлежащие к одному спеку, будут кучковаться вместе, и
- можно искать по номеру спека, используя функциональность СТБ "Поиск". Очень, кстати, удобно и вам, и программистам, и продюсерам.

Итак, в кратком описании сжато и информативно излагаем суть проблемы.

DESCRIPTION AND STEPS TO REPRODUCE (ОПИСАНИЕ И ШАГИ ДЛЯ ВОСПРОИЗВЕДЕНИЯ ПРОБЛЕМЫ)

Это многострочное текстовое поле. Я пользуюсь следующим форматом для заполнения этого атрибута:

Description:
Полезная информация о баге: описание, комментарии, нюансы и т.д.

Steps to reproduce:
Конкретные шаги для воспроизведения проблемы.

Bug: Фактический результат.
Expected: Ожидаемый результат.

Пример *для бага 1*

Description:
При оплате картой VISA в колонке result таблицы cc_transaction в базе данных записывается неверное значение.

Используйте следующую информацию для воспроизведения проблемы:

Эккаунт: testuser1/pa$$w0rd
Наименование товара: book117
Данные карты:
Номер: 9999-5148-2222-1277
Окончание действия: 12/07
CVV2: 778
SQL1: select result from cc_transaction where id = <номер заказа>;

Steps to reproduce:

1. *Открой www.main.testshop.rs*
2. *Введи имя пользователя.*
3. *Введи пароль.*
4. *Нажми кнопку "Войти".*
5. *Введи наименование товара в поле поиска.*
6. *Нажми кнопку "Найти".*
7. *Кликни линк "Добавить в корзину".*
8. *Кликни линк "Корзина".*
9. *Кликни линк "Оплатить".*
10. *Выбери вид карты.*
11. *Введи номер карты.*
12. *Введи срок окончания действия.*
13. *Введи CVV2.*
14. *Нажми кнопку "Завершить заказ".*
15. *Запиши номер заказа.*
16. *Запроси базу данных с SQL1.*

Bug: *20.*
Expected: *10.*

Важный момент:

Steps to reproduce могут использоваться для воспроизведения проблемы и программистами, и тестировщиками, и продюсерами. В тест-кейсах можно допустить употребление принятых в отделе качества сокращений и акронимов, а также ссылок к внешним документам: коллеги-тестировщики поймут и простят, но многие очевидные для тестировщика вещи совершенно неочевидны, например, для продюсера. Поэтому, пожалуйста, пишите четкие и подробные шаги, чтобы ваши коллеги из других отделов без проблем воспроизводили баги и нахваливали ваши описания.

Вот небольшой список наиболее часто встречающихся **элементов веб-страницы,** который позволит вам более четко описывать и шаги для воспроизведения багов, и шаги тест-кейсов.

Я текст. Вещь незаменимая

Текст *(text)*

Не знаю, какое описание дать здесь. Текст есть текст.

Кстати:

1. Текст может быть неверного содержания* (противоречащий спеку): например, неверное сообщение об ошибке.
2. Нужного текста может не быть вовсе*.
3. Может быть неправильным шрифт *(font)*, цвет *(color)*, размер *(size)* текста.

* *Естественно, что проблемы неверного содержания элемента или полного его отсутствия могут быть не только у текста, но и у всех остальных элементов.*

Я линк. Просто линк

Линк *(link)*

Также известен как ссылка или гиперссылка. Если нажать на линк (или, по-простому, **"кликнуть линк"**) *(click link)*, то мы попадем

- либо на другую веб-страницу,
- либо на определенное место страницы, на которой находится линк (например, если на одной странице есть список названий глав книги (Содержание) и сами главы, то название каждой главы в Содержании может быть слинковано с началом текста главы).

Кстати:

1. Линк может быть сломан ***(broken link)***, т.е. нажимаем на линк и никуда не идем либо получаем сообщение, что страница не найдена.
2. Линк может вести не туда, куда нужно ***(misleading link)***: например, вы кликаете на линк "Контактная информация", а попадаете на страницу "Корзина".

Для проверки сломанных линков есть прекрасный бесплатный тул, называемый *Xenu's Link Sleuth* (можете скачать его из Интернета).

Картинка *(image)*

Ну, куда же мы без них. Картинки — это графические файлы (как правило, *GIF* либо *JPG),* на которые ссылается *HTML*-код веб-страницы и которые через Интернет летят на жесткий диск наших компьютеров. Если вы в окне браузера видите картинку, то знайте, что она сохранена на жестком диске...

Кстати:
Сломанная картинка ***(broken image)*:** ситуация, когда, как правило, путь к графическому файлу в *HTML*-коде указан неверно или путь указан верно, но сам файл поврежден *(corrupted/damaged)* и на веб-странице мы видим лишь рамку, в которой должна была быть картинка:

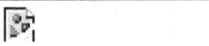

Участник
Rambler's
TOP 100

Слинкованная картинка *(linked image)*

По сути это линк, который представлен не текстом, а картинкой. Соответственно у слинкованной картинки могут быть болезни как линков, так и картинок.

Я имя текстового поля: [А я текст внутри текстового поля]

Однострочное текстовое поле *(textbox)*

Однострочное текстовое поле (или просто “текст-бокс”) — это один из элементов веб-формы *(web form),* которая может быть на веб-странице. Для примера: веб-форма всегда является частью веб-страницы с регистрацией, когда вы вводите имя, пароль, е-мейл (и т.д.) и нажимаете кнопку “Зарегистрироваться”. Все остальные элементы, перечисленные далее:

- многострочное текстовое поле;
- поле для пароля;
- радиокнопка;
- чекбокс;
- кнопка,

также являются элементами веб-формы.

Кстати,
текстовое поле используется для введения множества видов текстовой информации: от имени пользователя до ввода текста, увиденного на кепча (от англ. *captcha,* читается как кэ́пча).

Веб-индустрия использует кепча (которое является динамически сгенерированной картинкой) для того, чтобы превентировать автоматические программы от использования веб-сайта. Идея в том, что человек может распознать символы, изображенные на кепча, а компьютер — нет. Вот пример кепча — страница регистрации на Yahoo!. На ней изображено (буквы латинские): p3m4ak:

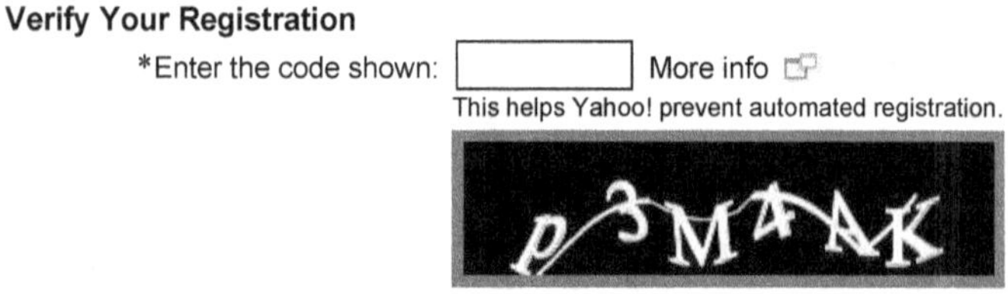

В отношении проблем:

Размер текст-бокса *(MAXLENGTH),* т.е. максимальное количество символов, которое можно ввести в текстовое поле, может быть больше или меньше, чем указано в спецификации.

Проверка количества символов, которое может принять в себя текстовое поле, проводится в рамках тестирования интерфейса пользователя *(UI Testing).*

Я имя многострочного текстового поля:

А я текст внутри многострочного текстового поля.
Такие вот дела.

Многострочное текстовое поле *(text entry area)*

используется для ввода информации, которая не умещается в однострочном текстовом поле. Например, для создания постинга на интернет-форумах под предмет сообщения *(subject)* отдается текст-бокс, а под само сообщение — многострочное текстовое поле.

Кстати,

прекрасным, истинно сероящичным тестом является проверка того, умещается ли наш ввод в соответствующую колонку базы данных. Под вводом в данном случае подразумеваются данные, введенные посредством текст-бокса или многострочного текстового поля.

Пример

При регистрации наш новый пользователь заполняет соответствующую веб-форму и нажимает на кнопку "Зарегистрироваться".

*Некий файл (например, написанный на языке Python и живущий на сервере с приложением) трансформирует эту форму в язык, понятный базе данных (язык называется **SQL — Structured Query Language**, произносится как "эс-кью-эл"), и создает новую строку (record) в таблице, называемой, например, USER_ADDRESS (адрес пользователя).*

Допустим, что при создании таблицы USER_ADDRESS программист ошибочно указал максимальный размер колонки ADDRESS1 в 7 символов (VARCHAR (7)) вместо 37, положенных по спеку. Это приведет к тому, что при создании новой строки в USER_ADDRESS данные, включаемые в колонку ADDRESS1, будут ограничены 7 символами, а 8-й и прочие символы будут отсечены (truncated) (кстати, пробел — это тоже символ):

USER_ADDRESS

RECORD_ID	ADDRESS1	ADDRESS2	CITY	STATE	Country	ZIP CODE
1	**12 49th**	Apt. 2	San Francisco	CA	USA	94118
2	**121 Ano**		Moscow		Russia	117602
3	**221b Ba**		London		UK	NW1
4	**82 Boul**		Paris		France	75018

Что делаем? Правильно, заносим баг, и, после того как баг зафиксирован и проверен нами, адреса, хвосты которых были отсечены, уже выглядят так:

USER_ADDRESS

RECORD_ID	ADDRESS1	ADDRESS2	CITY	STATE	Country	ZIP CODE
1	**12 49th Avenue**	Apt. 2	San Francisco	CA	USA	94118
2	**121 Anokhin Avenue**		Moscow		Russia	117602
3	**221b Baker Street**		London		UK	NW1
4	**82 Boulevard de Clichy**		Paris		France	75018

Кстати, *хорошей идеей для ввода при тестировании является описательный ввод, например, в текст-бокс Адрес 1 (данные которого идут в ADDRESS1) нужно было бы ввести не милую сердцу 82 Boulevard de Clichy, а строку*

"а запятая является 38-м символом, 1111111111"

и затем проверить базу данных.

Если ADDRESS1 содержит строку

"а запятая является 38-м символом", *—*

ни символом больше, ни символом меньше, то ADDRESS1 вмещает ровно 37 символов и код ведет себя согласно спеку. В любом ином случае (36 или меньше символов либо 38 или больше символов) у нас есть баг.

Я имя поля для пароля: | ******* |

Поле пароля *(password field)*

Это однострочное поле для ввода текста с тем нюансом, что каждый символ, введенный в это поле, тут же автоматически преобразуется в * (звездочку, или, по-англ. — *asterisk)* либо в жирную метку *(bullet)*.

Преобразование в звездочки (или буллеты) сделано для того, чтобы какой-либо добрый, сердечный человек не подсмотрел ваш пароль и не очистил ваш, например, банковский эккаунт.

Кстати,

важной вещью в отношении пароля является профессиональная этика, согласно которой нужно ***демонстративно*** *отворачивать голову на 90 градусов в другую сторону от клавиатуры, если кто-то вводит пароль. Смотреть на клавиатуру, когда кто-либо вводит пароль, так же неприлично, как сказать о блефе, после того как вы выиграли партию в покер и карты уже перемешаны.*

Еще одна мысль

*во множестве западных компаний каждый **ваш удар по клавишам клавиатуры** (keystroke) **невидимо для вас запечатлевается в текстовом файле** (log), который является собственностью компании и который, если будет нужно (естественно, не во благо вам), будет поднят вашим менеджером и проанализирован.*

*Впрочем, так же могут быть подняты и проанализированы **скриншоты** (снимок изображения на экране вашего монитора), которые делаются с определенным интервалом (например, 60 секунд) и также являются собственностью вашего работодателя.*

Кстати,

если уж заговорили об осторожности: в США недавно был создан судебный прецедент, согласно которому все содержимое папок е-мейла работника является собственностью работодателя, на это содержимое не распространяются законы о защите частной жизни (privacy), и соответственно работодатель может спокойно просматривать всю вашу корреспонденцию, посланную с рабочего е-мейла или полученную на него.

Так что не теряйте бдительности, товарищи, блоги и личная переписка могут подождать до вечера.

В отношении проблем:

размер поля пароля *(MAXLENGTH)*, т.е. максимальное количество символов, которые можно ввести в него, может быть больше или меньше, чем указано в спецификации.

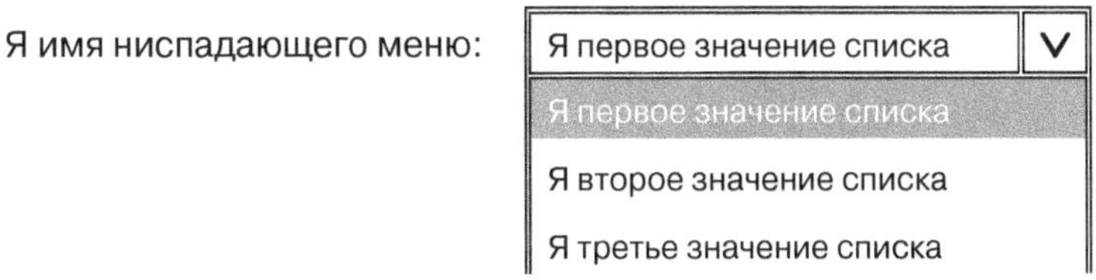

Ниспадающее меню *(pull down menu)*

Ниспадающее меню дает возможность выбрать одно, и только одно, значение из списка значений меню. Наитипичнейший пример — ниспадающее меню со списком стран на веб-форме регистрации.

Я имя радиокнопки: ⊙
И я тоже имя радиокнопки: ○

либо

Я имя радиокнопки: ○
И я тоже имя радиокнопки: ⊙

Радиокнопка *(radio button)*

Радиокнопка, также известная под неудобоваримым именем "зависимая кнопка", — это элемент веб-формы, который позволяет выбрать одно, и только одно, значение из списка своих собратьев. Список называется группой радиокнопок, которая объединена одним названием и/или логичной принадлежностью к группе. Значения радиокнопок взаимоисключаемы, и, таким образом, кнопки взаимосвязаны.

Кстати,

согласно *www.multitran.ru* английское название выбрано по аналогии с кнопками выбора диапазона волн радиоприемника, когда в каждый текущий момент может быть выбрана только одна волна.

Пример

возьмем группу под названием "Пол". Может быть либо так:

Пол:
Муж. ⊙ Жен. ○

либо этак:

Пол:
Муж. ○ Жен. ⊙

В отношении терминологии.

Можно **выбрать** *(select)* радиокнопку:

в первом случае — «выбрали радиокнопку "Муж."».
во втором случае — «выбрали радиокнопку "Жен."».

Радиокнопка может существовать только как элемент группы (2 и больше) взаимоисключаемых собратьев, в случаях же когда элемент один или элементы взаимонезависимы, используется чекбокс.

Я имя чекбокса (кстати, мой чекбокс не отмечен):	☐
И я имя чекбокса (мой чекбокс отмечен):	☑
Я тоже имя чекбокса (мой чек-бокс отмечен):	☑

Чекбокс *(checkbox)*

Чекбокс, также известный под неудобоваримым именем "независимая кнопка", — это элемент веб-формы, который позволяет:

установить галочку *(check)* либо
убрать галочку *(uncheck)*.

Иными словами, можно соответственно:

отметить чекбокс,
очистить чекбокс.

Чекбоксы, как и радиокнопки, могут быть сгруппированы под одним именем (в примере ниже именем является "Причины закрытия эккаунта"), но чекбоксы, как правило, независимы друг от друга.

"Как правило", так как иногда веб-мастера предусматривают (с помощью JavaScript) взаимосвязь между чекбоксами.

Вот веб-форма опросника при закрытии счета:

Причины закрытия эккаунта:

Сайт работает слишком медленно	☐
Неудовлетворительная служба поддержки	☑
Сбои в работе веб-сайта	☐
Ограниченный выбор книг	☑
Проблемы с доставкой	☑

Другое:

Я имя кнопки!!!

Кнопка *(button)*

Нажатие на кнопку является заключительным аккордом при заполнении веб-форм. Нажимая на кнопку, мы отправляем веб-форму для обработки на сервер с приложением *(application server)*.

Кстати,

в большинстве случаев наличие ошибок при заполнении формы (например, обязательное для заполнения текстовое поле "Имя" пустое) проверяется не на сервере с приложением, а на компьютере пользователя.

Это делается путем кода JavaScript, являющегося частью HTML-страницы с веб-формой, и в случае ошибки в заполнении формы

выдается сообщение об ошибке,
веб-форма не посылается на сервер с приложением.

Если неизвестно название кнопки, то при написании тест-кейсов просто напишите **"отправьте форму"** *("submit the form"* или просто *"submit")*.

ATTACHMENT (ПРИЛОЖЕНИЕ)

Нет лучшей вещи при обмене информацией, чем хорошо подобранная иллюстрация, особенно наглядная иллюстрация. Наш мозг гораздо быстрее воспринимает зрительную информацию, чем текстовую, и мы, зная этот научный факт, можем организовать эффективную презентацию проблемы. Презентация может делаться, например, путем приложения снимка экрана (скриншота), на котором видна проблема. Вот самый технически элементарный и повсеместно распространенный способ для собственноручного изготовления скриншота:

а. На клавиатуре нажимаем кнопку *PrtScrn*.
б. Открываем стандартную программу Виндоуз, *Paint*.
в. Нажимаем *Ctrl+v*.
г. Сохраняем графический файл (с расширением *.jpeg* или *.gif*).
д. Прилагаем его к багу.

Кстати, *как Paint, так и другие графические редакторы позволяют обвести, например, красным цветом место на скриншоте, где видна проблема (например, группу радиокнопок, которые можно выбрать одновременно). В общем большое поле для творчества.*

Естественно, что приложением может быть не только наглядная иллюстрация в виде графического файла, но и любые другие файлы, которые помогут программисту быстрее и точнее понять суть проблемы.

Иногда бывают ситуации, что трудно описать проблему на родном языке, не говоря уже об иностранном. Что делаем? Прилагаем файл с иллюстрацией проблемы в поле "Описание и шаги для воспроизведения проблемы" и скромно пишем "Смотри приложение" *(See attachment)*.

Кстати, фраза "Смотри приложение" должна быть в поле "Описание и шаги..." в любом случае — чтобы каждый, кто просматривает занесенный вами баг, наверняка открыл и приложение.

SUBMITTED BY (АВТОР БАГА)

СТБ автоматически присваивает значение этому атрибуту. Как нетрудно догадаться, значение *"Submitted by"* — это нередактируемый текст с именем товарища, занесшего баг в СТБ (товарищ далее именуется автором бага). Как правило, автором бага является тестировщик.

DATE SUBMITTED (ДАТА И ВРЕМЯ ПОЯВЛЕНИЯ БАГА)

Как и в случае с *Submitted by,* СТБ автоматически присваивает значение этому атрибуту. Как нетрудно догадаться, значение *"Date submitted"* — это нередактируемый текст с датой и временем, когда баг был занесен в СТБ своим отцом — автором.

ASSIGNED TO (ДЕРЖАТЕЛЬ БАГА)

Каждый открытый баг в каждый конкретный момент имеет своего конкретного держателя *(Owner)*. Держатель бага — это участник процесса разработки ПО, на котором лежит ответственность сделать следующий шаг на пути к закрытию бага. Варианты следующего шага определяются процессом.

Когда баг заносится в СТБ, то автор бага обязательно должен выбрать имя из списка ниспадающего меню *"Assigned to"* (СТБ выдаст ошибку, если имя не выбрано). Список *"Assigned to"* состоит из имен всех пользователей, кто имеет эккаунты в СТБ. Например, мое имя пользователя в СТБ может выглядеть как *rsavin.*

***Кстати**, счета в СТБ открывает администратор СТБ, который, как правило, является вашим коллегой-тестировщиком, корпящим в соседнем отсеке по другую сторону серой стенки, украшенной постером с силовой подачей Марии Шараповой.*

Если автор бага

- не знает, кто из программистов должен ремонтировать этот баг, или
- вообще не знает, что ему делать с этим багом,

то он просто выбирает из *"Assigned to"* самое родное и близкое, что он может там найти, — свое имя.

В каждой интернет-компании на интранете должна быть страничка "Кто за что ответствен" *(Who does What)*. На этой страничке должны быть перечислены:

- компоненты веб-сайта (те же, что и в атрибуте "Компонент", о нем чуть позже);
- программисты, которые отвечают за эти компоненты;
- продюсеры, которые отвечают за эти компоненты.

Пример

Компонент	**Программист**	**Продюсер**
Регистрация	Н. Гусев	С. Попов
Поиск	Р. Буйнов	А. Ключникофф, А. Зубков
Корзина	Ю. Тимофеев, И. Николаев	В. Жабров
Оплата	О. Столяров	В. Новоселов

Нужно, чтобы эта страничка **постоянно** поддерживалась, например, менеджерами программистов и продюсеров, чтобы отражать текущее состояние компонентов и ответственных лиц:

если в компании 3 человека, сидящие в одном закутке 4 × 3 метра, то каждый примерно знает, что делают двое других. Если же компания растет и развивается, работники приходят, переводятся с участка на участок, уходят, функциональности появляются, модифицируются, исчезают... в общем перемены бьют ключом, то наличие централизованного источника информации о программистах и продюсерах — собственниках функциональностей является наиудобнейшей и наиполезнейшей вещью (хотя бы для того, чтобы быстро и правильно выбрать имя из "Assigned to").

Кстати, *автором бага может быть не только тестировщик. Любой пользователь СТБ, имеющий право (privilege) на занесение багов в СТБ, может быть автором бага. Технически права даруются (как, впрочем, и отнимаются) администратором СТБ.*

Кстати, выражение “занести баг” по-аглицки звучит как “file a bug” или “report a bug”.

Кстати, *программисты часто заносят баги против своего же кода. Это не мазохизм, а холодный расчет, так как*

- *с одной стороны, сохранять баги в СТБ просто удобно, а*
- *с другой — программист должен тратить время на ремонт бага, и баг, занесенный в СТБ, оправдывает такую трату в глазах начальства, коллег и семьи.*

Кстати, *программисты любят играть багом в пинг-понг, меняя значение Assigned to на имена друг друга, говоря таким образом: “Это, дорогой, не мой, а твой баг”, “Нет, я думаю, что это как раз твой баг”, “Я не уверен, что ты прав. Этот баг все-таки твой” и т.д. Результатом таких игр является задержка в фиксировании бага.*

Небольшой нюанс. Люди приходят в интернет-компанию и уходят из нее. Когда они приходят, администратор СТБ создает им счета, а когда они уходят, то эти счета НИКОГДА не удаляются: администратор СТБ просто маркирует счет бывшего коллеги как недействительный, т.е. им нельзя больше пользоваться. При этом имя пользователя СТБ в списке пользователей СТБ остается. Принцип неудаления нужен для сохранения данных, связанных с занесенными багами.

ASSIGNED BY (ИМЯ ПЕРЕДАВШЕГО БАГ)

Значение этого атрибута (как и *Submitted by)* является нередактируемым текстом. СТБ автоматически присваивает атрибуту *Assigned by* имя пользователя СТБ, который выбрал значение *Assigned to*. Таким образом, счастливчик, который стал *Assigned to*, всегда знает, кто был тем доброжелателем, который сделал его держателем бага.

VERIFIER (ИМЯ ТОГО, КТО ДОЛЖЕН ПРОВЕРИТЬ РЕМОНТ)

Это ниспадающее меню с тем же списком имен сотрудников, что и в *Assigned to*.

Как мы помним, баг может быть занесен в СТБ любым сотрудником интернет-компании, который имеет счет в СТБ и соответствующую привилегию.

При занесении бага значение *Verifier* автоматически становится равным имени автора бага. После того как баг был зафиксирован и отремонтированный код был доставлен на тест-машину, держателем бага должно стать лицо, указанное в *Verifier*.

Как правило, если баг заносится не тестировщиком, то "нетестировщик" сразу (при занесении) выбирает значение *Verifier*, чтобы умыть руки и позабыть об этом баге навсегда.

Кстати, *каждый эккаунт в СТБ принадлежит к определенной группе. Как минимум таких групп 3:*

- *"Тестировщики" — сотрудники департамента качества;*
- *"Программисты" — сотрудники департамента программирования;*
- *"Прочие" — все остальные.*

В зависимости от принадлежности эккаунта к определенной группе определяются его привилегии. Например, закрыть баг может только тот, кто принадлежит к группе "Тестировщики".

Кстати, *можно настроить СТБ так, чтобы, когда "Прочие" заносят баг, значение Verifier не становилось автоматически равным Submitted By, а было пустым и "Прочие" обязаны (под страхом незанесения бага) выбрать значение Verifier.*

Не будем больше о привилегиях, это отдельная песня, зависящая от компании и возможностей СТБ.

COMPONENT (КОМПОНЕНТ)

Это ниспадающее меню со списком, как правило, функциональных частей веб-сайта. Например, этот список вполне может быть таким вот коротким и скромным:

"Регистрация
Поиск
Корзина
Оплата
Другое"

При занесении бага в СТБ автор бага должен выбрать компонент, тестируя который он нашел заносимый баг. Что я могу еще сказать?..

FOUND ON (ГДЕ БЫЛ НАЙДЕН БАГ)

Это ниспадающее меню, которое включает

- имена тест-сайтов, обитающих на нашей тест-машине;
- скромное слово "*LIVE*" (машина для пользователей);
- *Spec* ("Спек");
- *Other* ("Другое").

Например, в нашем любезном сердцу проекте *(www.testshop.rs)* список *Found on* состоит из следующих друзей:

> *"www.old.testshop.rs,*
> *www.main.testshop.rs,*
> *LIVE,*
> *Spec,*
> *Other".*

Понятно, что если значение *Found on* равно "*LIVE*", то это означает, что был пропущен баг, который через релиз добрался до машины для пользователей или, как говорят некоторые любители повыпендриваться, "Баг вышел на продакшн". *Found on* является обязательным для заполнения.

Немедленная польза от использования атрибута *Found on* заключается в том, что каждый, кто хочет воспроизвести занесенный баг, знает, **где** конкретно это можно сделать.

VERSION FOUND (ВЕРСИЯ, В КОТОРОЙ БЫЛ НАЙДЕН БАГ)

Это ниспадающее меню с версиями веб-сайта. автор бага обязан выбрать значение, соответствующее номеру версии продукта, в которой был найден баг.

BUILD FOUND (БИЛД, В КОТОРОМ БЫЛ НАЙДЕН БАГ)

Это небольшое (примерно 10 символов) текстовое поле, куда автор бага обязан вбить номер билда, в котором был найден баг.

VERSION FIXED (ВЕРСИЯ С ПОЧИНЕННЫМ КОДОМ)

Это ниспадающее меню с версиями веб-сайта. После того как программист починил баг, он должен передать этот баг далее (релиз-инженеру), для того чтобы в итоге *Verifier* произвел регрессивное тестирование (у нас будет подробное объяснения процесса через 5 минут). Программист **обязан** выбрать номер версии, соответствующий бранчу в *CVS*, куда он направил отремонтированный код.

Version Fixed может иметь, как одно из значений, *"N/A" (Not applicable* — "к данной ситуации неприменимо"), которое продюсер обязан выбрать, зафиксировав баг, найденный в спеке.

BUILD FIXED (БИЛД С ПОЧИНЕННЫМ КОДОМ)

Это небольшое (например, 10 символов) текстовое поле, которое заполняется в то же время, что и *Version Fixed,* т.е. после починки бага и помещения починенного кода в *CVS*. В *Build Fixed* программист обязан указать номер следующего билда, который подхватит исправленный код из *CVS*. Так, если

- номер последнего билда на *www.main.testshop.rs* равен 114,
- билд-скрипт для нового билда стартует в 16:00 и
- программист направил код в *CVS* в 15:30,

то билд 115 должен содержать исправленный код из *CVS* и, следовательно, программист должен вбить в *Build Fixed* значение “115”.

Очень очевидный и очень важный момент, о котором мы уже говорили: **перед началом регрессивного тестирования *Verifier* должен удостовериться, что версия и билд на тест-машине соответствуют значениям атрибутов *Version Fixed* и *Build Fixed* для данного бага.**

COMMENTS (КОММЕНТАРИИ)

Это многострочное текстовое поле, куда любой имеющий счет в СТБ и соответствующую привилегию может занести свои комментарии, пояснения, уточнения и т.д.

- о баге и/или
- своих действиях в отношении бага.

В некоторых случаях комментарий должен быть обязательным для заполнения, например когда программист возвращает баг тестировщику, так как считает, что это вовсе не баг.

SEVERITY (СЕРЬЕЗНОСТЬ БАГА)

Форма: ниспадающее меню со значениями от *C*1 до *C*4 (*S*1—4) включительно.

Содержание: **серьезность бага — это степень воздействия бага** *(magnitude of impact)* **на ПО, исходя из принадлежности бага к определенной технической категории.**

Вот пример категоризации:

Серьезность бага	**Определение**
C1 — Критический *(Critical)*	• критический системный сбой *(crash);* • потеря данных *(data loss);* • проблема с безопасностью *(security issue)*
C2 — Значительный *(Major)*	• сайт “зависает” *(site hangs)*; • баг блокирует кодирование, тестирование или использование веб-сайта *(blocker)*
C3 — Умеренный *(Minor)*	• функциональные проблемы *(functional bugs)*
C4 — Косметический *(Cosmetic)*	• косметическая проблема *(cosmetic problem)*

Примеры

C1 — КРИТИЧЕСКИЙ

Критический системный сбой *— ситуация, когда какая-то часть ПО на машине для пользователей “рушится” — например, нажимаете на кнопку “Поиск” и получаете ошибку “HTTP Error 500 Internal server error”.*

Потеря данных *(data loss) — чаще всего это происходит, когда данные:*

а) не достигают базы данных либо
б) незапланированно удаляются из нее.

Например:

а) при регистрации е-мейл пользователя не вставляется в определенную колонку определенной таблицы базы данных;
б) при обновлении пользователем адреса на фронтенде старый адрес удаляется из базы данных.

Проблема с безопасностью *— например, когда после логина пароль виден как часть URL, так что кто-то может подсмотреть пароль и использовать его в своих корыстных целях. При современном состоянии дел в Интернете, когда 4% монетарных транзакций осуществляется мошенниками, безопасность — вещь первостепенная.*

C2 — ЗНАЧИТЕЛЬНЫЙ

Веб-сайт “зависает” *— одна из основных бед интернет-проектов, например, нажимаешь на кнопку “Купить”, и следующая страница грузится, и грузится, и грузится... Как правило, после таких “загрузов” очень хочется попробовать веб-сайт конкурента.*

Баг блокирует кодирование*, тестирование или использование веб-сайта — ситуация, когда*

работа тестировщика (и/или программиста) и/или
использование веб-сайта

не могут быть продолжены, так как на одном из этапов появляется проблема, превентирующая дальнейшее продвижение.

Например, пользователь не может добавить кредитную карту к своему эккаунту и, следовательно, не может ничего купить на нашем веб-сайте.

Термин "блокирование" также связан с понятием "обходной путь" (work-around), а вернее, с отсутствием этого пути. Например, согласно тест-кейсу нужно создать эккаунт путем использования тест-тула, но тест-тул не работает (баг в тест-туле является абсолютно легитимным багом!). Если есть возможность найти обходной путь, который разблокировал бы в данной ситуации тестирование, то баг не является блокирующим и не подходит под С2. Примером обходного пути в данном случае является создание эккаунта вручную.

С3 — УМЕРЕННЫЙ

Функциональные проблемы *(functional bugs) — под эту категорию подходят все функциональные баги, не подходящие под С1 и С2. Как правило, это простое расхождение между фактическим и ожидаемым результатами, когда все шаги тест-кейса (все этапы флоу) исполнены.*

С4 — КОСМЕТИЧЕСКИЙ

Косметическая проблема *— баги, связанные с содержанием веб-сайта (content), правописанием (spelling) и интерфейсом пользователя (User Interface).*

Значение серьезности бага обязательно должно быть выбрано из списка, иначе баг нельзя занести в СТБ.

PRIORITY (ПРИОРИТЕТ БАГА)

Форма: ниспадающее меню со значениями от П1 до П4 (П1—4) включительно.

Содержание: **приоритет бага — это показатель важности бага для бизнеса компании.**

Кстати, многие товарищи путают приоритет и серьезность. Коренное различие между ними кроется в том, что **серьезность отражает технический аспект бага, а приоритет — коммерческий.**

Серьезность — это категория абсолютная. Приоритет — это категория относительная.

Так, если сайт рушится (crash), то это С1, и мы не можем, например, по политическим соображениям изменить серьезность такого бага, например, на С2, так как ситуация (с системным сбоем) четко соответствует дефиниции С1. Если же тестировщик назначил приоритет как П1, то программист вполне может оспорить такое решение и в итоге приоритет будет П2. Таким образом, назначение серьезности — это механическое действие, а приоритета — творческое, связанное с оценкой угрозы бага для бизнеса компании.

Часто в документации процесса и настройках СТБ определена четкая связь между верхними значениями серьезности и приоритета.

Например, *если установлено, что "при серьезности С1 значение приоритета должно быть П1", и тестировшик выбирает С1 и П2, то СТБ не позволит занести баг и выдаст ошибку.*

В большинстве же случаев, т.е. при С3 (функциональных) багах, нет четкой зависимости между серьезностью и приоритетом, и в "Описании и шагах..." иногда стоит объяснить, почему вы выбрали именно этот приоритет, а не более высокий или более низкий.

Кстати, *П1 — баг, из-за которого может сорваться запланированный релиз, называется showstopper ("пробка"). Примером такого бага может служить ситуация, когда тестирование функциональности "Оплата" полностью заблокировано из-за бага во вспомогательном ПО, симулирующем платежную систему.*

Еще пара слов о связи серьезности и приоритета бага: например, мы имеем дело с судопроизводством, а не интернет-проектом. Фраза **"казнить нельзя помиловать"** содержит баг, так как отсутствует запятая. Отсутствие запятой — это С4, но ситуация, когда может быть наказан невиновный или оправдан преступник, — это П1. Ну, например, из-за величины негативных последствий для имиджа правосудия (шутка).

Кроме привязки к серьезности бага на приоритет могут воздействовать следующие потенциальные либо реальные вещи:

- процент затронутых пользователей,
- денежные потери для компании,
- негативные юридические последствия для компании,
- негативные последствия для имиджа компании.

В каждой компании должны быть дефиниции приоритета багов *(bug priority definitions),* в которых обязательным элементом является указание сроков для починки багов (дополнительным элементом могут быть факторы, указанные выше, например процент затронутых пользователей).

Вот простейший пример дефиниций.

Приоритет бага	Дефиниция
П1	Брось все дела и зафиксируй баг
П2	Зафиксируй баг в течение 72 часов
П3	Зафиксируй баг до завершения тестирования данного основного релиза
П4	Зафиксируй, если возможно

Примеры

П1—П2 — все понятно.

П3 — каждая стадия цикла разработки ПО имеет свои запланированные временные рамки. Таким образом, если релиз должен состояться 16 марта, то до 16 марта все П3 должны быть зафиксированы и закрыты.

П4 — такие баги фиксируются, если у программиста есть время. Например, в какой-нибудь старой версии браузера интернет/эксплорер (Internet Explorer — IE) не работает какое-нибудь суперзамысловатое флоу, которое вряд ли может прийти кому-либо в голову.

У каждой компании есть свои заморочки, но, как правило, все баги П1, П2 и П3 должны быть зафиксированы и закрыты до релиза.

В случае с П3, если не хватает времени, может приниматься решение о релизе, содержащем баг, с условием, что в течение такого-то периода времени (дни) этот баг будет зафиксирован, протестирован и патч-релиз выпущен на машину для пользователей.

Почему принимается такое решение, которое, казалось бы, противоречит здравому смыслу?

Очень просто. Политика, господа: акционеры компании ждут доходов от своих инвестиций, и каждый основной либо дополнительный релиз — это потенциальный катализатор новых прибылей, и такие вещи, как парочка незафиксированных П3, в мире чистогана в расчет не принимаются.

Кроме того, менеджменту придется держать ответ перед теми же акционерами, почему релиз не был выпущен вовремя.

Иногда опять же по политическим соображениям принимается решение о понижении приоритета бага со всеми вытекающими отсюда последствиями, например, когда П2 понижается до П3 и этот П3 выпускается на продакшн.

Приоритет обязательно должен быть выбран из списка, иначе баг нельзя занести в СТБ.

В случае сомнений в том, какой приоритет поставить, например П3 или П2, я обычно иду по пути повышения приоритета, т.е. выбираю П2. Как говорится, не корысти ради, а во благо наших дорогих и любимых пользователей.

Иногда возникают конфликтные ситуации, когда программист считает, что приоритет завышен, а тестировщик утверждает, что “сам ты такой” и приоритет назначен правильно. В таком случае вы можете попросить своего менеджера принять решение о снижении приоритета, если вы считаете, что поставленный вами приоритет верен и не хотите снижать его сами. **Помните, что дружба дружбой, а если вы были заблокированы и из-за любви к своему программисту поставили П3 вместо П1, то проблемы с невыполнением плана будут у вас, а не у него, так как это вы, а не он можете не закончить в срок исполнение тестирования.**

Приоритет — это мощнейший инструмент, используя который вы влияете на расписание работы программиста, поэтому не злоупотребляйте им (приоритетом) и используйте его мудро.

NOTIFY LIST (СПИСОК ДЛЯ ОПОВЕЩЕНИЯ)

Это ниспадающее меню со списком алиасов всех пользователей, зарегистрированных в СТБ. Во многих случаях тестировщику необходимо, чтобы

- о факте занесения бага и
- о любом изменении в самой записи о баге

знал определенный круг людей.

Оповещение происходит с помощью е-мейла, в который включаются:

- номер бага;
- статус;
- краткое описание;
- приоритет;
- серьезность бага;
- название, старое и новое значение измененного атрибута (например, кто-то занес свое мнение в комментарий);
- имя того, кто покусился изменить баг (либо занести новый баг в СТБ).

Кстати,

каждый пользователь СТБ может отрегулировать настройки оповещения как ему удобно, например, можно сделать так, чтобы е-мейл посылался каждый раз, когда заносится баг, упоминающий в кратком описании некий спек, например, за номером 7611.

Как правило, по умолчанию

- *после занесения бага е-мейл посылается*

  автору бага и
  держателю бага,

- *а при изменении записи о баге —*

  автору бага,
  держателю бага и
  лицу, изменившему баг.

Настройками оповещения, общими для всех участников процесса, ведает, как вы уже догадались, администратор СТБ.

Таким образом, атрибут “Список для оповещения” используется автором бага либо другим заинтересованным лицом для того, чтобы е-мейлы посылались тем, кто **не является реципиентом по умолчанию.**

Я всегда включаю в “Список для оповещения” имя продюсера, чтобы тот знал о состоянии дел, связанных с тестированием его спека.

Выбор значений для данного атрибута не является обязательным.

CHANGE HISTORY (ИСТОРИЯ ИЗМЕНЕНИЙ)

Это наиважнейший, автоматически заполняемый атрибут. Суть его в том, что **любое** изменение бага отражается в нередактируемом многострочном текстовом поле в следующем формате:

- дата и время изменения *(date and time of change)*;
- имя лица, изменившего баг *(who changed)*;
- название измененного атрибута *(what was changed)*;
- предыдущее значение атрибута *(previous value)*;
- новое значение атрибута *(new value)*.

Запомните, что **любые действия любого лица,** имеющего счет в СТБ, **автоматически записываются,** запись доступна для всех пользователей СТБ и не подлежит редактированию. Таким образом, можно до секунды увидеть, что конкретно, как конкретно и кем конкретно было изменено. Анонимность, столь любимая посетителями интернет-форумов, полностью исключена.

***TYPE* (ТИП БАГА)**

Это ниспадающее меню со значениями:

- *bug* (баг),
- *feature request* (запрос о фича).

По умолчанию значение типа бага (типа записи) — это “баг”, т.е. расхождение между фактическим и ожидаемым результатом, и 95% багов (записей) в СТБ имеет значение “баг”.

Компьютерный термин “Feature” не имеет эквивалентного термина в русском языке, и мы можем

- *либо изобрести новое слово,*
- *либо позаимствовать существующее слово из английского языка и соответственно писать его русскими буквами (что мы и сделаем).*

Я всегда стараюсь найти подходящий перевод английской терминологии, но иногда это просто не удается, и хотя заимствованные слова, написанные кириллицей, могут поначалу коробить слух и глаз, это вещь вполне легитимная. Например, книга Василия Аксенова “В поисках грустного бэби” изобилует такими словами, так как многие из них просто невозможно правильно перевести (например, “плаза”). Кроме того, есть термины, устоявшиеся в профессиональной среде (например, наша “фи́ча”).

Итак, ***фича*** *— это в зависимости от контекста*

- ***функциональность либо***
- ***характеристика (или свойство) компонента кода, интерфейса, базы данных и пр.***

Например

Значение “функциональность” работает, если мы говорим о кепча. Значение “характеристика” работает, если мы говорим об оптимизации кода с целью улучшения перформанса (скорости работы сайта).

Обратно к *Feature request*.

Баг с типом *Feature request* заносится в СТБ с именем продюсера или программиста в *Assigned to*, когда у вас родилась идея об улучшении некой существующей фича или о новой фича.

Значение типа *Feature request* также используется в баге, служащем основанием для патч-релиза, в случае, когда появилась необходимость в **срочном изменении** кода на машине для пользователей и это изменение не связано с багом (как отклонением фактического от ожидаемого).

Логичным будет **вопрос:** почему мы употребили выражение **“срочное изменение”**?
Вот **ответ:** если нужна новая функциональность, то продюсер пишет спек, программист его кодирует и т.д. в соответствии с процессом разработки ПО. Каждая стадия процесса имеет свои временные рамки, которые привязаны к расписанию релизов *(release schedule)*. А что, если у нас появилась незапланированная потребность в новой фича и ее нужно срочно выпустить?

Пример

*Допустим, мы выпускаем один основной релиз в месяц. Сегодня **10 ноября**, и последний основной релиз (7.0) состоялся **31 октября**. Если сегодня (10 ноября) появилась новая идея (например, о добавлении кепча на страницу регистрации), то если мы включим ее в наш процесс разработки как любую очередную идею, то наша многострадальная кепча появится на машине для пользователей **не 1 декабря** в релизе 8.0 (так как все спеки релиза 8.0 уже заморожены), а **1 января** в релизе 9.0. Таким образом, придется ждать больше полутора месяцев. Что делать, если у нас нет полутора месяцев, а есть полтора часа? Нужно занести баг “Feature request” с приоритетом П1. Если же фича может подождать до 8.0, то опять же заносим баг с типом “Feature request”, но уже с приоритетом П3.*

Вот такие дела...

STATUS (СТАТУС)

Это ниспадающее меню со значениями:

- *Open (Открыт),*
- *Closed (Закрыт),*
- *Re-Open (Повторно открыт).*

Значение *Open* присваивается багу автоматически при занесении бага.

Закрыть баг можно только при соответствующей резолюции (об этом через минуту).

Значение *Re-Open* выбирается тестировщиком, когда он возрождает к жизни закрытый баг.

Почему возникают ситуации, когда баги приходится открывать заново?

Например

- *программист сделал изменение в коде и поломал отремонтированный ранее код, так что проблема появилась заново. В этом случае говорят о том, что баг был reintroduced ("заново внесен на рассмотрение" — так себе перевод, но ничего лучше я не нашел);*
- *баг был найден на машине для пользователей. Программист сделал checkin отремонтированного кода в бранч-версии машины для пользователей и позабыл сделать checkin в ствол. Следовательно, в следующем релизе баг появляется снова.*

В связи со статусом запомним две вещи:

- **ВСЕ найденные баги должны заноситься в СТБ.** Исключений быть не может. Ваша работа как тестировщика — искать баги. Единственный и неповторимый результат вашей работы — баг, занесенный в СТБ. Умные программисты никогда на вас не обидятся, так как качество их работы измеряется не количеством багов, ими допущенных, а скоростью, с которой они эти баги чинят (почти по Глебу Жеглову);
- **занесенные в СТБ баги НИКОГДА не удаляются из СТБ.** Чтобы ни случилось, пока живет компания, ее СТБ включает ВСЕ баги, найденные в продукте. Администратор СТБ должен настроить последнюю так, чтобы исключить возможность удаления багов пользователями СТБ.

Таким образом, каждый баг, когда-либо найденный в продукте, будет иметь одно из трех упомянутых значений статуса.

RESOLUTION **(РЕЗОЛЮЦИЯ)**

Это ниспадающее меню со значениями:

Not Assigned (не приписан)
Assigned (приписан)
Fix in Progress (баг ремонтируется)
Fixed (баг отремонтирован)
Build in Progress (билд на тест-машину в процессе)
Verify (проведи регрессивное тестирование)
Fix is Verified (ремонт был успешен)
Verification Failed (ремонт был неуспешен)
Can't Reproduce (не могу воспроизвести)
Duplicate (дубликат)
Not a bug (не баг)
3rd party bug (не наш баг)
No longer applicable (поезд ушел)

Резолюция — очень важный атрибут, напрямую связанный со статусом.

Если статус — это своего рода “жив”, “умер”, “реинкарнировался”, то резолюция — это “поступил в институт”, “женился”, “купил машину”, т.е. резолюция — это детализация статуса.

Not Assigned (не приписан)

Такая резолюция может быть после того, как баг занесен, но лицо, занесшее баг в СТБ, не знает, кто может этот баг зафиксировать.

Assigned (приписан)

К новому багу приписан держатель *(owner)*, т.е. лицо, ответственное за совершение следующего действия в отношении бага в соответствии с процессом.

Как мы помним, ***у каждого открытого бага всегда есть держатель***.

В случае резолюции ***Not Assigned*** держателем бага является автор бага, не передавший его дальше.

Итак, меняем статус на *Assigned*, когда передаем баг для ремонта, и выбираем имя из ниспадающего меню *Assigned to.*

Fix in Progress (баг ремонтируется)

Это значение резолюции выбирается программистом, когда он начинает ремонт бага. Держатель бага — программист.

Fixed (баг отремонтирован)

Это значение резолюции выбирается программистом после того, как он

- отремонтировал баг и
- сохранил код в *CVS*.

Держатель бага — релиз-инженер.

Build in Progress (билд на тест-машину в процессе)

Это значение резолюции выбирается релиз-инженером (а иногда и билд-скриптом) после запуска на тест-машину билда с отремонтированным кодом, т.е. ***Build in Progress*** приходит на смену ***Fixed.***

Здесь нужно заметить, что если даже баг найден на машине для пользователей, патч-релиз происходит только после того, как ремонт протестирован на тест-машине.

Держатель бага — релиз-инженер.

Verify (проведи регрессивное тестирование)

Это значение резолюции выбирается релиз-инженером (а иногда и билд-скриптом) после того, как билд на тест-машину завершен.

Держатель бага — лицо, чье имя указано в *Verifier*. Если у верифаера нет возможности проверить ремонт, то он может просто выбрать другое значение *Verifier* так, чтобы его коллега принял груз ответственности.

Fix is Verified (ремонт был успешен)

Регрессивное тестирования бага состоит из двух частей, следующих одна за другой в таком порядке:

Часть 1:

проверка того, что баг был действительно починен, т.е. четко следуем инструкциям из “Описания и шагов...” для воспроизведения бага. Если функциональность работает как следует, то баг действительно был починен.

Часть 2:

проверка того, что ремонт бага не наплодил других багов. Код — это тонкая материя, состоящая из множества взаимозависимых компонентов, и чем сложнее ПО, тем труднее предугадать, как изменение кода в одном месте отразится на работе всех закоулков системы. Если программист не указывает в комментариях, какая часть ПО может быть попутно затронута ремонтом, я в зависимости от ситуации

- прохожу по приоритетному флоу функциональности, код которой был отремонтирован, и/или
- делаю энд-ту-энд-тест.

Пример *с энд-ту-энд-тестом*

в функциональности корзины была проблема с тем, что пользователь не мог изменить количество книг. Энд-ту-энд-тест, который бы я сделал:

а) добавить в корзину книгу,
б) изменить количество книг и
в) произвести оплату.

Таким тестом мы проверяем, что флоу, в которое включен отремонтированный компонент, все еще работает.

Изменить резолюцию на *Fix is Verified* можно непосредственно после успешного завершения части 1.

При значении *Fix is Verified* можно закрыть баг. После закрытия бага у него нет держателя, так как его некуда больше передавать.

После того как резолюция стала *Fix is Verified* и до закрытия бага держателем бага является товарищ, который выбрал эту резолюцию.

Verification Failed (ремонт был неуспешен)

Если первая часть регрессивного тестирования показала неуспешность ремонта, т.е. баг все еще существует в коде, то мы не делаем второй части, а просто выбираем это значение резолюции, после чего держателем бага становится программист, который починил код.

Can't Reproduce (не могу воспроизвести)

Эта неприятная для тестировщика резолюция выбирается программистом после того, как перед починкой кода он пытается воспроизвести проблему и не может сделать этого. Как правило, *Can't Reproduce* имеет место в следующих случаях:

- "Описание и шаги..." содержат неполную, неверную или нечеткую информацию о том, как воспроизвести баг, и/или
- бага нет, т.е. тестировщик принял за баг правильно работающий код.

Одной из основных вещей в отношении багов в ПО является идея об их воспроизводимости, т.е. **если баг существует, его можно воспроизвести.** Бывает так, что тестировщик, найдя баг в ПО, сразу же открывает СТБ, заносит новый баг и, довольный собой, продолжает работу. Программист же соответственно бросает работу, начинает воспроизводить этот баг и после нескольких неудачных попыток посылает его обратно тестировщику с резолюцией *Can't Reproduce*. Особенно неприятна ситуация, когда описание бага содержит сложную и долгую процедуру, необходимую для воспроизведения.

Лучшим средством превентирования подобных вещей является правило: **"Перед тем как занести новый баг, воспроизведи его еще раз"**, т.е., после того как найден баг, необходимо воспроизвести его повторно. Это, казалось бы, простое правило поможет и тестировщику, и программисту быть немного счастливее, а наше счастье — это счастье пользователей.

Бывают такие случаи, когда очень сложно выявить **условия,** которые привели к появлению бага.

> ***Кстати,*** *проведем границу между* ***условиями возникновения бага и причинами возникновения бага.***
>
> ***Условие появления бага*** *— это непосредственная ситуация, воспроизведя которую мы воспроизводим баг. Например, пользователь может добавить кредитную карту с датой истечения действия в прошлом.*
>
> ***Причина появления бага*** *— это конкретная ошибка программиста или продюсера, результатом которой является баг (например, сделана ошибка в логике кода).*

Идем дальше.

Например, мы увидели баг и не можем воспроизвести его, совершая, казалось бы, те же самые действия, которые привели нас к багу в самом начале. После того как баг не был воспроизведен, мы оставляем наши попытки, так как, **если баг существует, его можно воспроизвести,** продолжаем работу, а затем снова видим тот же баг и снова не можем его воспроизвести.

Что я могу сказать? Именно такие ситуации бросают вызов нашему профессионализму. Если баг появился один раз и мы никак не смогли воспроизвести его, то после его второго появления мы ОБЯЗАНЫ найти условия, в результате которых он появляется. Такие условия есть всегда, как порой ни сложно найти их.

> *Вот вам* ***история,*** *рассказанная моим приятелем*
>
> *В одной фармацевтической лаборатории работали четыре сотрудника. Один из них, сотрудник N., изобрел уникальное вещество, которое должно было послужить основой нового лекарства. N. составил подробный рецепт, но никто из его коллег не смог изготовить то же вещество, хотя они в точности выполняли все шаги. Дошло даже до того, что троица, стоя по бокам от N., повторяла все его действия, и все-таки вещество получалось только у него одного. В итоге четыре человека с университетским образованием собрались на совещание и решили, что они поверят в мистическое происхождение вещества, но после одного последнего теста: АБСОЛЮТНО все действия N. в процессе изготовления вещества должны были быть засняты на видеокамеру и тщательно проанализированы.*
>
> *После съемки, тщательного анализа и последующих тестов разгадка была найдена: в процессе изготовления вещества сотрудник N. переходил из одной лаборатории в другую по морозной улице.*

Так как он был заядлым курильщиком, то перед выходом на улицу, чтобы освободить руки для зажигалки и сигареты, он ***клал пробирку с веществом “ближе к сердцу” — во внутренний карман пиджака,*** *и, таким образом, жидкость в пробирке не охлаждалась, как это было с коллегами N., которые не курили и переносили пробирки в руках.*

Мораль сей истории такова: порой мельчайший нюанс может иметь радикальное влияние на конечный результат.

Кстати,

условием *(а вернее, одним из необходимых условий) для воспроизведения вещества было недопущение охлаждения жидкости в пробирке.*

Причиной *же появления того или иного итогового вещества были химические процессы.*

Итак, стремитесь к тому, чтобы программисты никогда не возвращали вам баги с резолюцией *Can’t reproduce*.

Держатель — тот, кто занес баг в СТБ.

Duplicate (дубликат)

Эта резолюция выбирается после того, как повторный баг был занесен СТБ для той же проблемы.

Даже в стартапах в СТБ заносятся сотни и тысячи новых багов, и порой физически нет возможности просмотреть каждый из них, так чтобы постоянно быть в курсе дел и не занести баг — дубликат уже существующего. На помощь может прийти модификация ваших персональных настроек СТБ, где можно предусмотреть, что вы будете извещаться е-мейлом о всех багах, имеющих определенные значения определенных атрибутов (например, слово “корзина” в кратком описании).

Такая резолюция позволяет закрыть баг.

Держатель — тот, кто занес баг в СТБ.

Not a bug (не баг)

Это значение резолюции присваивается, как правило, программистом, когда возникает ситуация *“it’s not a bug, it’s a feature”* (“это не баг, а фича”), т.е. тестировщик принял за баг то, что, по мнению программиста, работает правильно.

Когда возникают подобные ситуации? Например, когда тестировщик создал тест-кейсы, руководствуясь спеком, а программист создал код, руководствуясь чем-то иным.

Почему возникает "руководствуясь чем-то иным"? Из-за плохих спеков, когда программист фактически делает работу продюсера, придумывая то, как должны работать функциональности, либо же из-за того, что программист решает просто "забить", скажем, на часть спека и сделать по-своему.

Бывает также, что либо тестировщик, либо программист, либо оба из них неправильно поняли спек.

Бывает также, что программист просто "пропустил" часть спека и не написал для этой части код.

Причин множество.

Как правило, после того как программист возвращает мне баг с *Not a bug*, я читаю его комментарии и принимаю решение о закрытии бага или возврате его программисту (меняю резолюцию на *Assigned* и меняю мое имя в *Assigned to* на имя программиста) с моими комментариями.

Кстати, *в зависимости от СТБ и ее настроек значения атрибутов могут быть*

а) взаимозависимыми или

б) нет.

Примеры

*а) значение атрибута Assigned to меняется **автоматически** в зависимости от резолюции:*
*если программист выбрал **Not a bug**, значение Assigned to само меняется на имя лица, занесшего баг в СТБ;*

б) значение атрибута Assigned to статично:
*после того как программист выбрал резолюцию **Not a Bug**, он должен **самостоятельно** изменить значение Assigned to на имя лица, занесшего баг в СТБ.*

Обратно к *Not a bug*.

Если нужно, я уточняю у самого программиста дополнительные детали, и если мы не приходим к консенсусу о том, закрывать баг либо начать ремонт, то я меняю ***Not a bug*** на ***Assigned***, выбираю в *Assigned to* имя **продюсера** и пишу в комментариях, чтобы тот принял решение, что с этим багом делать.

Важный момент: если проблема была в спеке, то продюсер становится держателем бага (после того как я изменю ***Not a bug*** на ***Assigned*** и выберу имя продюсера в *Assigned to)*, и он должен изменить резолюцию на ***Verify*** после того, как спек будет изменен. Я поменяю резолюцию на ***Fix is Verified***, если своими глазами увижу, что спек на самом деле был изменен, изменение было правильным и спек находится в том месте интранета компании, где он должен находиться.

***Кстати,** в некоторых компаниях качество работы тестировщика оценивается (конечно, наряду с прочими факторами) по тому, сколько багов было закрыто с резолюцией **Not a bug** от общего количества найденных им багов в том смысле, что, чем больше нот-э-багов, тем хуже поработал тестировщик.*

В случае если баг, возвращенный с *Not a bug*, на самом деле не баг, то держателем становится автор бага и баг может быть закрыт.

3rd party bug (не наш баг)

Во всех интернет-компаниях уже используют ПО, написанное другими софтверным компаниями, например интерпретатор для любимого мною языка *Python*. Допустим, что я нахожу баг и заношу его в СТБ. Программист начинает поиск причины бага и видит, что его код работает чики-пики и корень зла находится в "не нашем" ПО, которое каким-либо образом связано с нашим кодом. Что делает программист? Правильно — возвращает мне баг с резолюцией ***3rd party bug***.

Что может быть дальше?

Вариант 1: мы **не** можем повлиять на производителей "не нашего" ПО так, чтобы они зафиксировали свою проблему (которая стала нашим багом).

Например, если проблема была в интерпретаторе *Python*, то единственное, что мы можем сделать, — это найти обходной путь *(workaround)*. Для того чтобы программист начал искать такой путь, мы должны оправдать его усилия тем, что закроем баг с резолюцией ***3rd party bug*** и занесем новый баг, над которым он и станет работать.

Важный момент: этот новый баг будет с типом *"Feature Request"*.

Вариант 2: мы **можем** повлиять на производителей "не нашего" ПО так, чтобы они зафиксировали свою проблему (которая стала нашим багом).

Одним из видов особей, обитающих в софтверных компаниях, являются **менеджеры проекта** *(Project Manager or PjM)*. Менеджер проекта — это **администратор**, который отвечает за проект.

Основа его работы — **координация** между такими частями проекта, как идея, дизайн, кодирование и тестирование, и всеми связанными с ними нюансами типа сроков, людей и прочих ресурсов.

Можно также провести аналогию с должностью директора картины в советском кинематографе, который мог ничего не понимать в работе оператора, но который знал все ходы и выходы, чтобы достать и пленку, и аппаратуру, и самого оператора.

Менеджер проекта — это первый и главный контакт, который должен быть в курсе событий, знать состояние дел и знать, кто за что отвечает, чтобы быстро и точно переадресовать проблему тому, кто ее может решить.

Кстати, *термин "проект" употребляется здесь (в разговоре о менеджерах проекта) в двух значениях:*

- *некая часть ПО, например, "Оплата". У Оплаты может быть свой менеджер проекта, который на постоянной основе ведает всеми делами, связанными с ней;*
- *новая инициатива, например, под названием "Обновление архитектуры базы данных".*

Хороший менеджер проекта — это благословение проекта, плохой — его проклятие. Любимое развлечение плохих менеджеров проекта — организация бесконечного числа бесконечных совещаний с переливанием из пустого в порожнее.

Кстати, *я однажды подсчитал, сколько денег компания тратила на каждое из совещаний по одному из проектов, — цифра была более чем внушительная. Вот формула для консервативного подсчета стоимости одного совещания, может быть, пригодится как-нибудь:*

$$\textit{total cost of meeting} = \\ = \textit{number of participants} \times \textit{median hourly rate} \times \textit{number of hours},$$

где total cost of meeting — сколько стоит компании одно совещание;
number of participants — число присутствующих на совещании;
median hourly rate — средняя заработная плата в час. Заработная плата каждого — это вещь индивидуальная, но все равно можно прийти к некой условной величине, исходя хотя бы из вашей собственной заработной платы;
number of hours — количество часов, которое длится совещание.

Я встречал *PjM*ов очень разных квалификаций и навыков в общении. Бывали даже случаи, когда я шел к своему менеджеру и просил его дать мне другой проект, так как не хотел работать с неким конкретным менеджером проекта.

В подавляющем большинстве случаев в стартапах обязанности менеджера проекта исполняют продюсеры.

Итак, обратно к “не нашему” ПО.

Во многих случаях наш веб-сайт так или иначе связан с ПО, которое принадлежит нашим бизнес-партнерам и ими же поддерживается в рабочем состоянии, например это ПО для процессинга кредитных карт.

Так вот если найденный баг является багом в таком ПО, то тот, кто исполняет обязанности менеджера проекта, набирает номер ответственного лица на стороне наших бизнес-партнеров и координирует действия между нашей и не нашей стороной (например, нашим и не нашим программистами) по разрешению проблемы. Может, это и не баг вовсе, а недопонимание нами, как работает не наше ПО.

Если же это баг, то наш партнер заносит запись о нем в собственную СТБ.

Далее.

Если это баг, то могут быть следующие варианты:

- баг имеет место быть на не нашей тест-машине, т.е. наша тест-машина “разговаривает” с их тест-машиной и/или
- баг имеет место быть на не нашей машине для пользователей (мы выступаем в роли пользователей), т.е. наша машина для пользователей “разговаривает” с их машиной для пользователей.

В зависимости от того, где был найден баг в не нашем ПО и от его важности для нас, а соответственно для нашего контрагента, назначается приоритет, от которого зависит и скорость починки. Всю координацию от “А” до “Я” с нашей стороны осуществляет тот, кто исполняет обязанности менеджера проекта.

Итак, если мы можем повлиять на производителей не нашего ПО и программист вернул вам баг с резолюцией ***3rd party bug***, вы в *Assigned to* выбираете имя того, кто исполняет обязанности менеджера проекта, и, сопровождая баг своими комментариями, делаете его держателем бага. Он со своей стороны после выяснения: “Кто виноват? Что делать? и Едят ли курицу руками?” — может вернуть вам баг с резолюцией *Not a Bug* (если это был не баг, а недопонимание того, как работает не наше ПО) либо же вернуть вам баг (путем *Assigned to)* с той же резолюцией — ***3rd party bug***, и вы в обоих случаях спокойно его закроете.

Важно: в обоих случаях (когда мы не можем/можем повлиять на производителя не нашего ПО) наш программист может ошибочно допустить, что проблема в не нашем ПО, хотя на самом деле это наш баг. В этом случае тестировщик делает:

Resolution — Assigned
Assigned to — имя программиста.

No longer applicable (поезд ушел)

Такое значение резолюции присваивается багу, который раньше действительно был багом, но теперь по какой-то причине таковым не является.

Например

мы исполняем тест-кейс по проверке одного из флоу функциональности "Оплата" и видим, что отсутствует поле для ввода номера CVV2. Мы заносим баг и получаем его обратно с резолюцией ***No Longer Applicable*** *и комментарием программиста, что согласно багу #7723 с типом "Feature Request" мы больше не должны спрашивать CVV2 у пользователя. Таким образом, до занесения продюсером бага #7723 ситуация с отсутствующим CVV2 была бы багом, а теперь это не баг.*

Баги, возвращенные с резолюцией ***No longer applicable***, как правило, возникают из-за отсутствия информации.

В моей практике, если фактический результат после исполнения тест-кейса расходится с ожидаемым результатом по этому тест-кейсу, я пытаюсь воспроизвести баг заново, и если он воспроизводится, то я сразу же заношу его в СТБ. Если же я вижу проблему, которая не связана с моим ожидаемым результатом и/или функциональностью, о которой я имею полную информацию, то обычно контактирую с коллегами-тестировщиками, которые владеют вопросом о функциональности, в которой, как мне **кажется,** есть баг.

Резолюция ***No longer applicable*** позволяет закрыть баг, если он на самом деле больше не баг.

Процесс трэкинга багов

Теперь, после того как мы поговорили об атрибутах СТБ, посмотрим на блок-схему. На ней мы воочию видим основу процесса трэкинга багов. Эта основа сама по себе является стандартной версией процесса, и интернет-компании используют ее в таком либо измененном виде.

Процесс трэкинга багов

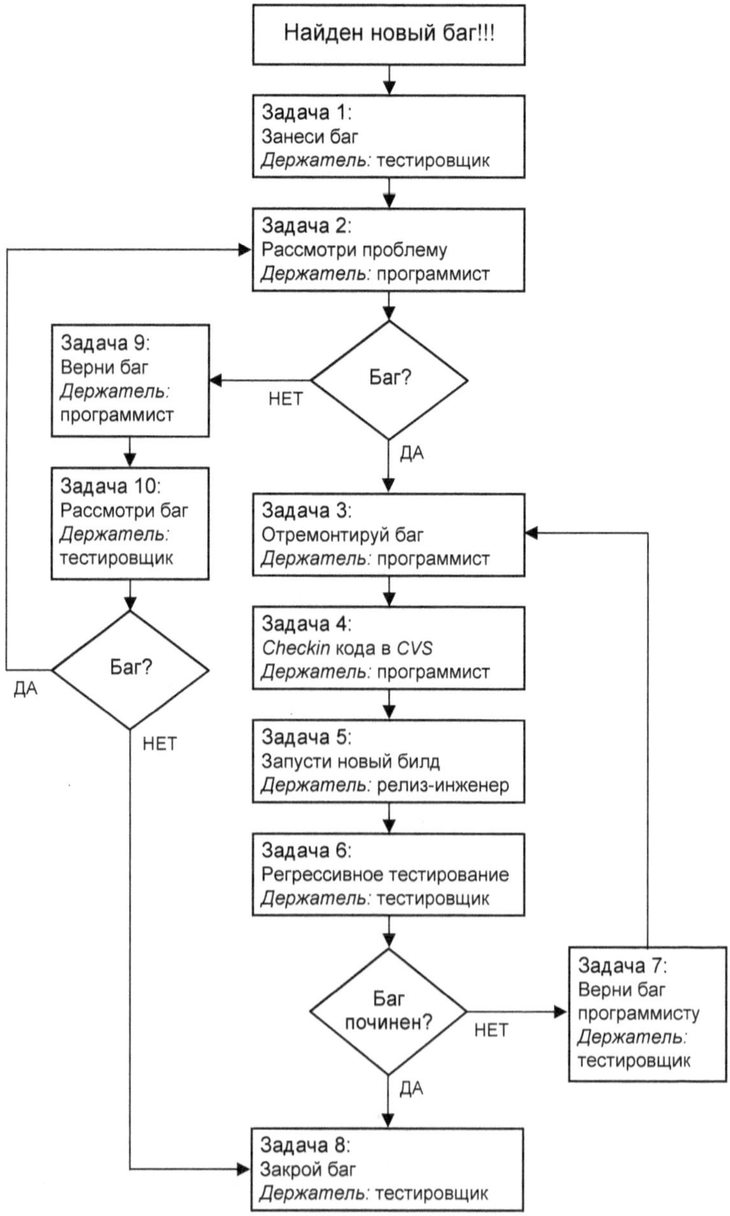

Кстати, для упрощения допустим, что баг заносится тестировщиком (хотя мы знаем, что баг может заноситься кем угодно) и против кода программиста (хотя мы знаем, что существуют и баги спека, которые заносятся против продюсера).

Давайте сделаем так:

- сначала рассмотрим процесс концептуально, затем
- привяжем к каждой его стадии наши атрибуты (детальное рассмотрение процесса), затем
- приведем конкретный пример.

Концептуальное рассмотрение процесса трэкинга багов

Задача 1: После того как мы нашли проблему в ПО, заносим новый баг.

Задача 2: Программист получает баг, старается понять, в чем проблема, и если это действительно баг, то

> Задача 3: Программист начинает ремонт.
>
> Задача 4: После того как ремонт закончен, программист должен сделать *checkin* кода в *CVS*.
>
> Задача 5: Релиз-инженер запускает новый билд, чтобы отремонтированный код пришел из *CVS* на тест-машину.
>
> Задача 6: Тестировщик проводит регрессивное тестирование, и если починка **НЕ** удалась, то
>
> > Задача 7: Баг возвращается программисту на новый ремонт.
>
> Если же починка **удалась,** то
>
> > Задача 8: Баг закрывается. *Goodbye my love, Goodbye.*

Идем обратно к развилке после задачи 2. Допустим, программист не считает, что зарапортованная ситуация является багом. Тогда он:

> Задача 9: Возвращает баг.
>
> Задача 10: Тестировщик старается понять свою ошибку, и если ошибка имела место и баг соответственно места не имел, то
>
> > Задача 8: Баг закрывается.
>
> Если же тестировщик считает, что это все-таки баг, то баг отправляется обратно программисту.

Задача 2: Программист снова пытается понять, баг ли это. И т.д.

Детальное рассмотрение процесса

Давайте вольем в рассмотренную форму содержимое, состоящее из атрибутов и их значений, как мы хотим это нашей компании *www.testshop.rs*.

Задача 1:

Атрибут	Комментарий по заполнению либо конкретное(ые) значение(я) атрибута
Summary	Краткое описание
Description and Steps to Reproduce	Описание и шаги...
Attachment	Используем это поле, если нужна дополнительная иллюстрация
Assigned to	Имя программиста
Component	Название компонента
Found on	Где был найден баг
Version Found	Номер версии
Build Found	Номер билда
Severity	Значение серьезности
Priority	Значение приоритета
Notify list	По минимуму — имя продюсера
Type	"Bug"
Resolution	"Assigned"

Задача 2:

Программист признает, что это баг:

Задача 3:

Resolution	"Fix in Progress"

Задача 4:

Resolution	"Fixed"
Version Fixed	Номер версии
Build Fixed	Номер билда
Assigned to	Имя релиз-инженера

Задача 5:

Resolution	"Build in Progress"

и после того, как новый билд появился на тест-машине:

Resolution	"Verify"
Assigned to	Имя лица из *Verifier*

Задача 6:

Баг **НЕ** починен:

Задача 7:

Resolution	"Verification Failed"
Assigned to	Имя программиста

Баг починен:

Задача 8:

Resolution	"Fix is Verified"
Status	"Closed"

Обратно к задаче 2:

Программист НЕ признает, что это баг:

Задача 9:

Resolution	"Can't Reproduce", либо "Duplicate", либо "Not a bug", либо "3rd party bug", либо "No longer applicable"
Assigned to	Имя тестировщика

Задача 10:

Баг:

Resolution	"Assigned"
Assigned to	Имя программиста

НЕ баг:

Status	"Closed"

Конкретный пример

Тестировщик Антон Никонов при исполнении тест-кейса #NBST0001 обнаружил новый баг. Он открывает СТБ и заносит в нее нового жителя:

Атрибут: ***Summary.***
Значение:

"Спек. 1211: неверное значение колонки result таблицы cc_transaction для VISA".

Атрибут: ***Description and steps to reproduce.***
Значение:

"Description:

При оплате картой VISA в колонке result таблицы cc_transaction в базе данных записывается неверное значение.
Используйте следующую информацию для воспроизведения проблемы:

Эккаунт: testuser1/pa$$w0rd
Наименование товара: book117
Данные карты:
Номер: 9999-5148-2222-1277
Окончание действия: 12/07
CVV2: 778
SQL1: select result from cc_transaction where id = <номер заказа>;

Steps to reproduce:

1. *Открой www.main.testshop.rs.*
2. *Введи имя пользователя.*
3. *Введи пароль.*
4. *Нажми кнопку "Войти".*
5. *Введи наименование товара в поле поиска.*
6. *Нажми кнопку "Найти".*
7. *Кликни линк "Добавить в корзину".*
8. *Кликни линк "Корзина".*
9. *Кликни линк "Оплатить".*
10. *Выбери вид карты.*
11. *Введи номер карты.*
12. *Введи срок окончания действия.*
13. *Введи CVV2.*
14. *Нажми кнопку "Завершить заказ".*
15. *Запиши номер заказа.*
16. *Запроси базу данных с SQL1.*

Bug: 20.
Expected: 10".

Атрибут: ***Assigned to.***
Мистер Никонофф идет на страничку в интранете “Кто ответствен за что” и видит, что программистом Оплаты в настоящее время является О. Столяров. Так и запишем.
Значение:
“*О. Столяров*”.

Атрибут: ***Component.***
Значение:
“*Оплата*”.

Атрибут: ***Found on.***
Баг был найден при тестировании на *www.main.testshop.rs*.
Значение:
“*www.main.testshop.rs*”.

Атрибут: ***Version Found.***
Антон знает, что номер версии и номер билда видны в комментариях *HTML*-кода на всех страницах нашего веб-сайта. Поэтому он открывает в окне браузера *www.main.testshop.rs*, делает клик правой кнопкой мышки и выбирает *View Page Source* (посмотреть код страницы). Запускается текстовый редактор, например *Notepad* (Блокнот), в котором виден *HTML*-код страницы, и в комментариях Антон находит номер версии и номер билда, например 7.0-58.
Значение:
“*7.0*”.

Атрибут: ***Build Found.***
Значение:
“*58*”.

Атрибут: ***Severity.***
Это обычный функциональный баг, четко подходящий под С3.
Значение:
“*С3*”.

Атрибут: ***Priority.***
Мы должны понять, какие будут последствия в случае если значение колонки ***result*** таблицы ***cc_transaction*** не равно 10 при оплате карточкой *VISA*. Мы задаем вопрос программисту, и выясняется, что в этом случае на машине для пользователей **транзакция будет считаться недействительной**, даже если деньги с карточку будут сняты и соответственно пользователь не получит своего

заказа. Довольно серьезный баг, если учесть, что *VISA* — это наиболее широко используемая платежная система.
Исходя из вышесказанного, мы должны дать багу приоритет П1.
Значение:
"П1".

Атрибут: ***Notify list.***
Согласно странице интранета "Кто ответствен за что", оплата курируется продюсером В. Новоселовым.
Значение:
"В. Новоселов".

Атрибут: ***Type.***
Значение:
"Bug".

Атрибут: ***Resolution.***
Мы знаем имя программиста, который должен заняться багом, и поэтому ставим резолюцию как *"Assigned"*.
Значение:
"Assigned".

СТБ присвоила багу номер 3221.

После того как баг был занесен, е-мейлы летят к

- А. Никонову *(Submitted by* — автор бага),
- О. Столярову *(Assigned to* — держатель бага) и
- В.Новоселову (лицо из *Notify list)*.

Поскольку держателем бага стал Олег Столяров, то за ним и следующее действие, а именно рассмотрение проблемы.

Проблема рассмотрена, и баг найден в коде *Python* файла *create_payment.py:*

```
if credit_card == "VISA":
    update_db("update cc_transaction set result = 20 where external_id = " + transaction_id).
```

Этот код, переведенный на язык Пушкина и Булгакова, означает:

Если используется кредитная карта VISA,
сделай значение колонки result таблицы ***cc_transaction*** *равным 20 в строке, где значение колонки* ***external_id*** *равно значению переменной* ***transaction_id***.

Как видим, это простой в починке баг, который исправляется изменением цифры 2 на цифру 1:

if credit_card == "VISA":
update_db("update cc_transaction set result = ***10*** *where external_id = " + transaction_id).*

Олежек входит в СТБ:

Атрибут: ***Resolution.***
Значение:
"Fix in Progress".

Олежек исправляет баг на своем плэйграунде, делает скоренький юнит-тест и сохраняет баг в бранче *CVS* для релиза 7.0 и в стволе.

Затем он снова входит в СТБ и передает баг дальше:

Атрибут: ***Resolution.***
Значение:
"Fixed".

Атрибут: ***Version Fixed.***
Значение:
"7.0".

Атрибут: ***Build Fixed.***
Значение:
"59".

Сегодня вторник, а значит, согласно страничке в интранете "Расписание релиз-инженеров", новый билд может запустить для нас релиз-инженер С. Щетинин, который сегодня находится на дежурстве по всем вопросам, связанным с багами.

Атрибут: ***Assigned to.***
Значение:
"С. Щетинин".

С. Щетинин, только что вернувшийся с обильного обеда, прошедшего в ресторане *"Mayflower"* в окружении институтских дружков, таких же, как он, тунеядцев и игроков в покер, получает от СТБ е-мейл о том, что он стал новым держателем бага #3221.

С. Щетинин является держателем и множества других багов, ждущих своего регрессивного тестирования. Согласно расписанию билдов в компании *www.testshop.rs,* у нас есть 3 билда в день: в 12:00, 15:00, 18:00 по московскому времени. Сейчас 14:45, и через 15 минут Станислав должен запустить новый очередной билд (59) для версии 7.0.

Запустив билд-скрипт для версии 7.0, он входит в СТБ и среди прочих меняет и #3221:

Атрибут: ***Resolution.***
Значение:
"Build in Progress".

После того как билд-тест сайта *www.main.testshop.rs* завершен и не было никаких ошибок (например, проблем с интеграцией кода одного программиста с кодом другого), сеньор Щетинин снова идет в СТБ:

Атрибут: ***Resolution.***
Значение:
"Verify".

Атрибут: ***Assigned to.***
Значение:
"А. Никонов".

Если ошибки поломали билд, то начинается выяснение и устранение. Ошибка может быть допущена как релиз-инженером, так и программистом. В последнем случае срочно посылают е-мейлы программистам с целью выяснить, чем код поломал билд, чтобы те немедленно разобрались, в чем дело. Если проблема сломанного билда (broken build) не решается в течение, скажем, 60 минут, то, согласно правилам нашей компании, С. Щетинин возвращает на www.main.testshop.rs предыдущий билд, т.е. 58.

Тестировщик Антон Никонов получает радостное известие, что баг #3221 был зафиксирован и отремонтированный код ждет его на *www.main.testshop.rs.* Удостоверившись, что *www.main.testshop.rs* имеет версию и билд 7.0-59, он исполняет шаги, указанные в "Описании и шагах..." бага, и, удостоверившись, что значение *result* стало равным 10, закрывает баг:

Атрибут: ***Resolution.***
Значение:
"Fix is Verified".

Атрибут: ***Status.***
Значение:
"Closed".

А затем в качестве второй части регрессивного тестирования исполняет, например, тест-кейс с картой *MasterCard*. Флоу с *MasterCard* — это приоритетное флоу функциональности Оплата, и неплохая идея проверить, что ремонт ситуации с *VISA* не сломал флоу с *MasterCard*.

Краткое подведение итогов

1. СТБ — это
   - с одной стороны, хранилище багов, а
   - с другой — средство коммуникации.
2. Баг — это в зависимости от контекста
   - расхождение между фактическим и ожидаемым результатами и/или
   - запись (виртуальная карточка) в СТБ.
3. Настройки СТБ определяются процессом, а не наоборот.
4. Настройками СТБ и созданием эккаунтов ведает администратор СТБ.
5. Занести баг может любой, у кого есть счет в СТБ и соответствующая привилегия.
6. У бага в СТБ есть атрибуты, значения которых позволяют судить о состоянии и истории бага.
7. Значения некоторых атрибутов присваиваются автоматически (номер бага).
8. Мы никогда не заносим баг с кратким описанием “Ничего не работает”.
9. Приложение *(attachment)* — это суперполезная вещь, так как служит графической (как правило) иллюстрацией бага.
10. У каждого открытого бага всегда есть держатель.
11. На интранете обязательно должна быть страничка “Кто ответственен за что”.
12. Серьезность бага — это техническая категория.
13. Приоритет бага — категория, связанная с бизнесом.
14. Нет ни одного изменения бага, которое бы не стало достоянием гласности.
15. Функциональность — это только одно из значений емкого термина фича.
16. Значения резолюции — это этапы жизни бага.

Вопросы и задания для самопроверки

1. Могут ли простые бумажные карточки или текстовый файл служить в качестве СТБ?
2. Приведите пример формата значения атрибута “Шаги и ожидаемый результат”.

3. Чем били по голове тех, кто заносил баг с кратким описанием “Ничего не работает”?
4. Перечислите элементы веб-страницы и проблемы, с ними связанные.
5. Как сделать графический файл с тем, что мы видим на экране монитора?
6. Основная обязанность держателя бага.
7. Что должен проверить *Verifier* перед началом регрессивного тестирования?
8. Приведите две части регрессивного тестирования. Нужно ли проводить вторую часть, если первая не работает? Можно ли закрыть баг уже после первой части, если ремонт был успешен?
9. В чем концептуальное различие серьезности и приоритета?
10. Кого мы обычно включаем в *Notify list?*
11. Дайте определение фича.
12. Почему возникают ситуации, когда баги приходится открывать заново?
13. Что нужно делать для того, чтобы программисты не возвращали вам баги как *“Not Reproducible”*?
14. Почему возникают ситуации, когда баг возвращается с резолюцией *“Not a bug”*?
15. Нарисуйте блок-схему процесса трэкинга багов.

ИСПОЛНЕНИЕ ТЕСТИРОВАНИЯ. СТАДИЯ 1: ТЕСТИРОВАНИЕ НОВЫХ ФИЧА

- TEST ESTIMATION (ТЕСТ-СМЕТА)
- ENTRY/EXIT CRITERIA (КРИТЕРИЙ НАЧАЛА/ЗАВЕРШЕНИЯ)
- TEST PLAN (ТЕСТ-ПЛАН)

Хотя при разговоре о процессе разработки ПО мы перевели *"New Feature Testing"* как "Тестирование новых компонентов", я предлагаю немедленно заменить "компонентов" на "фича", так как это более точный перевод и мы уже знаем, что такое фича.

Исполнение тестирования состоит из двух стадий, идущих в следующей очередности:

1. **Тестирование новых фича** *(new feature testing)*;
2. **Регрессивное тестирование** *(regression testing)*.

Сначала о стадии 1.

После того как код проинтегрирован, тест приемки пройден и код заморожен, мы начинаем тестирование новых фича.

***Кстати**, тест приемки — это, как правило, эд хок-тестирование, при котором мы проверяем, работают ли самые базовые вещи, как, например, создание нового эккаунта. Я рекомендую составить список с такими базовыми вещами,*

например:

Создай новый эккаунт
Войди в систему
Добавь книгу в корзину...

и во время теста приемки мы просто идем от строчки к строчке и делаем проверку. Тест приемки считается пройденным, когда каждый из наших мини-тестов имеет положительный исход.

— Как несвоевременно! Как несвоевременно и коварно был исполнен его тест-кейс!

Кстати, *хорошая традиция — это устроить в конце подготовки к тестированию (или начале исполнения тестирования) совещание, на котором каждый тестировщик, у которого есть новая фича, сделал бы ее короткую, например на две минуты, презентацию. Таким образом мы быстро и эффективно распространяем информацию о новых фича, так, чтобы все были в курсе.*

Вопрос: Как мы тестируем новые фича?
Ответ: Все очень просто: берем в зубы тест-кейсы и исполняем их. Попутно заносим баги. Спорим с программистами о приоритетах этих багов. Закрываем эти баги. Одним словом, обычная суета сует.

Это в общем-то все насчет стадии 1 исполнения тестирования, но, поскольку нужно чем-то занять время, давайте поговорим о нескольких нужных вещах:

- ***Test Estimation*** **(тест-смета).**
- ***Entry/Exit Criteria*** **(критерий начала/завершения).**
- ***Test Plan*** **(тест-план).**

Test Estimation (тест-смета)

Как правило, в интернет-компаниях существует расписание релизов. К этому расписанию привязано расписание тестирования *(QA Schedule)*, которое определяет сроки каждой стадии процесса тестирования.

"Как правило" было употреблено из-за того, что в некоторых компаниях такого понятия, как "Расписание", не существует в принципе.

Итак, допустим, что

- **на подготовку к тестированию дается две недели** (10 рабочих дней (80 часов) + 4 выходных дня (32 часа), которые элементарно могут стать рабочими);
- **на исполнение тестирования также дается две недели** (10 рабочих дней (80 часов) + 4 дня выходных дня (32 часа), которые также элементарно могут стать рабочими),

т.е. у нас есть

две недели на написание тест-кейсов (и прочие подготовительные мероприятия) и две недели, в которые нужно уместить:

- тестирование новых фича по созданным тест-кейсам;
- регрессивное тестирование.

Проблема в том, что, как бы ударно мы ни работали, мы можем выполнить лишь определенный объем работы и возникает конфликт между

- лавиной новых фича, которые могут понадобиться для бизнеса компании, и
- физическими возможностями продюсера, программиста и тестировщика.

Чтобы уравновесить желаемое и реальное, используют **сметы** *(estimation)*.

Тестировщик готовит **тест-смету** *(Test Estimation)*, которая включает:

- предварительную оценку времени, необходимого на подготовку к тестированию;
- предварительную оценку времени, необходимого на тестирование новых фича.

Как тестировщик готовит тест-смету? Очень просто:

после того как написан спек, менеджер тестировщика просит последнего прочитать этот спек и **оценить**, сколько времени займут написание тест-кейсов по этому спеку и прочие подготовительные мероприятия и исполнение этих тест-кейсов. Тестировщик читает спек, предметно общается с продюсером и программистом и на основе полученной информации и своего опыта предоставляет менеджеру два числа, являющиеся тест-сметой для данного спека.

Пример

Для создания тест-сметы тестировщику был дан спек #1299 "Новые функциональности поиска".

Тестировщик предоставил своему менеджеру следующее:

- *потребуется 50 часов на написание тест-кейсов и 20 часов на написание тест-тулов;*
- *потребуется 60 часов на исполнение этих тест-кейсов.*

Таким образом, тестировщик полностью укладывается в график по подготовке к тестированию (80 – 50 – 20 > 0). Оставшиеся 10 часов можно будет использовать для помощи своим коллегам и/или как ре-

*зерв на случай, если оценка тестировщика была неверной и на подготовку **в реальности** потребуется больше времени.*

Сложнее обстоит дело с исполнением тестирования. На регрессивное тестирование остается только 20 часов (80 – 60). Будет ли этих 20 часов достаточно, чтобы закончить регрессивное тестирование в срок? Это зависит от нескольких факторов, основные из них:

- *значительность релиза, например: имело ли место серьезное изменение архитектуры ПО? На сколько процентов изменилось количество строк кода? Были ли добавлены новые критические функциональности, интегрированные со старым кодом? и пр.;*
- *трудоемкость тест-комплектов, которые нужно исполнить для регрессивного тестирования (подробно поговорим о нюансах регрессивного тестирования через полчаса).*

Ответ на последний вопрос ("будет ли достаточно 20 часов?"), как и сам процесс уравновешивания потребностей бизнеса и возможностей работников, — это епархия менеджмента, а мы люди простые, и наше дело — дать предварительные оценки, по возможности приближенные к недалекой реальности.

Итак, как создать тест-смету?

Сложность заключается в том, что тест-смета создается после того, как прочитан спек, а между чтением спека и работой по нему такая же дистанция, как между теоретиком и практиком кунфу. Во время работы над спеком, т.е. создания по нему тест-кейсов, открываются такие грани и нюансы, о существовании которых было трудно (если не невозможно) предположить во время простого прочтения. Кроме того, всегда есть непредвиденные обстоятельства, среди которых может быть, например, неприлично большое количество блокирующих багов.

Кстати,

после того как тест-смета готова, рекомендую увеличить ее на 10%, чтобы учесть такие непредвиденные обстоятельства.

Вот факторы, которые я рекомендую принять во внимание при составлении сметы:

- **предполагаемая сложность новых фича.**
  Чем они сложнее, тем больше нюансов всплывет при подготовке и исполнении и тем больше времени понадобится на тестирование;
- **есть ли у вас опыт тестирования похожих фича.**
  Например, если вы эксперт в тестировании оплаты, то для вас будет проще и быстрее протестировать добавление

еще одного вида кредитной карточки по сравнению с тестировщиком, который никогда кредитных карточек не касался;

- **опыт работы на прошлых проектах с теми же продюсером и программистом.**
  Например, одни программисты пишут удивительно чистый код, всегда проводят юнит-тестирование и с охотой кооперируются с тестировщиками. Другие же бросают куски кода в проект, как грязь на стену, считают юнит-тестирование вещью, не подобающей для компьютерного гения, и не склонны кооперироваться ни с кем, кроме виртуальных солдат игры *Halo*. Следовательно, во втором случае мы должны заложить больше времени на наше тестирование;

- **будет ли интеграция нашего ПО с ПО наших бизнес-партнеров — вендоров** *(vendor),*
  например интеграция с ПО платежной системы. Тест-конфигурация выглядит так: наша тест-машина "разговаривает" с их тест-машиной. Соответственно если что-то не в порядке с их тест-машиной, то проблема решается сложнее, чем при локальном тестировании, когда вы заносите баг и наш программист его ремонтирует. В случае с их тест-машиной

  - тестировщик связывается с менеджером проекта (с нашей стороны);
  - последний должен позвонить вендору;
  - человек со стороны вендора должен найти ответственного программиста;
  - ответственный программист может быть занят
  - и т.д. и т.п.

  В общем целая петрушка из-за того, что это другая компания и наши тестировщики не указ "их" программистам. В случае с интеграцией нашего ПО с не нашим ПО оценка должна принимать в расчет подобные задержки в решении проблем, которые при такой интеграции бывают всегда;

- **нужны ли тулы для автоматизации тест-кейсов?**
  Тест-тулы, как правило, создаются во время написания тест-кейсов как средство для облегчения исполнения тест-кейса, например:

- генерация данных (например, генерация номера тестировочной кредитной карты),
- автоматизация всех либо части шагов,
- помощь в сравнении фактического и ожидаемого результатов.

В одних случаях тестировщик может сам написать такой тул, например, на языках *Java* или *Python*.
В других случаях написание тула в помощь тестировщикам — это дело программиста.

Кстати,
в некоторых компаниях внутри департамента качества существуют специальные отделы по созданию тест-тулов.

Вы должны подкорректировать тест-смету в зависимости от вашей оценки того:

- сколько времени у вас займет создание (включая тестирование) такого тула (если тул создается вами, а не программистом);
- сколько времени этот тул сможет реально сэкономить во время тестирования новых фича.

Итак, при составлении тест-сметы используем вышеперечисленные факторы, слушаем свои опыт и интуицию и советуемся с коллегами.

Упоминание о тест-тулах напомнило мне об одном предмете, который особенно беспокоит сердца обучающихся тестированию, а именно объеме компьютерных знаний.

Вот мое мнение: естественно, что наивно думать об устройстве тестировщиком в интернет-компанию тому, кто не умеет пользоваться е-мейлом и веб-браузером и не знает разницы между принтером и модемом.

Хорошая новость: на первую работу тестировщиком можно устроиться, имея базовые компьютерные знания, которые есть у каждого, кто пользовался компьютером и Интернетом больше одного месяца. Конечно, шансы трудоустройства **существенно** повышаются, если у вас есть дополнительные к базовым знания (приведу конкретные рекомендации через минуту).

Давайте скажем “Спасибо” океану информации под названием “Интернет” за

- гигабайты бесплатного ПО, например компайлеры для *C++* и интерпретаторы *Python*;
- тысячи бесплатных курсов по компьютерным дисциплинам, например пособия по изучению языка *SQL*;
- интернет-форумы на любую тематику, где любой оболтус (включая меня) может задать самый идиотский вопрос и получить на него ответ;
- веб-сайты, бродя по которым мы попутно становимся квалифицированными пользователями Интернета;
- десятки других милых и полезных вещей.

Используйте ресурсы Интернета!!! В нем есть все, что вам нужно, чтобы стать тестировщиком экстра-класса.

Вот список вещей, к которым я предлагаю хотя бы прикоснуться перед поиском первой работы. Потратьте по крайней мере по 10 часов на каждое "прикосновение", причем не просто читайте теорию, а **работайте** с соответствующим ПО (или на соответствующем ПО), например:

- в случае с *UNIX* исполняйте команды, например команду *"mkdir"*, для создания директории или
- пишите код на *Python*.

1. ***HTML.*** Основной язык веб-страниц. Веб-учебник *(web tutorial)* на английском языке и программа для симуляции может быть найдена здесь: *http://www.w3schools.com*. Изучите базовые теги *(tag)*.

2. ***SQL.*** Язык баз данных. Веб-учебник на английском языке можно найти здесь: *http://www.w3schools.com*. Разберитесь с синтаксисом следующих видов запросов *(statements)*:

   CREATE TABLE;
   ALTER TABLE;
   DROP TABLE;
   INSERT INTO;
   UPDATE;
   DELETE;
   SELECT.

   Скачайте и установите на ваш компьютер базу данных *MySQL* *(http://www.mysql.com/)*.

3. ***Python.*** Веб-учебники на английском языке и установочную программу для интерпретатора можно найти на *http://www.python.org*. Возьмите самый простой учебник и ощутите всю прелесть простоты и доступности моего любимого языка программирования.

4. ***UNIX.*** Вот наипростейший веб-учебник: *http://www.math.utah.edu/lab/unix/unix-tutorial.html.* Симулятор *UNIX* для Виндоуз-машин можно скачать здесь: *http://www.cygwin.com.*

5. **C++.** Веб-учебник может быть найден здесь: *http://www.cplusplus.com/doc/tutorial.* Напишите несколько программ, скомпилируйте их, откройте в текстовом редакторе файлы-источники *(source file)*, скомпилированные файлы *(bytecode file)* и ощутите разницу. Компайлер *gcc* является частью симулятора *CygWin,* которую вы установите при знакомстве с *UNIX*.

Естественно, что мои пояснения о том, ЧТО изучить для каждого из вышеуказанных 5 предметов, — это минимум для того, чтобы иметь элементарное представление, но даже такой минимум — это ваш козырь. Очень рекомендую. То, что сейчас кажется вам сложным и запутанным, будет доступным и понятным завтра. Нужно только иметь терпение и приложить немного усилий.

После того как вы найдете работу, специфика ваших технических знаний будет во многом определяться технологиями, используемыми в вашей интернет-компании (например, операционная система машины для пользователей, языки программирования, вид базы данных).

Некоторые из тех, кто начал работать тестировщиком на черноящичном тестировании, распробовали знания из смежных специальностей (например, администрация баз данных) и переместились туда;
некоторые выбрали себе узкую специализацию внутри департамента качества, например написание тест-тулов;
некоторые продолжают с удовольствием для себя и пользователей заниматься черноящичным тестированием или же перешли к сероящичным или белоящичным делам — к чему лежит душа.

Но чтобы найти в итоге свою нишу, нужно искать, а лучший поиск — это изучение новых вещей.

Одна из прелестей нашей профессии заключается в том, что тестировщик соприкасается с множеством вещей как технического (язык программирования), так и нетехнического свойства (менеджмент проекта), так что вам и карты в руки — разберитесь на месте, что вам больше нравится, и приложите усилия, чтобы в итоге заниматься именно этим. Шансы велики, что это будет именно тестирование.

Entry/Exit Criteria (критерий начала/завершения)

Все очень просто.

Entry Criteria (условие старта) — это условие для начала чего-либо.
Exit Criteria (условие завершения) — это условие для завершения чего-либо.

Каждый из двух этапов тестирования имеет свои условия старта и условия завершения.

Например

Условие старта для подготовки к тестированию: все спеки должны быть заморожены.

Условие завершения подготовки к тестированию: тест-кейсы и прочие подготовительные мероприятия написаны и закончены.

Условие старта для исполнения тестирования: код заморожен.

Условие завершения исполнения тестирования: тестирование новых функциональностей и регрессивное тестирование завершено, нет открытых П1 и П2 багов.

Test Plan (тест-план)

Вопрос: Почему мы не поговорили о тест-планах при нашей беседе о тест-кейсах и тест-комплектах?
Ответ: Я не хотел забивать вам головы.

Вопрос: Тогда почему вы их забиваете сейчас?
Ответ: Потому что с теми знаниями, которые у вас уже есть, вам будет проще понять этот материал.

Итак, приступим.

Что такое тест-план? Если вы спросите тестировщиков разных компаний о том, что идет под именем "тест-план" в их компаниях, то ответ часто будет варьироваться:

- *иногда* тест-планом называют тест-комплект,
- в *других* случаях тест-планом называют пару мыслей о тестировании, набросанных на полях журнала *"Playboy"*,
- в *третьих* случаях тест-планом называют текстовый документ, содержащий выдержки из спека, **глядя** на которые и проводится тестирование (такое тоже бывает сплошь и рядом),
- есть еще и *четвертые*, и *пятые* случаи.

Вот концептуальная вещь:

- **тест-кейс нужен для сравнения фактического результата с ожидаемым результатом;**
- **тест-комплект — это логическая оболочка для хранения тест-кейсов;**
- **тест-план — это документ, обобщающий и координирующий тестирование.**

Я обычно ограничиваюсь тест-комплектами и создаю тест-план, если возглавляю проект с участием других тестировщиков.

Давайте рассмотрим элементы, которые вы можете использовать в тест-планах.

***Кстати,** вовсе не обязательно использовать все элементы:*

1. *Вы можете взять элементы (и/или идеи из них) и интегрировать их в свои тест-комплекты;*
2. *Вы можете использовать тест-план в усеченном виде.*

Итак...

ЭЛЕМЕНТЫ ТЕСТ-ПЛАНА

1. Название тест-плана, имя автора и номер версии.

Например

«Тест-план проекта “Новые алгоритмы для поиска”». Автор Т. Черемушкин. Версия 2.

2. Оглавление с разделами тест-плана:

Например

Введение	*стр. 2*
Документация с требованиями к ПО	*стр. 3*
и т. д.	

3. Введение, в котором мы приводим информацию о сути и истории тестируемого проекта.

4. Документация с требованиями к ПО — здесь мы перечисляем имена, номера и приоритеты спеков и/или другой документации, определяющей тестируемые фича.

5. Фича, которые будут тестироваться, перечисляем и, если нужно, комментируем. Каждой фича назначается приоритет.

6. Фича, которые НЕ будут тестироваться, перечисляем и объясняем, почему НЕ будут тестироваться.

Например,

частью спека #9172 “Улучшение безопасности платежных транзакций” являются требования к скорости работы веб-сайта (performance). Допустим, у нас нет ни специалиста, ни ПО для тестирования скорости работы, и если мы не собираемся их нанять и приобрести, то указываем, что перформанс тестироваться не будет, так как нет ресурсов.

7. Объем тестирования — виды тестирования, которые мы будем проводить, и разъяснения к ним.

Например

"Системное тестирование будет исполняться для проверки всего флоу оплаты, начиная от добавления книги в корзину и заканчивая проверкой значений базы данных и подтверждением от тест-машины вендора".

8. Тест-документация — перечисление тест-документации, которая должна быть создана для данного проекта

Например

"Тест-комплект по тестированию спека #1288.
Тест-комплект по тестированию спека #3411".

9. Тест-тулы — функциональности тест-тулов, которые должны быть созданы для тестирования проекта.

10. Критерий начала/завершения — те самые критерии, о которых мы говорили минуту назад:

- критерий начала подготовки к тестированию;
- критерий завершения подготовки к тестированию;
- критерий начала исполнения тестирования;
- критерий завершения исполнения тестирования.

11. Допущения — список допущений, которые мы сделали при составлении данного тест-плана и которые сделаем при тестировании.

Например,

мы допускаем (предполагаем), что код будет заморожен в срок, без задержки.

12. Зависимости — список вещей (с пояснениями), от которых зависит та или иная часть тестирования.

Например,

покупка новых тест-машин,
лицензия на осуществление платежных операций на территории Великобритании.

13. "Железо" и ПО — список и конфигурации "железа" и ПО, которые будут использоваться при тестировании.

14. Условия приостановки/возобновления тестирования — это условия, при которых тестирование должно быть остановлено/продолжено.

Например,

к условию приостановки можно отнести количество П1 багов, при котором (и/или после которого), по мнению автора (-ров) тест-плана, дальнейшее продолжение тестирования не имеет смысла (например, 7 П1). Соответственно условием возобновления должно быть количество оставшихся П1 багов (после ремонта и регрессивного тестирования), которое позволяет возобновить тестирование (например, 2 П1).

15. Ответственные лица — подробный список товарищей (продюсеров, программистов, тестировщиков и пр.), контактная информация и обязанности каждого из них. Такой список может включать лиц со стороны вендора.

16. Тренинг — тренинг, необходимый для данного проекта.

Например,

при соответствующей ситуации нужно указать, что для создания тест-кейсов тестировщику необходимо прослушать семинар "Банковская система США".

17. Расписание — сроки, имеющие отношение к тестированию данного проекта:

- дата замораживания спеков;
- дата начала подготовки к тестированию;
- дата завершения подготовки к тестированию;
- дата интеграции и замораживания кода;
- дата начала тестирования новых фича;
- дата завершения тестирования новых фича;
- дата начала регрессивного тестирования;
- дата завершения регрессивного тестирования.

18. Оценка риска — предположение о том, как и что может пойти по неправильному пути и что мы в этом случае предпримем.

Например,

если мы не успеваем закончить тестирование (не выполняем требование "Условия завершения", например, "все тест-кейсы исполнены") в срок, то придется задерживаться на работе и приходить в офис в выходные и праздники.

*Кстати, если народ приходит в выходные и праздники, то компания **должна**, по крайней мере, кормить его обедом.*

19. Прочие положения — вещи, не вошедшие в тест-план, о которых неплохо было бы упомянуть.

20. Утверждения — это подписи лиц, которые утвердили тест-план. Чем больше будет таких подписей, тем лучше. По крайней мере, нужны подписи менеджера тестировщика, составившего план, самого тестировщика, продюсера и программиста.

21. Приложения — например, расшифровка терминов и аббревиатур, используемых в тест-плане.

Это все о тест-планах и о первой стадии исполнения тестирования.

ИСПОЛНЕНИЕ ТЕСТИРОВАНИЯ. СТАДИЯ 2: РЕГРЕССИВНОЕ ТЕСТИРОВАНИЕ

- ❒ ВЫБОР ТЕСТ-КОМПЛЕКТОВ ДЛЯ РЕГРЕССИВНОГО ТЕСТИРОВАНИЯ
- ❒ РЕШЕНИЕ ПРОБЛЕМЫ ПРОТИВОРЕЧИЯ

Регрессивное тестирование как второй этап исполнения тестирования — это проверка того, что изменения, сделанные в ПО (для того, чтобы мир увидел новые фича), не поломали старые фича.

Допустим, у нас есть 5 тест-комплектов с тест-кейсами для новых фича, а также 21 тест-комплект с тест-кейсами для старых фича. Ситуация эта рождает как минимум два вопроса:

1. **Какие из этих 21 тест-комплекта выбрать,** чтобы:
   - проверить именно те части ПО, которые могли быть поломаны?
   - уложиться в срок, выделенный для регрессивного тестирования (например, 5 рабочих дней + два выходных дня, которые вполне могут стать рабочими)?

2. **Что делать с регрессивным тестированием дальше,** когда после релиза к 21 тест-комплекту прибавятся еще 5 (тест-комплекты, которые проверяли новые фича, примкнут к остальным тест-комплектам и станут кандидатами для регрессивного тестирования) и еще, скажем, 10 после следующего релиза и т.д. (постоянно нарастающий снежный ком)?

– Я вам ща тут все заавтоматизирую!
— А может, лучше по-простому — вручную?

Итак, две темы:

1. **Выбор тест-комплектов для регрессивного тестирования.**
2. **Решение проблемы противоречия между ограниченными ресурсами (например, время на регрессивное тестирование) и перманентно увеличивающимся количеством тест-комплектов.**

Кстати, *как обычно, я излагаю личное видение предмета. В разных компаниях поступают по-разному, но, после того как вы поймете, что я вам расскажу, вы сможете немедленно адаптировать свои знания к реальности компании, в которой будете работать.*

Выбор тест-комплектов для регрессивного тестирования

Первый вопрос: "Как узнать, какие части ПО могут быть поломаны?"

С одной стороны, как мы уже не раз говорили, в сложной системе, которой является более или менее серьезный веб-сайт, во многих случаях сверхсложно определить, где и как откликнется изменение кода, *с другой* — мы все-таки можем предполагать:

- **к какой части ПО принадлежат новые фича** (например, фича из спека #5419 "Новые функциональности для Корзины" принадлежат к "Корзине") и
- **какие старые фича напрямую зависят от части ПО с новыми фича** (например, компонент "Оплата" использует данные (по ценам книг), которые передаются ей компонентом "Корзины").

Решение следующее:

Первой группой кандидатов для регрессивного тестирования у нас будут тест-комплекты, проверяющие часть ПО, к которой принадлежат новые фича.

Например,

при новых фича для "Корзины" в первую группу идут все тест-комплекты, непосредственно тестирующие "Корзину".

Рациональное объяснение:
если программист напортачил с кодом, то фича, тестируемые тест-комплектами первой группы, будут поломаны скорее всего, так как являются частью ПО с измененным кодом.

Второй группой кандидатов для регрессивного тестирования у нас будут тест-комплекты, проверяющие старые фича, которые зависят от части ПО с новыми фича.

Например,
при новых фича для "Корзины" во вторую группу мы можем отнести тест-комплекты, проверяющие "Оплату".

Рациональное объяснение:
если даже программист НЕ сломал ничего, есть большая вероятность того, что код фича, напрямую зависящей от измененной части ПО, также нуждается в модификации (о необходимости которой и продюсер, и программист могли просто... забыть).

Например, *при изменениях в коде "Корзины" был легитимно (согласно спеку) изменен формат куки (cookie — файл с информацией о вашем заказе, хранящийся на вашем компьютере и используемый веб-сервером). Часть же ПО, которая заведует "Оплатой", не была модифицирована (или была модифицирована неверно), и она (эта часть ПО) просто не понимает новый формат куки, а следовательно, купить книгу не представляется возможным.*

Есть и **третья группа**, к которой мы подберемся чуть позднее. Пока же допустим, что группы только две.

Проиллюстрируем:

Группа	Номер тест-комплекта
1	#TS1111
	#TS1222
	#TS1333
2	#TS2444
	#TS2555
	#TS2777
	#TS2888
	#TS2999

Теперь вопрос второй: "Как уложиться в срок, выделенный для регрессивного тестирования?"

Допустим, что у нас есть два тестировщика и неделя времени, т.е. 80 человеко-часов (112 — с выходными, 336 — без сна и отдыха).

Вопрос: Сможем ли мы исполнить все 8 тест-комплектов за эти 80 часов?

Ответ: Очевидно, что для этого нужно знать, сколько времени занимает исполнение каждого из этих тест-комплектов.

Вопрос: Как это узнать?
Ответ: Каждая компания делает по-своему. В одних компаниях есть специальные механизмы трэкинга времени, потраченного на исполнение каждого из тест-комплектов (иногда даже считается время на исполнение каждого тест-кейса), в других после каждого исполнения тестировщик указывает время исполнения в шапке тест-комплекта. В общем разные бывают варианты, но суть в том, что необходимо хотя бы *примерно* знать, сколько времени занимает исполнение каждого тест-комплекта.

"Примерно" — потому что исполнение тест-комплекта может варьироваться в зависимости, например, от того, кто его исполняет (хотя есть и другие факторы). На практике, особенно в случаях со сложными и трудоемкими тест-комплектами, быстрее справляется с задачей тот, кто уже однажды исполнял данный конкретный тест-комплект.

Допустим, что мы знаем, сколько времени занимает исполнение каждого тест-комплекта.

Оговорка: *в реальной жизни исполнение тест-комплектов, как правило, занимает гораздо меньше времени, чем в примере ниже, но нам нужна наглядность.*

Группа	Номер тест-комплекта	Время на исполнение (в часах)
1	#TS1111	10
	#TS1222	15
	#TS1333	17
2	#TS2444	18
	#TS2555	12
	#TS2777	14
	#TS2888	26
	#TS2999	19

Итого, 131 час, что больше запланированных 80, и даже если мы будем работать в выходные, то не хватает 19 часов (131 – 112). Эти 19 часов могут быть, например, распределены на работу в сверхурочное время: примерно 2 часа 40 минут плюс к нашим восьми часам семь раз в неделю (19 : 7). Кстати, так и поступают во многих стартапах.

Но допустим, что наш *www.testshop.rs* не относится к этим многим и славится человечным отношением к своим работникам.

Итак, нам, гуманистам, не хватает 51 часа (131 – 80) для исполнения регрессивного тестирования. Что можно сделать? Среди прочих вещей, таких, как заимствование сотрудников из других отделов, можно сделать следующее: у нас есть приоритет каждого из тест-комплектов. Так давайте же исполним самые приоритетные из них!

Группа	Номер тест-комплекта	Время на исполнение (в часах)	Приоритет
1	#TS1111	10	1
	#TS1222	15	3
	#TS1333	17	4
2	#TS2444	18	4
	#TS2555	12	2
	#TS2777	14	1
	#TS2888	26	3
	#TS2999	19	2

Если мы исполним тест-комплекты

- только 1-го приоритета, то регрессивное тестирование возьмет 24 часа (10 + 14);
- только 1-го и 2-го, то — 55 часов (24 + 12 + 19);
- только 1, 2 и 3-го, то — 96 часов (55 + +5 + 26), это нам не подходит.

Итак, мы исполняем тест-комплекты 1-го и 2-го приоритетов. Оставшиеся 25 часов (80 – 55) можно отдать на исполнение, например:

- спека #1222 (15 часов), либо
- спека #2888 (26 часов), либо
- исполнить наиболее приоритетные тест-кейсы из обоих этих тест-комплектов (самая лучшая идея).

Концепция, думаю, понятна.

Кстати,
определение списка тест-комплектов для регрессивного тестирования — это, как правило, прерогатива менеджмента.

Теперь о **третьей группе.**

Как правило, бóльшая часть тест-комплектов не входит ни в первую, ни во вторую группы. Но они тоже нуждаются в регрессивном тестировании, так как изменение ПО может каким-то образом повлиять и на каждую из них, здесь, как говорится, никто не застрахован. Для того чтобы затронуть все тест-комплекты, для регрессивного тестирования каждого релиза в порядке очереди выделяется по несколько тест-комплектов с расчетом, чтобы все существующие тест-комплекты были исполнены хотя бы один раз в определенный период, например в полгода. **При недостатке времени для исполнения тест-комплектов из группы 3 рекомендую исполнять лишь самые приоритетные тест-кейсы** каждого тест-комплекта, выбранного для исполнения при регрессивном тестировании данного релиза.

Например, *если у нас есть 45 тест-комплектов и один релиз в месяц, то, если исполнять по 15 тест-комплектов каждый релиз, за 3 месяца можно исполнить их все.*

Решение проблемы противоречия

Проблема противоречия между ограниченными ресурсами (например, время на регрессивное тестирование) и постоянно растущим количеством тест-комплектов решается следующими способами:

а. Приоритезация тест-комплектов и тест-кейсов.
б. Оптимизация тест-комплектов.
в. Наем новых тестировщиков.
г. Автоматизация регрессивного тестирования.

а. О пользе приоритезации мы уже говорили. Странно, но во многих компаниях предпочитают изматывать людей, вместо того чтобы приоритезировать тест-комплекты и тест-кейсы и исполнять лишь те из них, которые реально важны.

б. Оптимизация тест-комплектов. Многие старые тест-комплекты могут быть оптимизированы в смысле

- уменьшения количества тест-кейсов и/или
- упрощения исполнения тест-кейсов.

Часто имеет смысл пересмотреть, КАК происходит тестирование в старых тест-комплектах: может быть, некоторые из тест-кейсов уже устарели и/или были написаны тулы для упрощения работы некоторых из них и пр.

в. Когда денег много, а ума мало, прибегают к массированному найму новых тестировщиков, что, конечно, лишь отодвинет решение проблемы, но не решит ее, так как нельзя бесконечно нанимать людей. Я против массированного найма (иногда нанимаются десятки!!! тестировщиков в год) и считаю, что интернет-компании нужен департамент качества, состоящий из немногочисленной группы профессиональных высокооплачиваемых специалистов, которые будут решать проблему регрессивного тестирования подходами *а, б* и *г*.

г. Автоматизации регрессивного тестирования посвящено множество монографий. Я же просто введу вас в курс дела.

Итак, в проекте www.testshop.rs скопилось, например, 78 тест-комплектов, которые нужно как-то исполнять при регрессивном тестировании, причем это количество постоянно увеличивается. Так как у нас нет спеца по автоматизации тестирования, то мы такого спеца нанимаем. Например, это будет г-н Говорков. Созывается совещание тестировщиков, и менеджер представляет г-на Говоркова в роли, примерно, мессии, который решит все наши проблемы с регрессивным тестированием. Когда слово предоставляется самому г-ну Говоркову, то его речь сводится к следующему: "Ща я вам тут все заавтоматизирую!" Тратится несколько тысяч (нередко десятки тысяч) долларов на покупку программы для автоматизации тестирования Silk Test (производитель — компания Segue), и автоматизация начинается.

Через неделю происходит первая демонстрация: запускается автоматический скрипт и начинается магия:

подпрограмма силк-теста — агент открывает окно браузера, вводит имя пользователя и пароль, нажимает на кнопку "Вход", совершает покупку и оплату и сравнивает фактический результат с ожидаемым. Все в полном восторге, ведь очевидно, что через пару месяцев все тест-комплекты будут автоматизированы и, вместо того чтобы работать в поте лица в выходные, мы просто запускаем в пятницу автоматический скрипт силк-теста, а в понедельник видим результат исполнения каждого автоматизированного тест-кейса. Одним словом — лепота!

Однако когда во время регрессивного тестирования следующего релиза мы просим г-на Говоркова запустить автоматические скрипты для тест-комплектов, которые он уже "заавтоматизировал", выясняется, что его автоскрипты не работают из-за того, что интерфейс веб-сайта был в нескольких местах незначительно изменен.

Например, в автоскрипте может быть инструкция о нажатии кнопки "Вход" на такой-то странице, и если агент, исполняющий автоскрипт, не "видит" кнопки с ***именно*** *таким названием, то генерируется ошибка и исполнение тест-кейса прерывается.*

Г-н Говорков, говорит "фигня вопрос", тратит на починку скриптов пару недель и в последний день регрессивного тестирования его автоскрипты все-таки исполняют пару из 10 автоматизированных им тест-комплектов. В следующий релиз все повторяется заново, и в итоге менеджер решает уволить г-на Говоркова и взять на его место обыкновенного черноящичного тестировщика — будет дешевле и эффективнее.

Я ничуть не утрирую. Подобные ситуации происходят в **большинстве** случаев после принятия компанией решения об автоматизации регрессивного тестирования.

Почему так происходит?

Автоматизация регрессивного тестирования заключается в создании целой тестировочной инфраструктуры с библиотеками кода, базами данных, системами отчетности и прочими вещами. Создание такой инфраструктуры — дело очень и очень непростое.

Иногда менеджмент, желая получить результат быстро и любой ценой, давит на спеца по автоматизации, и даже если последний добросовестно создает инфраструктуру для автоматизации, то он это дело бросает и абы как автоматизирует максимальное количество тест-комплектов, для того чтобы менеджмент мог отчитаться перед вышестоящим менеджментом: "*За первый квартал 2005 года было автоматизировано 12 тест-комплектов, содержащих 174 тест-кейса*".

Конечно, все эти автоскрипты не будут вскоре функционировать без трудоемкой поддержки, но кого это волнует? Начальство довольно, и, значит, все "Хоккей".

Но допустим, что менеджмент все понимает и дает карт-бланш на создание Инфраструктуры с большой буквы "Ай".

ПО — это живое существо. Оно постоянно меняется, и автоматизация, связанная с ПО, должна соответственно меняться одновременно с ним. Таким образом, только поддержание *(maintenance)* существующих автоскриптов — задача, требующая больших профессиональных усилий, не говоря уже о написании новых автоскриптов.

Я предлагаю очень простой подход к определению эффективности автоматизированного регрессивного тестирования. Посмотрите, сколько багов было найдено при автоматизированном тестировании за все время использования автоскриптов, разделите общие затраты на автоматизацию на количество багов — результатом будет стоимость нахождения одного бага. Сделайте то же вычисление для того же отрезка времени, но для ручного тестирования и сравните. В 90% случаев стоимость бага, найденного автоскриптом, будет в несколько раз превышать стоимость бага, найденного вручную. И очень большой шанс, что вы подумаете: а зачем вообще нужна ТАКАЯ автоматизация?..

Кстати,

так всегда получается, что в процессе автоматизирования находят больше багов, чем при исполнении автоматизации.

Советую также сравнить время, потраченное на автоматизацию (и ее поддержку) для некого тест-комплекта, с временем на исполнение этого же тест-комплекта вручную. Гарантирую, что результаты удивят, в смысле неприятно удивят, и не в пользу автоматизации.

Таким образом, наиважнейшее значение приобретает профессионализм специалиста по автоматизации.

Профессионализм такого спеца заключается не только в его программистских навыках, но и в том, как четко он представляет:

- ЧТО автоматизировать и
- КАК автоматизировать.

ЧТО:

Лучший кандидат для автоматизации — это тест-кейс для тестирования старой, устоявшейся фича. Автоматизируя его, мы, по крайней мере, можем быть уверены, что автоскрипт не нужно будет переписывать из-за изменения фича и соответственно изменения тест-кейса к ней.

Нет более бессмысленной идеи, чем автоматизировать регрессивное тестирование для фича, которые только что были выпущены на машину для пользователей.

Один мой друг сравнивает фича с человеком: если это ребенок, то он постоянно меняется; если же он взрослый, то изменений в нем намного меньше и сами изменения менее радикальны — сравните того же ребенка, когда ему 6 и 12 лет; и теперь взрослого, когда ему 42 и 48 лет. Идея, я думаю, понятна.

Чем меньше будет изменений в фича, тестирование которой автоматизировано, тем меньше времени будет затрачено на поддержку. Поддержка же порой превращается в кошмар

- с чередой красноглазых бессонных ночей перед монитором,
- с горьким пониманием того, что все было сделано неправильно, и
- со сладостным искушением все бросить и поехать с Лелей в Ялту.

КАК:

Это создание инфраструктуры, позволяющей с **легкостью и простотой**

- поддерживать **существующие** автоскрипты;
- создавать **новые** автоскрипты.

Инфраструктура автоматизации регрессивного тестирования должна

- с одной стороны, быть **образцом программистского мастерства;**
- с другой — воплощать **наиболее эффективные подходы к автоматизации,** возможные при данном ПО для автоматизации (например, силк-тесте);
- с третьей — **учитывать нюансы технологий** именно этой интернет-компании.

В заключение нашего краткого разговора об автоматизации регрессивного тестирования я хочу открыть вам одну истину:

Суровая правда жизни заключается в том, что 100%-я автоматизация регрессивного тестирования сколько-нибудь серьезного веб-проекта — это миф.

Интернет-компании выбрасывают сотни тысяч долларов, чтобы убедиться, что это миф.

Если ваша компания решила заняться автоматизацией регрессивного тестирования, нужно потратить столько времени, сколько нужно, чтобы найти настоящего профессионала, а найдя его, дать ему дышать и не ожидать, что 100% тест-комплектов когда-либо будут автоматизированы.

Это все о решении основной проблемы регрессивного тестирования.

Хорошая идея — это предусмотреть окончание регрессивного тестирования за 2—3 дня до релиза:

* *с одной стороны,* у нас будет в запасе 2—3 дня, которые мы можем использовать для завершения регрессивного тестирования, если наша оценка того, сколько дней оно займет, была неверна.
* *с другой* — эти 2—3 дня можно потратить на тест-сдачи, распределив между тестировщиками части ПО.

А дальше идет релиз...

Краткое подведение итогов

1. Тест-смета необходима для приведения к одному знаменателю потребностей компании и возможностей тестировщиков.
2. Каждый этап тестирования начинается/заканчивается при наступлении условия начала/завершения.
3. Тест-план — это документ, обобщающий и координирующий тестирование.
4. Приоритезация тест-комплектов и тест-кейсов имеет наиважнейшее значение, так как в условиях постоянного дефицита ресурсов у нас, как правило, есть время только на проверку главного.
5. Из всех способов решения проблемы асинхронизации ресурсов и объема регрессивного тестирования наем новых людей самый простой и недалекий.
6. Лучше хороший черноящичный тестировщик, чем один или больше плохих инженеров по автоматизации регрессивного тестирования.

Вопросы и задания для самопроверки

1. Какие факторы стоит принять в расчет при создании тест-сметы?
2. Приведите пример условия начала и условия завершения для исполнения тестирования.
3. Каково концептуальное отличие тест-плана от тест-кейса и тест-комплекта?
4. На основании чего мы выбираем тест-комплекты первой группы? Почему?
5. На основании чего мы выбираем тест-комплекты второй группы? Почему?
6. Что, на ваш взгляд, более приоритетно: тест-комплекты первой или второй группы?
7. Какие последствия для компании влечет неграмотная автоматизация регрессивного тестирования?

ЧАСТЬ 4

- КАК УСТРОИТЬСЯ НА ПЕРВУЮ РАБОТУ?

— Есть ли у вас опыт работы с пестицидами?
— Нет, но если нужно, я все о них узнаю в мгновение ока.
РЕЗЮМЕ
— Не соврал. Действительно: в мгновение ока...
ДДТ

КАК УСТРОИТЬСЯ НА ПЕРВУЮ РАБОТУ

- МЕНТАЛЬНЫЙ НАСТРОЙ
- ЭТАПЫ ПОИСКА ПЕРВОЙ РАБОТЫ ТЕСТИРОВЩИКОМ
  - СОСТАВЛЕНИЕ РЕЗЮМЕ
  - РАБОТА С АГЕНТСТВОМ ПО ТРУДОУСТРОЙСТВУ
  - КОМПАНИЯ ПО РЕКЛАМЕ СЕБЯ
  - ИНТЕРВЬЮ
- ИСТОРИЯ ОБ ОЛЕ И ДЖОРДЖЕ

Почему устроиться на первую работу так сложно? Ответ прост — интернет-компании нужен человек, который в минимальное время включился бы в ситуацию и начал приносить плоды, т.е. баги. Элементарная логика подсказывает, что **все, кто работает в качестве наемного работника, однажды все-таки устроились на свою первую работу**, а следовательно, это задача выполнимая.

Перед тем как описать стандартный букет, состоящий из писем работодателю, резюме, интервью и прочего, я хочу рассказать о главном.

Ментальный настрой

Главным является ваше отношение к потенциальной первой работе.

Итак, без прелюдий:

Вы должны искренне хотеть работать.
Вы должны быть готовы работать нелимитированные часы.
Вы должны быть готовы работать в выходные и праздники.
Вы должны быть готовы работать... бесплатно.

Если вы сможете принять эти советы как истину, то я на 90% гарантирую, что в течение 3 месяцев вы найдете себе первую работу в качестве тестировщика в любом месте Вселенной, где есть хотя бы одна интернет-компания. 10% я оставил себе в качестве аргумента для защиты от обвинений.

Отвлечемся от всего вышесказанного.

Допустим, вам нужен домашний работник, чтобы подметать, готовить, стирать, гладить и выгуливать. Как бы вы отреагировали на предложение, чтобы все эти услуги предоставлялись вам за ЛЮБУЮ сумму, которую вы сами назначите, работник горел искренним желанием видеть ваш пол блестящим, как глаза восточной красавицы, его можно было вызвать в любое время дня и ночи, работа была бы сделана добросовестно, и все это за то, чтобы дать ему... небольшой кредит на ошибку, так как он хорошо знает, как исполнить все требуемое от него, но в теории? Добавьте к этому, что вы сделаете доброе и благородное дело, дав своему брату возможность получить опыт работы, который сможет его кормить всю жизнь. Я такого работника взял бы и даже научил готовить утку по-пекински.

Далее.

Представьте себе, что он проработал у вас какое-то время, всему научился и стал конкурентоспособен на жестоком рынке услуг. Если вы им бесконечно довольны, станете ли вы полноценно платить ему как профессионалу, чтобы оставить его у себя, или же будете искать равноценного профессионала на стороне? Я ничего не понимаю в домашнем хозяйстве, если кто-то сможет всерьез утверждать, что лучше найти кого-то на стороне. На худой конец, даже если бы моя ситуация изменилась и начисто отпала потребность в услугах, то я дал бы этому изумительно трудолюбивому и бескорыстному человеку лучшие рекомендации.

Вы скажете, что так не бывает, чтобы кто-то на самом деле работал на совесть и при этом не получал высокую заработную плату. Могу вас заверить, что так же думают менеджеры, которые и нанимают нашего брата-тестировщика. Дело в том, что им, так же как и вам, никто никогда не предлагал добросовестно и нелимитированно работать почти исключительно за получение опыта.

И они, так же как и вы, откликнутся на то, чтобы помочь и вам, и в первую очередь себе. Так возьмите и предложите им такой вариант. Как это сделать, мы обсудим через минуту.

Этапы поиска первой работы тестировщиком

Итак, теперь поговорим о поиске первой работы тестировщиком поэтапно.

0. *Настройте себя* в соответствии с принципами, о которых мы только что говорили. Люди, принимающие решения, почувствуют ваш настрой, ваше желание и ваше отношение.

Основная задача данного этапа — **настроиться на боевой лад.**

1. *Обзвоните своих знакомых* и расскажите о своем желании работать тестировщиком, **желании работать сколько угодно, когда угодно и на любых условиях по оплате.** Может быть, кто-то сможет помочь, хотя на знакомых рассчитывать не стоит, а рассчитывать стоит только на себя, и поэтому мы идем дальше.

Основная задача данного этапа — **забросить удочку**.

2. *Займитесь составлением резюме.* Резюме — это реклама. Реципиентами этой рекламы являются рекрутеры и работодатели. В отличие от телерекламы, которой можно пичкать мозги бесконечно и добиться потребительского зомбирования, у **резюме есть только один и он же последний шанс,** чтобы заинтересовать и заставить позвонить вам или прислать е-мейл с приглашением на интервью. Если резюме не использует этот шанс, то в лучшем случае оно оказывается в пачке своих собратьев, отложенных “до лучших времен”, а в худшем — в реальной или виртуальной корзине для мусора.

Резюме — это презентация ваших знаний и добродетелей. Понятие “презентация” играет здесь главную роль. Именно от эффективности презентации в большей мере зависит, заинтересуются вами или нет.

Искусство эффективной презентации заключается в том, чтобы представить нужную информацию в максимально выгодном для себя свете и максимально понятной для реципиента форме.

Итак, у вас есть совокупность вещей, некоторые из них можно и нужно презентовать в резюме.

Например, это опыт работы, который, как мы уже говорили, является одним из источников ожидаемого результата.

Задача в том, чтобы повернуть вещи под углом, ярко демонстрирующим навыки, полезные именно для тестировщика.

Например, Алла М. работает инженером полиграфического оборудования.

Вопрос: *имеет ли значение ее опыт установки и отладки верстальных машин фирмы Н. для ее резюме на должность тестировщика?*
Ответ: *почему бы и нет, если мы это дело грамотно преподнесем.*

Пример *грамотной презентации*

"Составила план по тестированию установки и отладки верстальных машин фирмы Н. Обнаружила критические заводские дефекты до начала эксплуатации и скоординировала их устранение с немецкой стороной".

В общем думаю, что идея понятна. Учтите, что **специальности "тестировщик" не учат ни в одном университете мира.** Профессиональные тестировщики — это, как правило, профессионалы из десятков других профессиональных областей.

Например

Прошлые специальности некоторых моих знакомых — блестящих тестировщиков: архитектор, учитель, инженер, бухгалтер, биолог, метеоролог, юрист, программист.

Очень часто тестировщиками нанимают специалистов из той области, в которой работает компания (например, компания, выпускающая ПО для диагностики работы почки, естественно, предпочтет в качестве тестировщика человека с дипломом врача).

Кстати, *где бы вы ни работали, заведите себе маленький симпатичный текстовый файлик, куда, отбросив ложную скромность, постоянно записывайте каждую хорошую вещь, которую вы сделали.*

Например, коллега из соседнего отдела попросил вас научить его пользоваться неким тест-тулом, что вы и сделали. Знаете, как это называется? Не "Подсобил тут давеча Петровичу", а "Обучение персонала", и вы вполне можете оперировать этой фразой в качестве, например, аргумента для своего продвижения по службе. Помните, что все ваши коллеги, особенно в западных компаниях, такой файлик ведут очень исправно, так как их этим вещам начинают учить еще в средней школе.

Нужно понять, что вы делаете много полезных вещей для компании, а они просто-напросто забываются и вами, и вашим менеджментом, так что записывайте свои хорошие дела и используйте эти записи в корыстных целях.

В отношении образования. Конечно, институт или университет выглядят на резюме лучше, чем 8 классов и курсы по вождению автомобиля. Но в любом случае отличной приправой для любого резюме будут свежепрослушанный курс по программированию, тестированию и/или другим околоинтернетовским дисциплинам, как, например, *Project Management.*

Пусть это прозвучит банально, но английский действительно является большим плюсом хотя бы потому, что на нем написана почти вся профессиональная литература.

Покопайтесь в Интернете и найдите резюме тестировщиков, из них можно почерпнуть много полезного в отношении содержания и формата.

Поговорите со знакомыми, может, кто-то имеет опыт в составлении резюме или даст полезный телефончик своего знакомого, который может не остаться равнодушным.

Основные задачи данного этапа:

а) **начать переосмысление своего опыта** с точки зрения его полезности для тестирования;
б) **составить черновую версию резюме.** Используйте методику Черновик-чистовик с ее мозговым штурмом.

3. ***Найдите агентства по трудоустройству,*** которые работают с интернет-компаниями. Как найти такое агентство? Например, пути *а* и *б:*

а) многие крупные рекрутерские организации дают рекламу с указанием имен своих именитых клиентов — компаний;
б) если интернет-компания нанимает через агентство, то на объявлениях (в газетах, Интернете и на заборе) о вакансии дается название и телефон не самой компании, а этого агентства.

Обзвоните найденные вами агентства и договоритесь о встречах с конкретными рекрутерами, которые занимаются поиском кандидатов в софтверные компании. Встретьтесь с ними, честно опишите свою ситуацию об отсутствии опыта в интернет-тестировании и сделайте акцент на своем **желании и настрое работать сколько угодно, когда угодно и на любых условиях по оплате.**

Запомните, что это желание и этот настрой являются вашими главными козырями при поиске первой работы тестировщиком.

Стоящий профессионал как минимум даст вам рекомендации по стратегии и тактике поиска работы на местном рынке труда, а максимум позвонит в компанию, с которой он работает, и договорится об интервью — вашем первом интервью в качестве тестировщика. Не должно быть никакого стеснения в этих звонках и просьбах о встрече — каждый встречающийся с вами рекрутер справедливо надеется, что с его помощью вы оба заработаете деньги, следовательно, **рекрутеры — это ваши лучшие союзники,** и чем больше союзников вы найдете, тем выше шансы на приглашение на интервью.

Попросите особо понравившегося рекрутера, чтобы он помог вам довести до ума ваше резюме. Я знаю, что существуют профессиональные составители резюме, о них ничего сказать не могу, так как их услугами никогда не пользовался.

Обязательно включите в свое резюме три энергичные фразы:

> **“Готов работать нелимитированные часы.**
> **Готов работать в выходные и праздники.**
> **Готов работать на любых условиях по оплате”.**

Используйте для этих фраз жирный шрифт.

Основные задачи данного этапа:

а) **получить максимум информации из первых рук о местном рынке труда;**
б) **иметь на руках окончательную версию резюме.**

4. ***Начните кампанию*** по распространению своего резюме. Основные каналы для передачи информации — это

а) размещение резюме на специализированных сайтах, например *www.hotjobs.com* (это сайт для поиска работы в США);
б) рассылка своего резюме и сопроводительных писем

потенциальным работодателям и
рекрутерам, нанятым потенциальными работодателями.

Резюме и сопроводительное письмо посылаются

> в ответ на объявление об открытой позиции или же просто как предложение своих услуг.

Сначала запускаем в действие пункт *а*. Пусть себе висят наши резюмешки, как приманка, и ловят в свои коварные сети внимание рекрутеров и работодателей. Пункт *а* — это **пассивный поиск,** работающий на вас, когда вы спите, смотрите телевизор или попиваете кальвадос. Пункт *а* — это также обезличенный пассивный поиск, т.е. вы не обращаетесь ни к кому конкретно.

Для достижения гармонии нам нужен активно-целевой поиск, т.е. пункт *б*. Он подразумевает **постоянную рассылку** резюме и сопроводительных писем конкретным реципиентам.

Подробности:

а. Покопайтесь в Интернете и найдите несколько сайтов, на которых можно выставить свое резюме. Я обычно пользуюсь 3—5 сайтами, работающими с компаниями в районе моего проживания. Создайте эккаунты на каждом из сайтов и разместите на них свое резюме. Что делать дальше? Начать жизнеутверждающую активность в соответствии с пунктом *б*.

б. Интернет изобилует сайтами с вакансиями. Среди них, естественно, есть вакансии тестировщиков. Что мы делаем? Правильно: мы отправляем по контактным е-мейлам и факсам наши резюме и сопроводительные письма.

Теперь начинаются нюансы.

Резюме, которое у вас есть, — это всего лишь шаблон.

Иногда его можно послать в неизменном виде, иногда подогнать (в хорошем смысле этого слова) под вакансию.

Например, *если продукт компании — это сайт по онлайн-платежам, а у вас есть финансовое образование и опыт работы в банке с ведущими системами кредитных карт, то на такое образование и такой опыт работы стоит сделать особый упор, изменив свое резюме.*

Я знаю нескольких тестировщиков, которые были взяты без опыта тестирования и на высокую заработную плату исключительно из-за своего предшествующего релевантного опыта. Логика здесь проста — тестированию научиться легче, чем, скажем, квантовой физике.

Теперь о сопроводительном письме.

Вакансия может быть размещена компанией напрямую или же через агентство. В обоих случаях основная мысль вашего сопроводительного письма — это убедить реципиента в своем **настрое работать сколько угодно, когда угодно и на любых условиях по оплате.**

Для первого случая (вакансия идет напрямую от компании) можно также написать, что вся ваша жизнь была лишь прелюдией и томительным ожиданием работы именно в этой компании и именно в этой должности.

Для второго случая можно написать о прелюдии и ожидании в отношении только вакансии, так как имя компании, которой можно было бы петь дифирамбы, хранится агентством в глубокой тайне.

Логичным будет следующий вопрос: "*В описании любой вакансии будет указан минимальный стаж (в годах) работы тестировщиком, необходимый для успешного кандидата. Какой смысл мне посылать свое резюме и сопроводительное письмо, если у меня нет и дня стажа?*"

Очень хороший вопрос. Я могу даже добавить, что это будет минимум 3 года и что *если бы первый раз в истории человечества потребность в работе тестировщика появилась 1 марта, то 2 марта* ***того же года*** *кто-нибудь обязательно догадался бы обусловить в вакансии тестировщика тот же трехлетний стаж.*

Шутки шутками, а реальность заключается в том, что **требования подавляющего большинства вакансий завышены.** Это ситуация, в которой все всё понимают и просто играют свои роли. **Ваша роль — это роль человека, которому нужна первая работа, и вы должны сделать все возможное, чтобы устроиться.**

Так вот, считайте, что во "все возможное" входит и такая на первый взгляд безнадежная вещь, как направление резюме и сопроводительного письма в ответ на вакансию с требованием многолетнего стажа.

Одним из контраргументов идеи о "безнадежности" может послужить вероятность того, что в компании могут быть в наличии либо могут планироваться вакансии тестировщиков с другими навыками и/или другим опытом работы и/или другим стажем. И вообще, если перефразировать слова Филиппа Филипповича "Безнадежность живет в головах, а не на рынке труда", ***тестировщики будут нужны всегда.***

Другим контраргументом может послужить тот факт, что та сакраментальная лягушка все-таки взбила молоко в масло, не зная теории маслобойного процесса, а вы имеете преимущество, зная, что в процессе трудоустройства ***одним из основных принципов является неутомимая пальба из всех орудий по всем***

- ***видимым (активный поиск) и***
- ***невидимым (пассивный поиск) мишеням.***

Кроме специализированных рекрутерских сайтов практически каждая интернет-компания имеет линк на список своих открытых позиций. Найдите как можно больше компаний, имеющих офисы в районе вашего географического обитания/интереса, и пошлите им свое резюме и сопроводительное письмо с подгонкой и подхалимажем, о которых мы уже говорили. Если даже в списке работ нет позиций тестировщиков, то используйте контактные е-мейл/факс, чтобы заявить о себе.

Еще раз. Ложная скромность и стеснительность в процессе поиска работы абсолютно неуместны. Вы ни у кого ничего не прóсите. Это чистой воды бизнес для вас, для рекрутера и для компании.

Когда вас возьмут на работу, то с вашей помощью будут зарабатывать деньги и рекрутер (если он принимал участие), и компания. В это время вы, кстати, будете горбатиться за четверых, не видя жены, детей, друзей и любимых попугаев. Так что идите напролом и да сопутствует вам удача! А стесняются пусть те, кто получил свои должности не из-за знаний, таланта и умения "пахать", а из-за других, не связанных с работой достоинств.

Основываясь на личном опыте и опыте моих знакомых, могу утверждать, что 300 резюме и 300 сопроводительных писем будет достаточно, чтобы быть приглашенным на несколько интервью, одно из которых закончится приглашением на работу. Поиск работы — это тоже работа, требующая времени, усилий, напряжения и волнительного ожидания звонка или е-мейла.

5. *Интервью* — это сладкое и волнительное слово для любого наемного работника. Будь это первое или тридцать первое интервью — каждый раз это новый, уникальный и полезный опыт. Интервью на первую работу по новой специальности — это особая песня, которая требует особых ритма, мелодии и слов.

Запомните, что **если вы будете серьезно, не покладая рук искать работу, то с вами обязательно захотят встретиться. Могут пройти недели или даже месяцы, но однажды с вами свяжутся. Я это знаю. Я был там...** Дальше все очень просто: вы подъедете к зданию за 30 минут до назначенного времени, найдете нужный офис, выйдете на улицу, за 1 минуту до встречи вернетесь к офису, сделаете глубокий вздох, откроете двери и, шагнув как на плаху, улыбнетесь секретарше: "Добрый день, меня зовут Иван Иванов, и у меня назначено интервью с Петром Александровичем".

Итак, начинаем...

Стоп. Интервью начинается не в офисе потенциального работодателя, а дома. Домашняя работа перед интервью включает:

- наведение справок о компании: вид бизнеса, партнеры, конкуренты, рынок, на котором работает компания.

Пример

Однажды я устраивался в одну известную финансовую компанию. Перед интервью мною было прочитано множество статей в Интернете об этой компании и было выяснено, что львиная доля доходов компании идет в виде комиссии от транзакций после окончания онлайн-аукционов. Я был очень рад узнать об этом, так как являюсь экспертом в этих самых аукционах и многолетним пользователем аукционных сайтов. Естественно, что на интервью я переводил тему именно на аукционы — предмет, в котором я себя чувствовал, как рыба в воде. На следующий день мне позвонили с предложением о работе.

Пример

Один мой знакомый, назовем его Витя, был на интервью в компании N. на пике ее популярности. Компания занималась разработкой сети P2P (peer-to-peer), по которой распространялись mp3 файлы. Тогда только начинались разговоры о возможности ее закрытия по причине нару-

шения авторских прав. Витя спросил, есть ли план на случай, если суд перекроет кислород? Как выяснилось, никакого плана у компании не было. Витя успешно прошел интервью, раскланялся и пошел на интервью в другую компанию (в которой, кстати, до сих пор и работает). Что случилось с компанией N.? Звукозаписывающие фирмы подали в суд, и через полгода компания была закрыта.

Таким образом, наведя справки, Витя избавил себя от необходимости снова искать работу через полгода;

- поиск знакомых (или родственников) либо знакомых знакомых, работающих в компании.

  Одна моя московская подруга, устраиваясь на работу, за день до интервью выяснила, что муж ее двоюродной сестры является вице-президентом той самой компании. На интервью идти не пришлось — и так взяли;

- если возможно, использование веб-сайта компании.

  Например, купите самую дешевую вещь, продаваемую на веб-сайте компании, прочуствуйте бизнес, пользуясь им. Такие знания дорогого стоят во время интервью;

- глажку костюма, стрижку головы, бритье щетины, чистку обуви и... хороший сон.

  Эти, казалось бы, элементарные вещи постоянно забывают те, кто приходит на интервью. Встречают по одежке (и по виду), и, как известно, доброе начало полдела откачало. Приходите на интервью опрятными, чистыми и свежими.

Не могу не рассказать об одном курьезном случае, когда некий товарищ пришел на интервью в крупную западную компанию в 11 утра... пьяным. С ним, конечно, поговорили, при этом без дураков, обнаружив превосходный интеллект и релевантный опыт работы, но на работу брать не стали. Если он явился пьяным на интервью, когда каждый стремится показаться лучше, чем он есть, то каким он будет, возьми мы его на работу?

Кстати, *очень часто с вами сначала разговаривают по телефону (phone interview/screening). Как правило, вам звонит сотрудник отдела кадров и задает вопросы по списку, переданному ему менеджером тестировщиков. Знайте, что эти господа из HR (Human Resources — отдел кадров), как правило, не знают ничего из того, о чем спрашивают (имеются в виду чисто профессиональные знания тестировщика, например методология создания тест-кейсов), им это и не надо, так как у каждого своя работа. После телефонного интервью листочек с во-*

просами и вашими ответами передается обратно менеджеру, и если тот считает, что имеет смысл встретиться, то раздается столь долгожданный для вас звонок и вы собираетесь на реальное интервью.

Итак, “Добрый день, меня зовут Иван Иванов, и у меня назначено интервью с Петром Александровичем”.

Нюансы живого интервью:

1. **Приходите на интервью вовремя.**

Пробки на дорогах, подруги детства, встретившиеся на пути, борьба с последствиями некачественной яичницы, пропущенная последняя электричка — ничто из этого не волнует того, кто должен вас интервьюировать. Приезжайте раньше и походите полчаса кругами вокруг здания или почитайте книжку о бизнесе компании, но к Петру Александровичу должны позвонить, что вы пришли ровно в назначенное время: ни до, ни после.

2. **Жмите руку крепко и уверенно и смотрите собеседнику в глаза.**

Вам нечего скрывать или стесняться. Вы хотите, можете и, если вам дадут возможность, будете работать добросовестно и продуктивно. Интервьюирующий вас не Бог, не гений, а такой же человек, может быть, даже сидевший на вашем кресле интервьюируемого еще месяц назад.

3. **Вот несколько общих советов для поведения на интервью:**

   - **отвечайте на вопросы без груза лишних деталей** (но давайте понять, что стоит интервьюирующему попросить — и детали будут даны).

Иллюстрацией может послужить пример ситуации при интервью, которое провели родители одной девушки с соискателем ее руки и сердца.

Соискатель (мой приятель) был приглашен в их квартиру, очень мило посидели, поговорили о том о сем. Приятель расслабился, в один момент в разговоре возникла пауза, и он, чтобы ее заполнить и заодно блеснуть эрудицией, спросил у мамы невесты: «Вы знаете, я все время путаю Моне и Мане. Кто из них написал “Подсолнухи”?» После этого вопроса даже магнитофон, интеллигентно проигрывающий сочинение маэстро Сальери, поста-

вил себя на паузу, предвкушая кровавую развязку. Наступила мертвая тишина. И в этой тишине полный презрения голос дочурки произнес: «"Подсолнухи" написал Ван Гог». После этого разговор как-то сам собой свернулся. Авторитет был потерян, и этот никчемный в общем-то вопрос стал началом конца и в отношениях. И хотя семейка, включая доченьку, оказалась, как впоследствии выяснилось, совершенно мерзопакостной, мой приятель навсегда вынес урок об опасности лишних деталей во время интервью.

***Кстати,** недавно, бродя по залам с работами импрессионистов в Метрополитен-музее, я увидел картину с чудесными подсолнухами. Подойдя к картине, я прочел имя автора: Claude Monet...*

- **будьте вежливы и корректны.** Не надо фамильярностей, анекдотов о теще и баек из жизни вашего полка на постое в городе Большие Щеглы. Быть профессионалом — это не только иметь опыт и знания, но и знать, что, как, где и когда говорить. А вдруг интервьюирующий любит свою тещу, как мать родную?

Вообще представьте себя в роли интервьюирующего: вы занимаетесь каким-то интересным делом, например, бродите по веб-сайтам в поисках новых часов. К вам подходит ваш менеджер и говорит: "Вот резюме, кандидат сидит в той комнате, пойди поговори с ним без переводчика". И вот вы неохотно заходите в "ту комнату", на ходу просматривая резюме, придумывая умные вопросы и прикидывая, сколько времени это дело займет, а то есть хочется... за углом новую шашлычную открыли... И если кандидат тактичен, вежлив и приветлив, то, конечно, приходит понимание того, что бурчащий желудок, измученный капучино, может подождать лишние 15 минут. Ничего не жалко для такого вежливого и приятного человека, который так сильно хочет работать;

- **проявите искренний интерес** к вещам, о которых интервьюирующему говорить приятно. Дайте ему выговориться.

***Например**, на одном интервью я спросил, используют ли в компании язык Python, в ответ на это интервьюирующий 20 минут рассказывал мне о том, какие тулы он пишет и как много денег они сэкономили компании. Моя часть диалога заключалась в заполнении пауз словом "Вау". Мы расстались лучшими друзьями, и на следующий день я был приглашен на работу.*

Сплошной Карнеги, одним словом;

- **никогда, никогда не говорите плохо о фирмах, в которых вы когда-то работали!** Это против правил.

Лучше сочините что-то, но ни в коем случае не ругайте фирму, в которой вы работали прежде (даже если деятельность компании была не в сфере Интернета и вы работали там не тестировщиком, а бухгалтером).

Пусть даже ваша святая правда в том, что начальник был полным дебилом и вы, светочи и душки, были окружены "сволочами, склочниками, приспособленцами и подхалимами" и пришлось уйти от этой шайки не по своей вине. **О своем предыдущем работодателе, как о покойнике, — либо хорошо, либо ничего.**

Много хороших кандидатов погорело на интервью из-за своей откровенности.

4. Еще раз: **помните, что во время интервью анализируются не только ваши знания, но и ваша личность.** Ответьте, с кем вам будет приятнее работать:

   а) с превосходным специалистом, от которого независимо от его профессиональных качеств постоянно несет луком и пережаренной свининой, который всех считает тупицами, потихоньку подсиживает своего начальника, и слывет снобом или

   б) с начинающим специалистом, который самоотверженно пытается дойти до сути, на которого всегда можно положится, который искренне заинтересован в работе, дружелюбен, открыт и честен?

Я, конечно, сгустил краски, но думаю, что идея понятна — **личность играет не меньшую роль, чем профессионализм,** так как **тот, кто вас интервьюирует, такой же наемный работник, бóльшая часть времени его бодрствования проходит в стенах компании, и естественно, что для него очень важно, чтобы рядом были приятные, надежные и искренние люди.**

Лично для меня ответ очевиден. Выбираю вариант *б*: по крайней мере, я сам ночей не досплю и ленчей не доем, но научу хорошего человека тому, что знаю.

5. **Искренность подкупает. Ложь и желание скрыть что-то отталкивает.** Вы не можете знать ответы на все вопросы, так как
   - интервьюирующий знает то, что не знаете вы (как и вы знаете то, что не знает он),
   - вы приходите в компанию как начинающий специалист.

Итак, когда вам задают вопрос, ответ на который вы на 100% не знаете:

НЕ НАДО:

- морщить лоб;
- шевелить губами;
- направлять глаза в правый верхний угол (признак сочинения чего-либо);
- всякими другими способами изображать усилия по расчистке завалов в памяти.

Завалы-то, конечно, есть, но под ними ответа на вопрос нет.

НАДО:

Сказать сразу же две вещи:

“Я не знаю” (свидетельство искренности) и сразу же **уверенно** вдогонку:
“Но если это будет нужно для работы, я обязательно узнаю (научусь, прочитаю, выучу и т.д.)” (свидетельство желания учиться и совершенствоваться).

Вещи из институтских баек о сдаче зачетов, когда абсолютно не знающий студент получает пятерку путем шокирования преподавателя неожиданно оригинальным и абсурдным ответом, на интервью не проходят.

Желание учиться — одно из главных ваших достоинств, на которое нужно делать акцент каждый раз, когда вы не знаете ответа на вопрос.

6. **Даже если интервью не идет или не прошло гладко, не отчаивайтесь, не делайте никаких резких телодвижений, продолжайте быть дружелюбны и вежливы.**

На одном из моих первых интервью я был так расстроен тем, что не смог ответить на большинство вопросов, что, после того как интервьюирующий пошел за колой для себя и для меня, был на грани того, чтобы сбежать из комнаты, из здания, рвануть куда глаза глядят, потом сидеть в квартире, заливая с дружками горе, жалея себя и обвиняя мир в несправедливости. Но я остался, прошел интервью и через несколько дней вышел на работу. Кто знает, говорил бы я с вами о тестировании, поддайся я тогда своему малодушному порыву...

Запомните, что даже если вы на 100% уверены, что интервью проваливается (или уже провалилось), или, наоборот, идет (окончилось) прекрасно, ваша оценка не имеет никакого веса, так как решение о вашем найме или не найме принимаете не вы. Поэтому расслабьтесь и постарайтесь получить максимум удовольствия и знаний.

Кстати, ***никогда не отказывайтесь от интервью****. Каждое интервью — это*

- *уникальный шанс узнать вопросы, ответы на которые вы не знаете... пока не придете домой и не возьмете книжку, не залезете в Интернет или не позвоните своим друзьям. Естественно, в следующий раз на тех же вопросах вас врасплох не поймают;*
- *уникальный опыт обмена информацией с коллегами-тестировщиками;*
- *уникальная возможность шлифовки своих навыков общения.*

Ходите на все интервью.

Один мой знакомый, будучи уверен в том, что интервью в компании А. прошло чики-пики, позвонил и отменил запланированное интервью в компании Б. Из компании А. никто не позвонил, а когда знакомый опомнился, компания Б. уже нашла себе тестировщика.

В общем самый лучший вариант — это когда вы прошли интервью в две или больше компаний, сидите на кухоньке, разложив перед собой предложения о работе, и выбираете, в какую компанию лучше податься: "Так, сюда дальше ехать на 20 минут, а здесь мне менеджер не особо понравился, а здесь проект какой-то лажовый". И дальше в том же духе, т.е. ***уже не вас, а вы выбираете.*** *Сладкое чувство...*

7. **Помните** о ваших главных аргументах:

**"Готов работать нелимитированные часы.
Готов работать в выходные и праздники.
Готов работать на любых условиях по оплате".**

Один из тех, кто впоследствии стал ведущим тестировщиком некой западной компании, только недавно приехал из России и поэтому говорил с очень сильным акцентом. Очень сильным. Таким сильным, что, даже покупая гамбургер в "Макдоналдсе", всегда должен был повторять номер заказа:

— *Number 3, please.*
— *Excuse me?*
— *Can I have number three, please?*
— *Which number?*
— *Number three.*
— *Three?*
— *Yes, three.*
— *Got it. It was three, right?*

Молодой человек отучился в колледже и на курсах тестировщиков (ни колледж, ни курсы акценту особо не помогли). В один из дней его пригласили на интервью в ту самую западную компанию. Он пришел и переговорил с менеджером отдела тестирования. После менеджера его проинтервьюировал сотрудник отдела. На следующий день молодой человек получил предложение о работе и лишь через четыре года узнал все подробности, а подробности таковы:

*Выйдя из комнаты, менеджер понял, что из всего сказанного этим русским он на сто процентов понял только одну фразу "**Выл ворк дэй энд найт**" ("Will work day and night" — Буду работать день и ночь).*

Кроме того, этот молодой человек постоянно показывал на свой мобильный телефон и часы, из чего можно было сделать вывод о том, что его можно будет вызвать в офис в любое время. С немного ошарашенным видом менеджер подошел к сотруднику отдела тестирования и сказал:

— *Сдается мне, Джим, что этот парень не совсем хорошо говорит по-английски. Но зато какое отношение к работе!!! Пойдика и поговори с ним на любую тему: о природе, ценах на нефть, скучает ли он по России. Самое главное, что тебе нужно выяснить: будешь ли ты в принципе понимать его.*

Джим пошел и поговорил, потом пришел к менеджеру и сказал:

— Конечно, акцент у него будь здоров, но дело в том, что я вырос в среде русских в городе Чикаго и даже немного говорю по-русски. Так что надо брать. Этот будет работать за троих. Да и на предложенную нами зарплату сразу согласился.

Нужно сказать, что ни менеджер, ни Джим ни разу не пожалели о своем решении.

8. Вот **краткий список вопросов на интервью с моими рекомендациями по ответам:**

Почему вы решили стать тестировщиком?
Ответ:
Потому что работа тестировщика требует творческого подхода, мне всегда нравилось анализировать ПО и искать баги в нем, я всегда мечтал быть частью интересного интернет-проекта. Считаю, что у меня есть качества, которые помогут мне стать эффективным профессионалом, например внимание к деталям, умение работать в условиях стресса, навыки в общении с людьми.

Что больше всего вам нравится в тестировании?
Ответ:
С одной стороны, для меня важно, что тестирование — это и творчество, и интуиция, и профессиональные прикладные навыки, и каждый из этих трех компонентов важен и интересен для меня, с другой — тестирование мне нравится тем, что своей работой тестировщик приносит ощутимый и реальный результат, которым является нахождение багов до того, как их найдут наши пользователи.

Какими достоинствами должен обладать эффективный тестировщик?
Ответ:
1. Честность.
2. Искренний интерес к своей работе и гордость за свою работу.
3. Постоянное профессиональное совершенствование.
4. Способность быстро переключаться с одной задачи на другую.
5. Способность жертвовать личным временем в интересах работы.
6. Умение работать с людьми.
7. Умение сохранять эффективность в условиях стресса.

8. Возможность и желание работать нелимитированные часы, а также в выходные и праздники.

Я думаю, что у меня есть все вышеперечисленные достоинства.

Расскажите о своих краткосрочных и долгосрочных планах в карьере? Как работа тестировщика вписывается в них?
Ответ:
Я хочу стать экспертом в тестировании ПО. Краткосрочные планы — это устроиться на работу и применить мои знания в живом деле. Долгосрочные планы — это постоянное профессиональное совершенствование и, возможно, специализация по одному из направлений тестирования, например автоматизация регрессивного тестирования. Какими бы ни были мои планы в настоящее время, главный приоритет, если я буду нанят, — это на 110% выполнять требования, которые будет ко мне предъявлять работа в компании.

Можете ли вы в случае крайних обстоятельств приехать в офис в любое время дня и ночи, если того потребует работа?
Ответ:
Да. Я готов приехать в офис 24 × 7 × 365 *(самое главное в этом ответе — быстрота и уверенность, с которой он должен быть дан)*.

Сможете ли вы в случае крайних обстоятельств работать в выходные дни и праздники?
Ответ:
Да. Работа прежде всего *(самое главное в этом ответе — быстрота и уверенность, с которой он должен быть дан)*.

Сможете ли вы в случае крайних обстоятельств работать больше 8 часов в день?
Ответ:
Да. Я знаю, что работа тестировщика предполагает нелимитированные часы работы *(самое главное в этом ответе — это быстрота и уверенность, с которой он должен быть дан)*.

Можете ли вы работать одновременно с несколькими проектами?
Ответ:
Да. Я умею быстро переключать внимание и быстро концентрироваться на новой задаче.

Как вы переносите давление времени? Менеджмента?
Ответ:
Я полностью осознаю, что работа в интернет-компании — это хотя и интересный, но тяжелый труд, когда все работники, включая менеджмент, находятся под давлением времени, акционеров, конкурентов и прочее. И я готов и могу работать в такой среде.

Опишите опыт работы и образование, релевантные к тестированию.

Ответ:

(Ответ индивидуален. Акцентируйте вещи, имеющие отношение к тестированию, компьютерам и анализу.)

Ваше самое большое профессиональное достижение (необязательно в области тестирования).

Ответ:

(Будьте готовы к такому вопросу и с гордостью расскажите о своем достижении.)

Почему вы ушли (уходите) из своей предыдущей компании?

Ответ:

Я хочу попробовать новую для меня профессию тестировщика. Мне нравилось (нравится) работать в моей компании. Я пользуюсь уважением своих коллег и менеджмента, но мне хочется применить свой опыт работы в новом для меня деле.

Опишите свои самые большие разочарования на ваших предыдущих работах.

Ответ:

У меня не было каких-либо больших разочарований. Мои приоритеты — это усердная работа и профессиональное совершенствование, и я считаю, что не место красит человека, а человек — место.

Где бы вы предпочли работать: в большой устоявшейся компании или в стартапе? Почему?

Все ответы хороши, выбирай на вкус:

а) в большой компании, так как в большой компании, где уже поставлены все процессы и уже есть штат тестировщиков, я смогу быстрее научиться и быстрее стать продуктивным, чем работая в маленьком стартапе;

б) в маленьком стартапе, так как есть шанс участвовать в создании процессов и становлении департамента качества с нуля, чего нельзя сделать в большой компании.

Приведите пример сложной ситуации, с которой вы столкнулись в своей карьере, и какой выход из нее вы нашли?

Ответ:

(Будьте готовы к такому вопросу и с гордостью опишите такую ситуацию.)

У каждого есть свои недостатки и достоинства. Приведите пример двух недостатков и двух достоинств.
Ответ:
(Будьте готовы к такому вопросу и имейте в запасе два маленьких недостатка и два больших достоинства. Пример маленького недостатка: люблю играть в покер. Пример большого достоинства — готов работать нелимитированные часы, в выходные и праздники.)

Что бы вы пожелали усовершенствовать в себе? Что вы для этого делаете?
Ответ:
(Будьте готовы к такому вопросу. Ну что можно усовершенствовать? Например, свои программистские навыки.)

Вы предпочитаете работать самостоятельно или в группе? Почему?
Ответ:
(Зависит от ваших личных склонностей.)

Почему вы хотите работать именно в нашей компании?
Ответ:
(Вспомните, что вы узнали о компании, и расскажите о вещах, которые вас искренне привлекают в этой компании.)

Что вы знаете о нашей компании? Пользуетесь ли вы нашим продуктом?
Ответ:
(Вспомните, что вы узнали о компании, и о ваших впечатлениях от пользования веб-сайтом компании — если, конечно, у вас была такая возможность. НЕ КРИТИКУЙТЕ.)

Почему вы хотите устроиться именно на эту позицию?
Ответ:
(Вспомните, что вы узнали о позиции, и скажите, что вы идеальный кандидат, хотите работать и даже если чего-то не знаете, то непременно выучите в кратчайшие сроки.)

Почему мы должны нанять вас в нашу компанию?
Ответ:
(Вспомните, что вы узнали о компании и позиции, и расскажите об их идеальном сочетании с вашей кандидатурой. Я не шучу.)

Далее.

Как правило, интервьюирует вас больше чем один сотрудник компании. Иногда приходится приезжать в компанию несколько раз.

Как правило, после интервью интервьюирующие передают менеджеру свои субъективные мнения о качествах интервьюируемого, и менеджер на основе одного или более отзывов принимает решение. С вашей стороны хорошим тоном будет послать после интервью краткий е-мейл с благодарностью тому, кто вас интервьюировал.

Запомните, что наем — это соединение двух потребностей:

- потребности работника в нахождении компании и
- потребности компании в нахождении работника.

Каждый из нас на своей шкуре знает о потребности в работодателе. Вот вам напоследок случай из жизни о потребности работодателя в работнике.

История об Оле и Джордже

Одна моя знакомая (назовем ее Оля) была нанята следующим образом.

Компании N. срочно нужен был человек для тестирования многомиллионного проекта. Время так прижимало, что, как говорится, человек должен был начать работать вчера.

Менеджер позвал одного из сотрудников (назовем его Жорж), дал адрес проходящей по соседству ярмарки талантов, вручил заполненный контракт с пустым полем "Имя" и сказал, чтобы бедный Жорж не возвращался, пока в этом пустом поле не будет написано имя нового работника, а в том пустом месте не будет его (нового работника) подписи.

Оля тогда работала тестировщицей в одном из стартапов, и ее послали на ярмарку, чтобы она раздавала рекламные проспекты своей компании. Ее энергичная, жизнеутверждающая деятельность привлекла внимание понурого и разочарованного Жоржа, тот подошел к ней, они познакомились, и он, к своей преждевременной радости, узнал, что Оля разбирается в тестировании.

Загвоздка была в том, что она ни в какую не хотела менять место работы. Тогда Жорж, которому было уже почти что нечего терять, решил применить старый, как мир, прием... ***спаивания и соблазнения*** *и пригласил ее в хороший ресторан.*

Там они непропорционально закуске выпили (причем в процессе потребления Жорж умело комбинировал комплименты Оле с комплиментами своей компании), и между 6-м и 7-м "дринками" со словами: "Не пожалеешь" (по-английски) — он шлепнул на стол контракт, который и был немедленно подписан с восклицанием: "А фигли" (по-русски).

Это все о поиске первой работы.

Краткое подведение итогов

Самое главное —

Вы должны искренне хотеть работать.
Вы должны быть готовы работать нелимитированные часы.
Вы должны быть готовы работать в выходные и праздники.
Вы должны быть готовы работать... бесплатно.

Вопросы для самопроверки

Не буду я вас больше мучить, а просто скажу:

Все получится. Удачи вам!!!

ПОСЛЕСЛОВИЕ

Друзья,

на прощание я хочу донести до вас некоторые идеи, которые сыграли в моей судьбе важную роль и которые могут быть реально позитивны для вас, хотите ли вы найти себе новую работу, встретить свою половинку или заработать денег на постройку детской больницы.

...Каждый из нас хочет лучшей жизни. Но вот в чем дело: "стремление к лучшей жизни" может быть

- либо создаваемой нами реальностью, насыщенной мыслями о МЕЧТЕ и шагами к ее осуществлению;
- либо мешаниной из пустой болтовни, оправданий, поисков виноватого и надежд на доброго царя, коммунизм или джек-пот.

Каждый из нас:

- либо выбирает **собственный** осмысленный путь и изо дня в день пробивает себе дорогу к **своей** цели,
- либо изо дня в день выбирает (даже не признаваясь себе в этом выборе) **адаптацию к обстоятельствам,** созданным другими, и следование решениям, принятым другими (кстати, вопрос на засыпку: "Какова вероятность того, что тех "других" волнует ваше благополучие?").

Все очень просто: одно либо другое. Третьего не дано, как бы ни было это комфортно для мягкой теплой кошечки инертности и лени, которая сидит в каждом из нас.

Вот, кстати, любимое мяу-мяу такой кошечки:

"У меня было тяжелое детство, жизнь ко мне несправедлива, и вообще мне не везет".

Вот убедишь себя в таком, и все “хорошо” — мозги отключились, виноватые найдены, “наливай, Леха”.

А что, если попробовать признаться не кому-то, а себе, что, несмотря на тяжелое детство, несправедливость жизни и отсутствие флаш-роялей каждые две минуты игры в покер, те проблемы и радости, которые у нас есть, — это плод наших собственных действий и мыслей и что, несмотря на то что у всех был разный старт и разная среда формировала и формирует нас, мы могли и можем изменить к лучшему наши судьбы?

Простая правда жизни заключается в том, что **каждый из нас МОЖЕТ, но не каждый из нас БУДЕТ.** Спросите алкоголика, почему он пьет, и он вам даст четко уложенное в его голове “весомое” оправдание, например: “Моя ранимая душа поэта только так может забыться: ведь жизнь — это такой бардак”. Кстати, хорошим, хотя и небезопасным будет вопрос: “А что лично ты сделал, чтобы бардака стало меньше? Купил бутылку и оскорбил жену?” Не ищем ли мы себе таких же “весомых” оправданий, лишь бы не менять то, что есть, даже если это “то, что есть” превращает дар жизни в прозябание, унижение и боль?

Далее.

Я прошел через тяжелый период жизни в чужой стране, положение было порой совершенно отчаянным, и казалось, что не смогу здесь пробиться, нужно просто взять обратный билет и... начать разговоры о тяжелом детстве, несправедливости жизни и невезении. **НО у меня была МЕЧТА.** И эта **МЕЧТА** давала мне силы, чтобы

- спать по три часа в сутки, проводя ночи за компьютером и книгами, после того как я возвращался в снимаемую на двоих комнатку 2 × 3 метра со стройки (понедельник — пятница) или из ресторана (где я, к сожалению, не пировал, а работал официантом, порой обслуживающим стол на несколько десятков человек, которые, хрустя квашеной капусткой, одновременно ностальгировали по Советскому Союзу и нередко имели в своих рядах представителей, которые, не будучи людьми особо утонченными в трезвом состоянии, превращались в законченную шушеру в состоянии нетрезвом) (суббота, воскресенье);
- рассылать сотни резюме и пытаться скрыть немыслимое волнение на редких собеседованиях, заканчивавшихся

"We will call you" ("Мы вам позвоним"), последующими днями ожидания и отсутствием звонка;
- полностью, без выходных и праздников, отдаться проектам, на которые в конце концов меня пригласили.

И сейчас я понимаю, что, хотя тот период был самым сложным в моей жизни, все труды стоили того, потому что это была **моя МЕЧТА** и я сделал все, что мог, для ее достижения, я не только добился того, чего хотел тогда, но и создал для себя бо́льшие возможности, чтобы помочь другим людям.

Update (июнь 2017). С момента выпуска книги и основанного на ней курса на английском (www.qatutor.com) прошло уже 10 лет. Книгу купили/скачали десятки тысяч читателей. Тысячи из них нашли работу тестировщика. Я получаю емейлы с благодарностью со всех частей света. И я благодарен за каждый такой емейл и за то, что мой труд зажег во многих из вас вдохновение, НАДЕЖДУ и веру в себя.

Далее.

Не позволяйте никому отвести вас от вашего стремления к лучшей жизни.

Нам, русским, из-за исторически сложившейся перманентной политической нестабильности и идейной неустроенности свойственны иррациональность и надежда на авось, и хотя нет сомнений в том, что в жизни всегда есть вероятность того, что можно получить удар, когда не ждешь и откуда не ждешь, все-таки **каждый из нас (хотим мы того или нет) является хозяином собственной жизни,** и если однажды не решить изменить ее к лучшему, то не неудачники, которые промыли нам мозги своими синицами в руке, а лично каждый из нас будет с сожалением вспоминать об упущенных возможностях.

Помните, как у Пелевина: **"До чего загадочна и непостижима жизнь и какую крохотную часть того, чем она могла бы быть, мы называем этим словом"?** Я никому не посоветовал бы сказать такое о своей жизни.

Даже если вы придете к другому, нежели первоначальная цель, то это другое часто бывает гораздо лучше для вас, чем заранее запланированное.

Каждый день человек принимает решения:

- когда он садится/не садится пьяным за руль — **он принимает решение (три ударения: ударение на "ОН", ударение на "ПРИНИМАЕТ", ударение на "РЕШЕНИЕ");**
- когда он помогает/не помогает женщине, несущей от метро неподъемные сумки, — **он принимает решение;**
- когда он отвечает/не отвечает грубостью в ответ на то, что ему случайно наступили на ногу, — **он принимает решение.**

Когда он вдруг просыпается посреди ночи и понимает, что его жизнь может и должна быть гораздо лучше, что он может принести намного больше пользы себе и окружающим, когда он чувствует кожей, что жизнь вполсилы — это не его путь, то **он МОЖЕТ принять решение**, которое в корне изменит его жизнь и будет началом благодарного пути человека, который сделал выбор идти за **МЕЧТОЙ.**

Я желаю вам иметь **МЕЧТУ** и принимать мудрые решения, которые сделали бы этот мир счастливее, а после вашего ухода оставили бы ростки благодеяний и добрую память.

Здоровья вам, успеха, любви, долгих чудесных лет и покоя на сердце.

С уважением и верой в вас,

Роман Савин

www.ingramcontent.com/pod-product-compliance
Lightning Source LLC
Chambersburg PA
CBHW071250220526
45468CB00001B/71
9781974462612